Tamborini (Hg.)

Die Philosophie der Bio-Robotik

Marco Tamborini (Hg.)

Die Philosophie der Bio-Robotik

Meiner

DOI: https://doi.org/10.28937/978-3-7873-4432-1

Bibliographische Information der Deutschen Nationalbibliothek
Die Deutsche Nationalbibliothek verzeichnet diese Publikation in
der Deutschen Nationalbibliographie; detaillierte bibliographische Daten
sind im Internet über https://portal.dnb.de abrufbar.
ISBN 978-3-7873-4431-4
ISBN eBook (PDF) 978-3-7873-4432-1

Gedruckt mit freundlicher Unterstützung der
Johanna-Quandt-Young-Academy an der Goethe-Universität (JQYA).

Umschlaggestaltung: Andrea Pieper, Hamburg
Satz: SatzWeise, Bad Wünnenberg
Druck und Bindung: Books on Demand GmbH, Norderstedt
Gedruckt auf alterungsbeständigem Werkdruckpapier
Printed in Germany

Inhalt

Marco Tamborini

Einleitung

Die Formen der Biorobotik

Auf der Weltausstellung von 1939 in New York gab es einen besonderen Pavillon: den der Westinghouse Electric Corporation. Es war ein amerikanisches Industrieunternehmen, das 1886 von Unternehmer und Ingenieur George Westinghouse (1846–1914) gegründet wurde. In diesem Pavillon konnten die Tausenden von Besucher*innen das neueste Produkt amerikanischer Ingenieurskunst bewundern: den anthropomorphen Roboter Elektro[1]. Dieser Roboter war das neuste Modell der Westinghouse-Fabrik und wurde als die ultimative humanoide Maschine präsentiert. Die Erwartungen der Messebesucher*innen und Journalist*innen waren daher enorm. In der Tat hat Westinghouse von den Erfolgen von Robotern wie Televox, Katrina van Televox, Telelux und Willie Vocalite profitiert. Wie der amerikanische Historiker Dustin Abnet festgestellt hat, war die Weltausstellung 1939/40 eine Ode an die persönliche Freiheit und implizierte eine enge Verbindung zwischen dieser Freiheit und technologischen Möglichkeiten[2].

Der Roboter Elektro war etwa 23 Meter hoch, wog über 118 kg und hatte ein beeindruckendes Stahlskelett und eine Panzerung. Darüber hinaus – und das war der wichtigste Mechanismus des Elektro – bauten die Ingenieure Steuerungen ein, die es ihm ermöglichten, auf Sprache, Licht oder Musik zu reagieren. Der Betreiber konnte sogar über ein Telefon mit Elektro kommunizieren. Wie in dem von Westinghouse produzierten Film *The Middleton Family at the New York World's Fair* zu sehen ist, fanden die Auftritte von Elektro auf der Weltausstellung auf einer erhöhten Bühne statt und die Zuschauer*innen füllten den gesamten Pavillon, um den Roboter zu bewundern.

Um theatralische Effekte zu erzielen und die vermeintliche Stärke und Innovation des humanoiden Roboters zu zeigen, erteilte der Betreiber dem Roboter das Wort, um sich vorzustellen: »Ich bin ein sehr intelligenter Kerl«, sagte der Roboter, »denn ich habe ein sehr feines Gehirn mit 48 elektrischen Relais.« Nach dieser Einführung, die es dem Androiden ermöglichte, sich dem

[1] R. R. Snody/Audio Productions/Westinghouse Electric/W. Steiner, *The Middleton Family at the New York World's Fair* [Video], USA 1939.

[2] Vgl. D. Abnet, *The American robot: A cultural history*, Chicago 2020.

Publikum vorzustellen, gab der Operator Elektro mehrere Befehle. Das Publikum erfuhr so, dass der Roboter sich bewegen, zählen, pusten und etwa 700 Wörter aussprechen konnte. Schließlich steckte er dem Roboter eine Zigarette in den Mund und forderte ihn zum Rauchen auf. Der Roboter nahm die Einladung an und begann einzuatmen und auszuatmen. In diesem Fall sollte die Theatralik des Roboters also eine einfühlsame Verbindung zu einem amerikanischen Mann der Mittelklasse herstellen. Wie eine der Hauptfiguren der Familie Middleton auf der Messe sagte: »Er ist fast menschlich!«.

Heute hat sich die Kluft zwischen der Technologie und der biologischen Welt sowohl verkleinert als auch vergrößert. Einerseits hat sie sich auf der ontologischen Ebene ausgeweitet, indem sie alle wesentlichen Unterschiede zwischen Lebewesen und Artefakten aufzeigt. Andererseits hat sie sich technisch-wissenschaftlich verengt, da biologisch inspirierte Roboter nun für biologische und kognitive Zwecke eingesetzt werden (z. B. um die komplexe Form-Funktion von lebenden Organismen zu verstehen), um neue Technologien zu entwickeln (z.B. Exoskelette oder weiche Exoskelette), um verschiedene menschliche Arbeitsplätze zu unterstützen (Roboter können verschiedene Aufgaben in Büro- und Industrieumgebungen übernehmen), für psychologische Therapien (humanoide Roboter können mit Patient*innen interagieren) usw. Angesichts der steigenden Zahl pflegebedürftiger Menschen arbeiten Robotik, künstliche Intelligenz und Datenwissenschaft gemeinsam an der Entwicklung bio-robotischer Lösungen, die die Altenpflege der Zukunft unterstützen und gleichzeitig die mit der Altenpflege verbundenen Kosten senken.

Diese Entwicklungen führen einflussreiche Wissenschaftler*innen zu der Überzeugung, dass Roboter eine entscheidende Rolle bei der Erforschung des Verhaltens und der Kognition von Tieren und Menschen spielen können.[3] Roboter werden heute nicht nur als Werkzeuge zur Unterstützung menschlichen Handelns gesehen, sondern auch als Instrumente zur Wissensproduktion und als Mittel zur Veränderung und Verbesserung der menschlichen Gesellschaft.

[3] Vgl. N. Bostrom, *Superintelligenz, Szenarien einer kommenden Revolution*, Berlin 2014.; R. Kurzweil, *Menschheit 2.0: die Singularität naht*, Berlin 2014.; F. Fukuyama, *Our Posthuman Future: Consequences of the Biotechnology Revolution*, New York 2002.; K. Hayles, *How We Became Posthuman: Virtual Bodies in Cybernetics, Literature, and Informatics*, Chicago 1999.; H. W. Baillie/T. K. Casey (Hrsg.), *Is Human Nature Obsolete? Genetics, Bioengineering, and the Future of the Human Condition*, Cambridge 2004.; H. Moravec, *Robot: Mere Machine to Transcendent Mind*, Oxford 2000. Dazu siehe auch K. Liggieri/M. Tamborini (Hrsg.), *Organismus und Technik. Anthologie zu einem produktiven und problematischen Wechselverhältnis*, Darmstadt 2021.; K. Liggieri/M. Tamborini (Hrsg.), *Homo technologicus: Menschenbilder in den Technikwissenschaften des 21. Jahrhunderts*, Wiesbaden 2023.

Dieses Buch bringt führende Expert*innen zusammen, um die jüngsten Entwicklungen in der Biorobotik und ihre philosophischen und ethischen Voraussetzungen zu diskutieren. Die Betrachtung der Gemeinsamkeiten und Unterschiede zwischen den verschiedenen Formen der Biorobotik und ihr verantwortungsvoller Einsatz zwischen Natur, Technologie und Gesellschaft hat zu einigen in diesem Buch gestellten Forschungsfragen geführt:

Wie können Roboter die Strukturen von Organismen nachahmen und verfeinern? Wie ist die Beziehung zwischen biotechnologisch hergestellten Artefakten und natürlichen Organismen? Was sind die Unterschiede zwischen weicher und harter Robotik? Welche Rolle hat und welche Grenzen setzt die KI bei der Entwicklung von Robotern? Was sind die rechtlichen und ethischen Fragen und Perspektiven im Zusammenhang mit der Biorobotik? Wie können bioinspirierte Roboter und die menschliche Gesellschaft integriert werden? Inwieweit sollten Wissen und industrielle Produktion neu überdacht werden, indem man das Biologische mit dem Technischen verbindet? Welches Bild des Menschen entsteht durch die Hybridisierung von Natur und Technik? Kurz gesagt: Welchen Wert hat die Biorobotik für die Neugestaltung der Grenzen zwischen Natur, Technologie und Gesellschaft angesichts der heutigen globalen Herausforderungen?

In dieser kurzen Einführung möchte ich einige philosophische Aspekte hervorheben, die für die Produktion von bio-robotischem Wissen zentral sind. Die methodologische These, die ich in der Einleitung vertrete, ist ontologischer und phänomenologischer Natur. Das zentrale Element der Biorobotik ist das Konzept der Form, und die biologische Form wiederum ist ihr metaphysisches Element und verleiht ihr disziplinäre Stabilität.[4] Die Form, die der Roboter verkörpert, ist eine biotechnische Form und der technomorph agierenden Natur nach hybrid: Sie ist folglich von Natur aus hybrid und ist weder natürlich noch künstlich, sondern nimmt beide Eigenschaften an. Die Biorobotik wiederum verkörpert eine Reihe unterschiedlicher Praktiken, Ziele und Methoden, die jedoch alle auf der metaphysischen Grundlage natürlicher Formen basieren.[5] Wenn Sie die Website des IEEE (Institute of Electrical and Electronics Engineers) besuchen, finden Sie eine Seite, auf der verschiedene Arten von Robotern aufgelistet sind. Sie reichen von Humanoiden bis hin zu Robotern für medizinische und militärische Zwecke, Exoskeletten usw. Die

[4] Siehe dazu M. Tamborini, *Entgrenzung. Die Biologisierung der Technik und die Technisierung der Biologie*, Hamburg 2022.

[5] Vgl. M. Tamborini, Technische Form und Konstruktion, *Deutsche Zeitschrift für Philosophie* 68/5 (2020), 712–733.

Seite zeigt verschiedene Formen von Robotern, die Wissenschaftler*innen und Ingenieur*innen einsetzen können, um verschiedene Ziele zu erreichen. Die Robotik und ihre bio-inspirierte Variante ist also eine praktische Form des Handelns. Mit Hilfe von Robotern erforschen und verändern Wissenschaftler*innen die Beziehung zwischen Organismus, Umwelt und Gesellschaft. Mit anderen Worten: Durch technisches Handeln werden Räume für kognitives und praktisches Handeln geschaffen. Folglich wird das Problem und die Kraft der natürlichen Form als Kraft bei der Konstruktion von Robotern auf das Rätsel des Verständnisses und der technischen Beherrschung der biologischen Form reduziert.

In der Tat kann Biorobotik definiert werden als der experimentelle Einsatz von Robotern zur Erforschung und Prüfung von Theorien in den Lebens- und Sozialwissenschaften.[6] In diesem umfassenden Prozess steht das Problem der Nachahmung der Natur im Mittelpunkt. In der Biorobotik muss sich die Technik von den Formen der Natur inspirieren lassen, sie modifizieren und mit ihnen verschmelzen. Organismen sind der Ausgangspunkt für die Arbeit der Biorobotik, um biotechnische Formen zu schaffen, die eine realistische Definition von Natur testen, beherrschen, unterstützen und übertreffen, das heißt von einer Natur, die unabhängig von uns existiert. Mit der Erschaffung biorobotischer Formen versuchen Wissenschaftler*innen, diese Lücke zwischen Menschen-gemacht und Natur-beschreibend zu schließen; dabei spielen die Eigenschaften der Materie eine wichtige Rolle[7]. Um dies zu erreichen, verwenden Ingenieur*innen eine Vielzahl von Ansätzen, Praktiken und Methoden, von denen die meisten in diesem Buch vorgestellt und kritisch diskutiert werden. In diesem Zusammenhang hat der Philosoph Mark Coeckelbergh zu Recht geschrieben: »Roboter sind menschlich, aber nicht menschlich: Sie werden erschaffen und benutzt, und sie formen unsere Ziele. Sie sind Instrumente, aber sie sind unsere Instrumente. Und mit ihren ungewollten Auswirkungen prägen sie auch unsere Ziele. Instrument und Ziel sind auch voneinander abhängig.«[8]

[6] Vgl. B. Webb/T. Consilvio (Hrsg.), *Biorobotics*, Cambridge 2001. Siehe auch M. Tamborini/E. Datteri, Is biorobotics a science? Some theoretical reflections, in: *Bioinspiration & Biomim*etics 18/1 (2023), 015005.

[7] Siehe dazu M. Tamborini, The Elephant in the Room: The Biomimetic Principle in Bio-Robotics and embodied AI, in: *Studies in History and Philosophy of Science* 97 (2023), 13–19.; M. Tamborini, The Material Turn in The Study of Form: From Bio-Inspired Robots to Robotics-Inspired Morphology, in: *Perspectives on Science* 29/5 (2021), 643–665.

[8] M. Coeckelbergh, Three responses to anthropomorphism in social robotics: Towards a critical, relational, and hermeneutic approach, in: *International Journal of Social Robotics* 14/10 (2022), 2049–2061, hier 2057.

Um ein philosophisches Licht auf die verschiedenen Formen der Biorobotik zu werfen, ist eine kleine Taxonomie der Bioengineering-Praktiken als Ausgangspunkt notwendig. Durch diese Taxonomie kann eine tiefere ontologische Frage über die Bedeutung des Seins und die metaphysische Grundlage der Biorobotik als (techno-)wissenschaftliche Disziplin sowie das Konzept der natürlichen Form selbst geklärt werden.

Die kurze Taxonomie der bio-robotischen Praktiken, die auf den nächsten Seiten dieser Einführung vorgeschlagen wird, dreht sich um drei wichtige Aspekte oder Formen der bio-robotischen Praxis. Erstens verwenden Wissenschaftler*innen die sogenannte synthetische Methode, um biologisch inspirierte Roboter herzustellen. Diese Methode kann als eine konstruktive Strategie beschrieben werden, die angewendet wird, um den Mechanismus zu entdecken, der das Verhalten eines lebenden Systems steuert. Das Ziel ist es, einen Roboter zu entwickeln und zu bauen, der den Mechanismus zur Modellierung einer komplexen Form/Funktion des Organismus implementiert und das Verhalten durch die Interaktion zwischen ihm und der Umwelt beeinflusst.[9] Wie die Wissenschaftler Rolf Pfeifer und Josh Bongard in ihrem einflussreichen Buch *How the Body Shapes the Way We Think. A New View of Intelligence* schrieben: »[D]ie synthetische Methodik besagt, dass wir durch den Bau von physischen Agenten – echten Robotern – eine Menge über die Natur der Intelligenz lernen können.«[10]

Zweitens: Wissenschaftler*innen entwickeln Roboter, die mit anderen Organismen interagieren können. In der interaktiven Biorobotik ist der Roboter ein Modell eines anderen Systems als demjenigen, das untersucht wird. Bei dieser zweiten Form der Biorobotik muss der Roboter mit dem untersuchten organischen System interagieren und eine symbiotische Beziehung eingehen, um ein neues biotechnologisches System zu entwickeln.

Eine letzte Form der Biorobotik, die in dieser kurzen Taxonomie der Biorobotik-Praktiken hervorgehoben werden kann, zielt darauf ab, Technologien zu entwickeln, die am Körper getragen werden können: so genannte »tragbare Technologien«. In ihrer ursprünglichen Entwicklung (und in der kollektiven Vorstellung) werden diese Technologien als sperrige Strukturen verstanden, die den menschlichen Körper irgendwie stützen sollen. Im Laufe der Jahre haben sie sich radikal verändert und sind zu bio-inspirierten Struk-

[9] Siehe dazu E. Datteri, The logic of interactive biorobotics, in: *Frontiers in Bioengineering and Biotechnology* 8 (2020), 637.; E. Datteri/G. Tamburrini, Biorobotic experiments for the discovery of biological mechanisms, in: *Philosophy of Science* 74/3 (2007), 409–430.; Tamborini/Datteri, *Is biorobotics a science?*

[10] R. Pfeifer/J. Bongard, *How the Body Shapes the Way We Think. A New View of Intelligence*, Cambridge 2007, 55.

turen geworden, die sich an die Vielfalt und Flexibilität der verschiedenen menschlichen Körper anpassen können. Bei diesem Wandel gewinnt die Soft-Robotik zunehmend an Bedeutung. Der Schwerpunkt liegt auf der Reaktivität und Flexibilität des Materials, das für die Entwicklung und Konstruktion von Roboterstrukturen verwendet wird. Lorenzo Masia und sein Team haben zum Beispiel leichte kleidungsähnliche Exo-Anzüge entwickelt, die Energie direkt zwischen dem Roboter und dem Körper übertragen. Exo-Anzüge sind keine starren Strukturen, die den Körper von außen stützen, sondern weiche Strukturen, die sich dem Körper anpassen, der sie trägt. Das Funktionsprinzip besteht darin, dass ein am Rucksack oder an der Taille befestigter Motor eine Reihe von künstlichen Sehnen antreibt, die im Inneren des Exosuits entlang bestimmter Belastungspfade verlaufen.

Diese kurze Taxonomie hat die metaphysische Grundlage der Biorobotik hervorgehoben und die Probleme und Möglichkeiten dieser Praxis aufgezeigt. Die metaphysische Grundlage (und ihr kognitiver Anspruch) ist das Konzept der natürlichen Form. Dieses wird jedoch nicht als statisches und substanzielles Substrat (wie in *res extensa* oder *res cogitans*) verstanden, sondern im Gegenteil als eine ingenieurmäßige Art, an technische Lösungen heranzugehen. Die Natur produziert technische Formen, die verstanden, erklärt und nachgeahmt werden müssen, um neue technische Lösungen zu finden[11]. In diesem Prozess verwandelt sich die Natur in Technologie. Das heißt, es motiviert uns, Fähigkeiten zu beherrschen, die gelernt und wiederholt werden können und müssen. In diesem Prozess verschieben sich die epistemischen Grenzen zwischen Natur und Technik, zwischen Mensch und Maschine. Die technische Machbarkeit und Manipulierbarkeit der Biorobotik ermöglicht es, Prinzipien der technowissenschaftlichen Übersetzung von der Natur (wie wir sie wahrnehmen und kategorisieren) in ihr technisches Äquivalent zu finden.[12] In dieser Übersetzung kommen alle Unterschiede zwischen Robotik und Natur zum Vorschein.

Die gewaltigen Probleme, aber auch die Möglichkeiten dieses techno-epistemischen Prozesses liegen auf der Hand und werden im vorliegenden Band ausführlich diskutiert. Die Probleme, an denen sich die nächsten Kapitel orientieren, die von führenden Expert*innen auf dem Gebiet der Biorobotik und ihrer Philosophie verfasst wurden, lauten wie folgt:

Das Team von Wissenschaftlerinnen und Wissenschaftlern der Universität Graz (Michael Vogrin, Martina Szopek, Matthias Becher, Martin Stefanec, Dajana Lazic, Valerin Stokanic, Daniel Nicolas Hofstadler, Laurenz Fedotoff, Tho-

[11] Siehe M. Tamborini, *Entgrenzung*.

[12] Siehe dazu M. Tamborini, Philosophie der Bionik: Das Komponieren von bio-robotischen Formen, in: *Deutsche Zeitschrift für Philosophie*, 71/1, (2023), 30–35.

mas Schmickl) untersucht, welche Methoden der Biorobotik sie in ihrer täglichen Praxis anwenden und was biohybride Organismen sind. In diesem Text zeigt sich auch der gegenseitige Einfluss, den Biorobotik als Instrument und Ziel aufeinander haben. Lukas Geiszler analysiert philosophisch die Praktiken des Automatenbaus im 18. Jahrhundert und fragt, was die nachahmenden Praktiken der Natur und ihre möglichen Gültigkeiten für den Automatenbau im 18. Jahrhundert sind. Er ordnet den ihn in die wissenschaftsgeschichtliche Entwicklung der Biorobotik ein und untersucht, von welcher Bedeutung die Sprache für diese Entwicklung ist. Fiorella Battaglia stellt die Frage, ob Bioroboter auf moralisch vertretbare Weise handeln können und was die Verschmelzung von Mensch und Maschine für das menschliche Selbstverständnis bedeutet. Ruth Stock-Homburg untersucht, welche Arten von sozialen Bindungen Menschen mit Sozialrobotern eingehen können und sowie die ethischen Implikationen, die sich aus der zunehmenden Menschenähnlichkeit solcher Roboter ergeben. Marco Tamborini fragt, was am Anfang des biorobotischen Design- und Produktionsprozesses steht. Dies veranlasst den Autor zu der Frage danach, ob es eine Grenze zwischen Handlungsfähigkeit, Materialität und Intelligenz in der Biorobotik gibt. José Antonio Pérez-Escobar denkt darüber nach, wie wir versuchen, die epistemischen Verbindungen zwischen dem Verständnis von Artefakten und der Biologie mithilfe von teleologischen Konzepten zu erfassen, und entwickelt eine Struktur, die diese Übersetzungsarbeit zwischen unterschiedlichen wissenschaftlichen Disziplinen auf vereinheitlichte Weise ermöglichen soll. Edoardo Datteri untersucht die Methoden und Ansprüche der interaktiven humanoiden Biorobotik. Er zeigt auf, was mittels dieser über soziale Kognition gelernt werden kann und was die Struktur der interaktiven humanoiden Biorobotik auszeichnet. Johanna Seifert und Orsolya Friedrich beschäftigten sich mit der Frage, inwieweit Xenobots eine neue Beziehung zwischen Leben und Technologie darstellen. Mit einem phänomenologischen Ansatz überprüft Philipp Schmidt, was die phänomenologische Intersubjektivitätstheorie in Bezug auf die Bedeutung der Verkörperung für die soziale Erfahrung im Kontext der Mensch-Maschine-Interaktion erkennen kann, und hinterfragt so, ob Roboter überhaupt ein erfahrender Anderer sind, mit dem man in sozialen Kontakt treten könne. Thomas Fuchs diskutiert, ob es möglich ist, mit KI-Systemen oder Robotern zu kommunizieren. Um dieser Frage nachzugehen, untersucht er, ob wir ihnen einen quasi-persönlichen Status zuschreiben können und was die Aufhebung der Unterscheidung zwischen simulierten und realen Begegnungen über das menschliche Selbstverständnis aussagt. Schließlich erforscht Catrin Misselhorn die Möglichkeiten und Grenzen der künstlichen Empathie bei der Anwendung von weicher und harter Biorobotik.

Danksagung

Die Idee zu diesem Buch entstammt einem Workshop, den ich konzipiert und organisiert habe: »Interdisziplinärer Workshop: Die Formen der Bio-Robotik – Die Verschmelzung von Biologie, Technik und Mensch«. Dieser fand in Zusammenarbeit mit der Jungen Akademie | Mainz und der Johanna-Quandt-Young-Academy an der Goethe-Universität statt. Ich möchte mich bei der Johanna-Quandt-Young-Academy at Goethe für die finanzielle Unterstützung dieses Bandes bedanken.

Dieses Buch ist im Rahmen des DFG-Projekts »Hybride Systeme, Bionik und die Zirkulation von morphologischem Wissen in der zweiten Hälfte des 20. und dem frühen 21. Jahrhundert« entstanden (DFG-Projektnummer 491776489). Schließlich möchte ich mich bei Louisa Maria Born für ihre hervorragende Arbeit und die riesige Unterstützung bedanken.

Michael Vogrin, Martina Szopek, Matthias Becher, Martin Stefanec, Dajana Lazic, Valerin Stokanic, Daniel Nicolas Hofstadler, Laurenz Fedotoff, Thomas Schmickl

Biohybride Technologien zur Unterstützung von Natur und Mensch

Technologischer Fortschritt hat seit jeher unser Leben in vielen Bereichen verbessert, allerdings nicht ohne auch massive Verschlechterungen in anderen bewirkt zu haben. Neben der allseits diskutierten Belastung der Natur sind auch Themen wie die sich öffnende Kluft zwischen Arm und Reich sowie diverse soziale Polarisationseffekte unerwartete Nebeneffekte des technologischen Fortschritts. Die Vereinten Nationen haben daher in ihrer »Agenda 2030 für nachhaltige Entwicklung«[1] 17 Entwicklungsziele, sogenannte Sustainable Development Goals (SDGs), ausgegeben, um die Natur und die Gesellschaften der Erde für alle nachhaltig zu verbessern. Eine der Hauptursachen hinter den Problemen, die von den SDGs anvisiert werden, ist die Zerstörung der Umwelt, vom Klimawandel bis zum Ökosystemverfall, oft auch in einem Teufelskreis kombiniert mit Armut, Migrationszwang und Krieg. Wenn es um Umweltschutz geht, wird immer wieder ein romantisierender Blick in die Vergangenheit geworfen, eine Betrachtung, bei der Kulturlandschaften mit natürlichen Bedingungen verwechselt werden. Dabei wird Technologie oft als etwas Schlechtes abgelehnt, was meist aus einer selektiven und subjektiven Sichtweise der Geschichte resultiert. Im Artificial Life Lab der Universität Graz[2] hingegen wird angestrebt, das Potential der Technologie zu erforschen und laufend neuartige Technologien zu entwickeln, wobei einer umgekehrten Perspektive gefolgt wird: »Wie kann Technologie verwendet werden, um die Natur zu unterstützen?« In den internationalen Projekten ASSISIbf,[3] Flora

[1] United Nations General Assembly, Transforming our world: the 2030 Agenda for Sustainable Development, in: United Nations (21.10.2015), von https://www.un.org/en/development/desa/population/migration/generalassembly/docs/globalcompact/A_RES_70_1_E.pdf (Zugriff 18.11.2022).

[2] ASSISIbf – Artificial Life Lab der Abteilung für Zoologie des Instituts für Biologie an der Universität Graz (Artificial Life Lab of the Institute of Biology, Section Zoology – University of Graz, in: Artificial Life Laboratory (2022), von: https://alife.uni-graz.at/ (Zugriff 18.11.2022).)

[3] Animal and robot Societies Self-organise and integrate by Social Interaction (bees and fish), in: Artificial Life Laboratory (2022), von https://alife.uni-graz.at/projects/assisibf/ (Zugriff 18.11.2022).

Robotica,[4] Hiveopolis[5] und RoboRoyale[6] werden dazu im Artificial Life Lab Graz verschiedene biohybride Technologien rund um Honigbienen und Pflanzen entwickelt, mit dem Ziel dabei mitzuwirken, unsere Ernährungssicherheit nachhaltig zu unterstützen (SDG-2) und somit auch einen Beitrag zur Bekämpfung der Armut zu leisten (SDG-1), die Imkerei als Erwerb und die Gewährleistung landwirtschaftlicher Bestäubungssicherheit für alle zugänglicher zu machen (SDG-10), die urbanen Bereiche resilienter und nachhaltiger zu machen (SDG-11) und terrestrische Ökosysteme zu schützen und zu stabilisieren (SDG-15).

Im Zentrum dieser Entwicklungen des Artificial Life Lab Graz stehen ganz bewusst Honigbienen und Pflanzen: Bienen sind die bedeutendsten Bestäuber von Blütenpflanzen und gleichzeitig auch (land-)wirtschaftlich von hoher Bedeutung. Pflanzen bilden die Grundlage aller Ökosysteme, wobei bestäubte Blütenpflanzen mit ihren Samen und Früchten nicht nur als Nahrung für unzählige Tierarten eine Existenzgrundlage bilden, sondern auch Nistplätze, Baumaterialien, Refugium und Lebensraum sind. Pflanzen ernähren Bienen und fördern ihre Verbreitung, gleichzeitig fördern Bienen wiederum die Verbreitung von Pflanzen. Diese symbiotische Rückkopplungsschleife (»Mutualismus«) bildet die Basis für eine starke und immer wieder nachwachsende Grundlage aller terrestrischen Ökosysteme. In den Arbeiten des Artificial Life Lab Graz wird angestrebt, ganze Kolonien der Westlichen Honigbiene (*Apis mellifera*) zu biohybriden Agenten zu machen, die als integriertes Kollektiv von lebenden Organismen und moderner Technik Ökosysteme langfristig und weiträumig stabilisieren. Die Einbettung von mechatronischer Technologie in einen Superorganismus wie z.B. einer Honigbienenkolonie wird dabei als »Organismische Augmentierung« bezeichnet, die dadurch bewirkten Umwelteffekte als »Ecosystem Hacking« und die Inklusion der biohybriden Technologie in breite Gesellschaftsschichten als »biohybride Sozialisierung«. Im Prinzip wären auch Kolonien von anderen eusozialen Insekten für diese Vorgehensweisen geeignet, aber die Westliche Honigbiene ist sicherlich die auffälligste Kandidatenspezies: Eine Kolonie entsendet zehntausende Sammelbienen, die in Summe täglich hunderttausende Sammelflüge unternehmen

[4] *Flora Robotica* – Societies of Symbiotic Robot-Plant Bio-Hybrids as Social Architectural Artifacts, in: Artificial Life Labortatory (2022), von https://alife.uni-graz.at/projects/florarobotica/ (Zugriff 18.11.2022).

[5] HIVEOPOLIS – Futuristic Beehives for a Smart Metropolis, in: Artificial Life Laboratory (2022), von https://alife.uni-graz.at/projects/hiveopolis/ (Zugriff 18.11.2022).

[6] RoboRoyale – ROBOtic Replicants for Optimizing the Yield by Augmenting Living Ecosystems, in: Artificial Life Laboratory (2022), von https://alife.uni-graz.at/projects/roboroyal/ (Zugriff 18.11.2022).

und dabei Millionen von Blütenpflanzen bestäuben. Dies geschieht in einem Radius von bis zu 6 Kilometern im Umkreis der Kolonie, also über eine Fläche von über 110 Quadratkilometern. Es ist hier folglich möglich, mit dem Ökosystem über eine große Fläche zu interagieren, wozu nur ein einziger Bienenstock »augmentiert« werden muss. Dadurch wird die Technologie nicht über diese Fläche verteilt, sondern bleibt unter menschlicher Kontrolle zentralisiert im Bienenstock konzentriert, was wiederum einen Schutz vor versehentlicher Umweltgefährdung darstellt.

Ein Bienenvolk ist ein dynamisches und hochkomplexes System, gebildet aus zehntausenden Bienen, die ihren Insektenstaat mittels vieler verschachtelter und verhaltensbasierter Rückkopplungsschleifen regulieren. Diese Regulation reicht von der Populationsdynamik über die Arbeitsteilung bis hin zur Zielauswahl der Sammelflüge. Der komplexe Superorganismus ›Honigbienenvolk‹ ist eingebettet in ein ebenfalls dynamisches und komplexes Ökosystem, mit dem er fortwährend und in vielfältiger Weise interagiert. Um hier die gewünschten Effekte erzielen zu können und ungünstige Effekte abzuwenden, ist ein hohes Maß an Systemverständnis nötig. Dieses wird im Artificial Life Lab Graz, unter Mithilfe der ebenfalls an der Universität Graz geschaffenen Initiative COLIBRI[7] (Komplexitätsforschung an lebenden Systemen), mit empirischen Messungen, Beobachtungen und Experimenten, aber auch mit mathematischer Modellierung und Simulation geschaffen. Im Wesentlichen wird der klassische wissenschaftliche Weg verfolgt: Die Faszination an Naturphänomenen führt zu genauer und systematischer Beobachtung. Erhobene Eindrücke und Daten werden diskutiert und in (mathematische) Modelle integriert, mit denen mögliche Folgen von Veränderungen der Naturphänomene abgeschätzt werden können. Der wissenschaftliche Prozess erlaubt dann das Einwirken auf die natürliche Welt auf positive Art und Weise.

Technologie zur Naturbeobachtung

Damit biohybride Technologien ihre stabilisierende Wirkung entfalten können, ist ein tiefgehendes Verständnis der involvierten Organismen und Herausforderungen erforderlich. Dementsprechend besteht der erste Schritt in der Entwicklung von biohybriden Technologien aus der Beobachtung und Erforschung von Grundlagen.

[7] Profilbildender Bereich COLIBRI: Complexity of Life in Basic Research and Innovation (COLIBRI: Complexity of Life in Basic Research and Innovation, in: Universität Graz (2022), von https//colibri.uni-graz.at (Zugriff 18.11.2022)).

Beobachtung ist grundsätzlich ein subjektiver Prozess, bei dem Beobachtende ihre Aufmerksamkeit auf bestimmte Aspekte lenken. Das führt dazu, dass manches in den Vordergrund tritt, anderes aber verborgen bleibt. Bei wissenschaftlicher Arbeit ist es notwendig, aus den subjektiven Eindrücken objektive Daten zu gewinnen. In der Regel muss dafür eine sehr große Anzahl an Beobachtungen gemacht werden, daher ist es sinnvoll, den Beobachtungsprozess zu automatisieren. Zu diesem Zweck wurde am Artificial Life Lab Graz eine nahezu vollautomatische Versuchskammer entwickelt, in der Bienen (oder andere kleinere Tiere) in einer beheizbaren Arena gefilmt werden können (Abb. 1A). Diese Versuchskammer verfügt über ein beheizbares Bodenelement und eine infrarotempfindliche Kamera mit Infrarotbeleuchtung, die es ermöglicht, qualitativ hochwertige Bilder aufzunehmen. In Verbindung mit dem Heizelement ermöglicht dies eine Vielzahl interessanter Experimente, bei denen die Reaktionen der Bienen auf die abgegebene Wärme untersucht werden. So ist es möglich, das Verhalten von und zwischen einzelnen Bienen systematisch und automatisiert zu erfassen und mit einer eigens dafür entwickelten Software auszuwerten. Durch diese Automatisierung kann zeitgleich auf viele Verhaltensaspekte geachtet werden, was die Aufmerksamkeit eines menschlichen Beobachters in einer »ad hoc Live-Beobachtung« weit übersteigt. Die so lückenlos messbaren Observablen sind unter anderem die Abstände zwischen den Bienen, deren Gehgeschwindigkeiten und die Dauer der Kontakte beim Aufeinandertreffen von Bienen. Ein weiterer Vorteil gegenüber der sonst oft üblichen subjektiven »Live-Beobachtung« durch einen menschlichen Experimentator ist, dass diese automatischen Beobachtungen objektiv und effizient sind, während sie gleichzeitig eine vollständige Dokumentation der Daten erlauben. Somit können wichtige soziale Verhaltensweisen von Honigbienen im Labor aus den Tierbeobachtungen extrahiert und untersucht und auch später weitere Analysen mit dem archivierten Datenbestand gemacht werden.

Die oben beschriebene automatisierte Tierbeobachtung ist die Grundlage zur Entwicklung einer Technologie zur Modulation des Verhaltens von Einzelbienen und somit zur Steuerung des kollektiven Kolonieverhaltens. Dazu ist es notwendig, die Bienen nicht nur unter Laborbedingungen, sondern auch in ihrem konventionellen Umfeld, dem Bienenstock, zu beobachten. Neuartige Technologien liefern auch in dieser anspruchsvollen Umgebung immer mehr Möglichkeiten zum minimalinvasiven Umweltmonitoring. Will man nun die Bienen im natürlichen Umfeld innerhalb des Bienenstocks beobachten, sind zahlreiche Einschränkungen zu beachten: In einem Bienenstock ist es dauerhaft dunkel, was die Beobachtung per Kamera erschwert. Helle Beleuchtung würde jedoch die Bienen irritieren und auf längere Zeit möglicher-

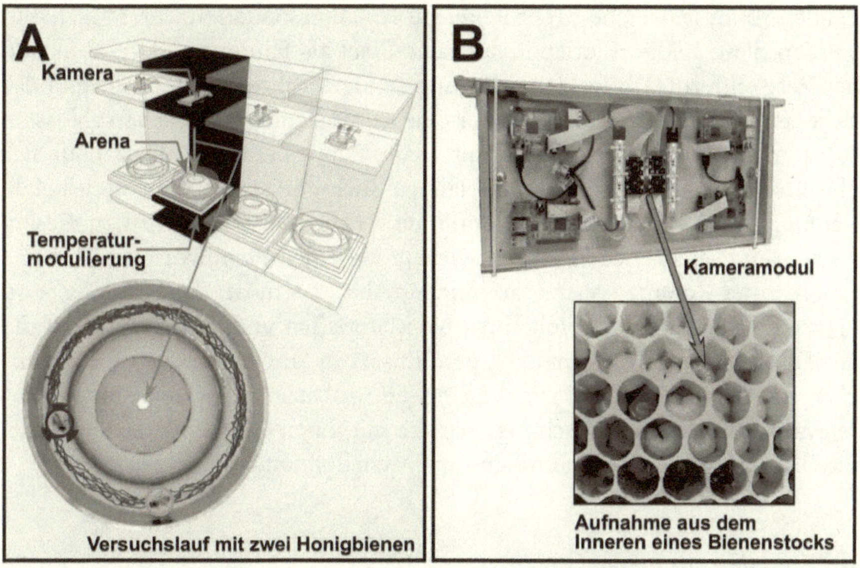

Abb. 1: Werkzeuge, die speziell für die automatisierte Beobachtung von Honigbienen entwickelt wurden. A: Ein automatisiertes Experimentalsystem, bestehend aus einer Versuchsarena, einer Einheit zur Temperaturkontrolle und einem Kameramodul mit Infrarotbeleuchtung, das die automatisierte Analyse von Verhaltensexperimenten ermöglicht. B: Kameramodul, das in einen Bienenstock eingebaut werden kann und z. B. die visuelle Überwachung der Entwicklung von Larven in einem Brutnest ermöglicht.

weise schädigen. Allerdings nehmen Bienen Infrarotlicht nicht wahr, weswegen die Verwendung einer Infrarotbeleuchtung mit einer entsprechend sensitiven Kamera hier sinnvoll ist. Die Steuerung der Kamera und der Beleuchtung übernimmt dabei ein Einplatinencomputer, welcher die Aufnahmen verarbeitet und speichert. Hier ist oftmals ein Kompromiss zwischen Genauigkeit (Bildqualität, Bildfrequenz, Videolänge) und Machbarkeit (Speicher-/Akku-Kapazität, Temperatur) nötig und dem jeweiligen Kontext entsprechend zu wählen. Beispielsweise ist es von großer Bedeutung, den Gesundheits- und Wachstumszustand der Brut zu untersuchen. Die Entfernung der Kamera zum Brutnest beziehungsweise zur Öffnung der Brutzelle beträgt nur wenige Zentimeter und der Bereich dazwischen ist voller frisch geschlüpfter, adulter Bienen, die ihren Brutpflege-Tätigkeiten nachgehen. Diese adulten Bienen verdecken oft die abzubildende Brut für die Kamera. Es wird daher eine Bilderserie aufgenommen und danach werden die verdeckenden Adultbienen »weggerechnet« und die Bilderserie zu einem Einzelbild kombiniert, in dem es im optimalen Fall keine Verdeckungen mehr gibt. In der anschließenden Analyse, welche in der Regel auf einem gesonderten Gerät geschieht, werden diese Bilder überlappt, statische Pixel als Hintergrund erkannt und der Rest entfernt. Übrig bleibt der ungehinderte Blick auf den Zustand der Zelle: Ist sie offen, so ist ein Ei oder eine Larve sichtbar; ist sie verschlossen, so ist anzunehmen, dass sich darunter eine Puppe befindet. Wiederholte Beobachtungen über mehrere Tage erlauben Rückschlüsse auf Schädlingsbefall, Kannibalismus oder Brutentwicklung. Im Artificial Life Lab wird zu diesem Zweck ein ebensolches Modul entwickelt, um einen nichtinvasiven Blick ins Innere einer Kolonie werfen zu können (Abb. 1B). In der Entwicklung wird einerseits zusätzlich auf biokompatible Materialien und andererseits auf die Gehäusemaße geachtet, um auch den Einsatz in konventionellen Bienenstöcken zu erlauben. Solche fortgeschrittenen Beobachtungssysteme sind hochrelevant für moderne Forschung, und die mit ihnen erhobenen Daten bilden die Grundlage für die Hypothesen- und Modellbildung.

Modellierung des Bienenverhaltens

Besonders die Prozesse, die für das Überleben der Kolonie essenziell sind, müssen identifiziert und studiert werden, um Bienenvölker und ihre Ökosysteme zu unterstützen. Nur durch ein tiefgreifendes Verständnis der Mechanismen, die die selbstregulierenden Prozesse einer Bienenkolonie steuern, kann ein Bienenvolk vorhersagbar mittels eingebetteter Technologien unterstützt werden.

Innerhalb des Bienenvolkes nimmt das Brutnest eine wichtige Rolle ein, und der Zustand der Brut steht in direktem Zusammenhang mit dem allgemeinen Gesundheitsstatus des gesamten Volkes. Jene Prozesse im Brutnest, die für gesunde und zahlreiche Brut in der Periode vom Frühjahr bis hin zum Spätsommer sorgen, garantieren das Vorhandensein einer ausreichenden Menge gesunder und leistungsfähiger Sammlerinnen, somit eine starke Bestäubungsleistung des Bienenvolkes und das Überleben des Bienenvolkes im Winter. Die Wärme im Brutnest wird hierbei aktiv von den Arbeiterinnen erzeugt und geregelt und beträgt in etwa 36 Grad Celsius.[8] Den frisch aus ihrer Verpuppung geschlüpften Jungbienen fehlt in den ersten Tagen ihres Adultlebens genau diese Fähigkeit der Temperaturregelung. Aufgrund ihres Entwicklungszustands ist die Flugmuskulatur noch nicht vollständig genug ausgebildet, um die Wabe durch Bewegung zu beheizen.[9] Es ist für die opti-

[8] T. D. Seeley, *Honeybee Ecology*, Princeton 1985.

[9] J. Vollmann/A. Stabentheiner/H. Kovac, Die Entwicklung der Endothermie bei Honig-

male physiologische Entwicklung der Jungbienen erforderlich, dass sie den Bereich des warmen Brutnests nicht verlassen. Mehr noch, sie übernehmen in diesem Zeitraum auch die Aufgabe, die nun leeren Brut-Zellen zu reinigen. Die Jungbienen tragen damit ursächlich zu einer effektiven Brutaufzucht bei, da die Königin nur in geputzte und vorbereitete Zellen Eier legt.[10] Daher ist die Aufgabe der Jungbienen essenziell für das Wachstum der gesamten Kolonie. Indem sich die Jungbienen am Wärmefeld des Brutnests orientieren, sind sie fähig, sich in dieser komplexen Umwelt effektiv und effizient zu bewegen. Diese Fähigkeit steht oft im Fokus von Beobachtungen und Modellierungen des Artificial Life Labs in Graz. In Laborexperimenten wurde gezeigt, dass Jungbienen in einem Temperaturgradienten jene Temperatur aufsuchen, welche auch in einem herkömmlichen Stock im Zentrum des Brutnests herrscht.[11]

In unseren Laborversuchen bewegen sich die noch flugunfähigen Jungbienen in einer »Arena«,[12] die im Wesentlichen eine heterogen beheizte horizontale Wachsfläche ist und so vereinfacht die Bedingungen des Brutnests abbildet. Dieses Setting lässt sich leicht mathematisch modellieren, indem jede Bienenposition als zweidimensionales Koordinatenpaar, d. h. als Punkt auf einer Ebene abgebildet wird. Die Bewegung der Biene kann dann für ein Zeitintervall als Bewegungsvektor von diesem Punkt ausgehend berechnet werden. Dieses mathematische Modell beschreibt in der Folge, wie sich diese Bewegungsvektoren in Abhängigkeit zur lokalen Temperatur und zur räumlichen Nähe anderer Bienen verändern, um so das temperaturabhängige und soziale Bewegungsverhalten der Bienen zu modellieren. Die Aneinanderreihung dieser Punkte ergibt den »Bewegungspfad« jeder Biene, oft auch als »Trajektorie« bezeichnet.

Die Bewegung der individuellen Insekten kann dabei in einem Gruppenverband zu emergenten Mustern führen. Diese Muster zeigen komplexe Eigenschaften, während sie sich aus einfachen Interaktionsmechanismen ergeben. Dies wird oft auch als »Schwarm-Intelligenz« bezeichnet. Diese Phänomene

bienen (*Apis mellifera carnica* Pollm.), in: *Mitteilungen der Deutschen Gesellschaft für Allgemeine und Angewandte Entomologie* 14 (2004), 467–470.

[10] G. A. Rösch, Untersuchungen über die Arbeitsteilung im Bienenstaat. 1. Teil: Die Tätigkeiten im normalen Bienenstaat und ihre Beziehungen zum Alter der Arbeitsbienen, in: *Zeitschrift für vergleichende Physiologie* 2 (1925), 571–631.

[11] H. Heran, Untersuchungen über den Temperatursinn der Honigbiene (*Apis mellifica*) unter besonderer Berücksichtigung der Wahrnehmung strahlender Wärme, in: *Zeitschrift für vergleichende Physiologie* 34/2 (1952), 179–206.

[12] R. Scheiner/C. I. Abramson/R. Brodschneider/K. Crailsheim/W. M. Farina/S. Fuchs/B. Grünewald/S. Hahshold/M. Karrer/G. Koeniger/N. Koeniger/R. Menzel/S. Mujagic/R. Radspieler/T. Schmickl/C. Schneider/A. J. Siegel/M. Szopek/R. Thenius, Standard methods for behavioural studies of *Apis mellifera*, in: *Journal of Apicultural Research* 52/4 (2013), 1–58.

der komplexen Mikro-Makro-Kausalitäten (»Einfaches ergibt Komplexes.«) können mittels verschiedener mathematischer Methoden beschrieben und analysiert werden:

Die Trajektorie einer zufälligen Bewegung (»Random Walk«) kann dabei folgendermaßen beschrieben werden:

$$X_n = X_0 + \sum_{j=1}^{n} Z_j$$

Hierbei ist X_n der Satz aus x- und y-Koordinaten nach n Zeitschritten, X_0 der Ursprung und Z_j eine (gleichverteilte) Zufallsvariable, die in jedem Zeitschritt und insgesamt n-mal additiv auf den Ursprung wirkt.

Solch eine Formulierung erlaubt allerdings nur sprunghafte Schritte zur Seite oder zurück, was im Kontext einer gehenden Biene nicht der Realität entspricht. Eine alternative und sinnvollere Formulierung beschreibt die Bewegung mittels einer über einen Winkel θ definierten Richtung und einer Geschwindigkeit. Dabei können beide Werte wieder zufälligen Verteilungen folgen, welche aber hier im Allgemeinen mit einem Mittelwert bzw. Modus und einer Abweichung charakterisiert sind und somit einen bevorzugten Drehwinkel und eine Grundgeschwindigkeit beschreiben. Zusätzlich kann noch eine explizite Zeitabhängigkeit einbezogen werden, um den zeitlichen Verlauf zu verdeutlichen.

Dabei lautet die Trajektorie nun wie folgt:

$$\frac{dX}{dt} = \hat{n}(t) \cdot v(t)$$

Hierbei repräsentiert dX/dt die Änderung der Koordinaten nach der Zeit, $\hat{n}(t)$ die zeitabhängige Richtung und $v(t)$ die zeitabhängige Geschwindigkeit. Die Verknüpfung zwischen der Richtung n und dem Winkel θ erlaubt die nahtlose Überführung zwischen den Formulierungen mittels:

$$\hat{n}(t) = \begin{pmatrix} cos\ \theta(t) \\ sin\ \theta(t) \end{pmatrix}$$

Je nachdem welcher Verteilung die jeweiligen Variablen nun folgen, entstehen schon bei isolierten (und in ihrer Komplexität angepassten) Simulationen die gleichen Muster, die wir auch in der Natur beobachten: Einzeln navigierende Bienen finden in einem ausreichend steilen Temperaturgradienten, wenn der Unterschied zwischen der kühlsten und der wärmsten Stelle also relativ groß ist, verlässlich die optimale Temperatur. Sobald der Gradient aber flach wird, also den natürlichen Bedingungen im Brutnest gleicht, finden sie das Optimum nicht. Die Fähigkeiten des Individuums allein reichen hierfür offenbar nicht aus. In einer Gruppe wiederum führt die zusätzliche soziale Komponente im Verhalten auch in flachen Gradienten zum Erfolg. Genau dieses intelligente Schwarmverhalten wird auf dessen zugrunde liegenden Prozesse hin untersucht.

Nicht nur das Aufsuchen von optimalen Temperaturbereichen ist eine Leistung, die Bienen als Kollektiv bewältigen. Auch das Sammeln von Nektar und Pollen erfolgt durch Zusammenarbeit, da Sammlerinnen einander über die besten Futterstellen in Form einer Tanzsprache informieren. Mit dem sogenannten »Schwänzeltanz« geben erfahrene Bienen den Ort ihrer Futterquelle an naive Bienen weiter, indem sie mit der »Schwänzelstrecke« (Schütteln des Hinterleibs während der Vorwärtsbewegung) Richtung und Entfernung zum Ziel an andere Bienen kommunizieren.[13] Um die ökologischen Effekte des Schwänzeltanzes zu untersuchen, werden im Artificial Life Lab Graz mathematische Modelle erstellt. Diese helfen außerdem, mögliche Folgen technischer Intervention auf das Ökosystem abzuschätzen. In einem aktuellen Projekt wird der Einsatz von biomimetischen Schwänzeltanz-Robotern untersucht, die den Tanz nachahmen. Welche Auswirkungen hätte die Integration von Tanzrobotern in einen Bienenstock? Ist es möglich, dass Tanzroboter die Sammelentscheidung der gesamten Honigbienenkolonie beeinflussen und unterstützen können? Und wenn ja, wie viele Roboter wären dafür nötig? Könnte ein einzelner Roboter bereits das »Zünglein an der Waage« sein und die Sammelstrategie der Kolonie von einer Blumenwiese auf ein Gemüsefeld oder umgekehrt umlenken? Um diese Fragen zu beantworten, wurde im Projekt Hiveopolis ein mathematisches Modell entwickelt, welches das Sammelverhalten der Westlichen Honigbiene simuliert und dabei die Auswirkungen der Integration von Bienen-Tanzrobotern in einen Bienenstock analysiert.[14] Bereits im Jahr 1991 führte T. D. Seeley Versuche durch, die zeigten, dass Honigbienen sensitiv auf Veränderungen ihrer Nahrungsumwelt reagieren.[15] Dabei sind folgende Beobachtungen über den Schwänzeltanz besonders relevant: Je nach Energiekosten des Fluges sowie des energetischen Ertrags der Futterquelle beurteilt jede einzelne Biene die Qualität des Ziels ihres letzten Sammelflugs. Je höher die Qualität der letzten Futterquelle ist, desto mehr Schwänzeltanzrunden tanzt die heimgekehrte Sammlerin und je länger der Tanz ist, desto höher fällt der erwartbare Rekrutierungserfolg neuer Samm-

[13] K. von Frisch, *Tanzsprache und Orientierung der Bienen*, Berlin 1965.

[14] D. Lazic/T. Schmickl, Can Robots Inform a Honeybee Colony's Foraging Decision-Making?, in: *Proceedings of the ALIFE 2022: The 2022 Conference on Artificial Life. ALIFE 2021: The 2021 Conference on Artificial Life* (2022), 42–45.

[15] T. D. Seeley/S. Camazine/J. Sneyd, Collective decision-making in honey bees: how colonies choose among nectar sources, in: *Behavioral Ecology and Sociobiology* 28/4 (1991), 277–290.

lerinnen für die beworbene Futterquelle aus. Langfristig ziehen so gute Quellen immer mehr Sammlerinnen auf Kosten der schlechten Futterquellen zu sich. Es entsteht also eine Konkurrenzsituation, bei der die optimale Futterquelle am Ende meist gewinnt. Andere, ebenfalls individuelle Mechanismen verhindern Überrekrutierung zu einzelnen Quellen und sorgen für das parallele Ausbeuten mehrerer guter Futterquellen. Somit entsteht aus vielen individuellen Entscheidungen und Beurteilungen einzelner Bienen eine konsistente und kollektive Sammelstrategie der Kolonie.

Dies zeigte T. D. Seeley durch ein Experiment, in dem er am Morgen zwei Futterquellen in gleicher Distanz, jedoch mit unterschiedlicher Qualität in der Nähe eines Bienenstocks platzierte.[16] Wie erwartet flog bald darauf die Mehrheit der individuell markierten Sammlerinnen die qualitativ bessere Quelle an. Nach einigen Stunden wurden die Futterquellen jedoch miteinander vertauscht, was auch das Sammelverhalten der Bienen beeinflusste und zu einer Korrektur der Sammelstrategie der Kolonie führte. Wenn nun beispielsweise die qualitativ hochwertige Futterquelle kontaminiert ist, könnten Bienen die Toxine massiv in den eigenen Stock eintragen, was zum Kollaps des Volkes führen kann. Um dies zu verhindern, könnte durch das Einsetzen von biomimetischen Tanzrobotern das Sammelverhalten der Bienen so beeinflusst werden, dass diese zu anderen, zwar etwas qualitativ schlechteren, aber dafür ungefährlichen Futterquellen fliegen. Erste Prototypen solcher Roboter schafften es bereits, die Sammelmotivation der Bienen zu erhöhen.[17]

Basierend auf dem mathematischen Modell von T. D. Seeley, welches das Sammelverhalten von Bienen simulierte, entwickelte das Artificial Life Lab Graz im Rahmen des Projekts Hiveopolis ein erweitertes Modell, indem die zuvor erwähnten Tanzroboter integriert wurden. Ziel war es zu untersuchen, in welchem Ausmaß Tanzroboter tatsächlich das Sammelverhalten von Honigbienen beeinflussen können. Unsere Ergebnisse zeigen, dass bereits zwei Roboter die Sammelentscheidung verändern können, es jedoch bei weiterer Erhöhung der Roboterzahl schnell zu einer Sättigung dieses Effekts kommt.[18]

Welche Vorteile wären mit solchen technischen Möglichkeiten verbunden? Neben der Vermeidung von Kontakten mit Pestiziden könnte zusätzlich ver-

[16] Seeley/Camazine/Sneyd, *Collective decision-making in honey bees*, 277–290.

[17] T. Landgraf/M. Oertel/A. Kirbach/R. Menzel/R. Rojas, Imitation of the honeybee dance communication system by means of a biomimetic robot, in: T. Prescott/N. Lepora/A. Mura/P. Verschure (Hrsg.), *Biomimetic and Biohybrid Systems, Lecture Notes in Computer Science* 7375, Berlin 2013, 132–143.

[18] Lazic/Schmickl, *Can Robots Inform a Honeybee Colony's Foraging Decision-Making?*, 42–45.

hindert werden, dass Honigbienen zu sehr mit Wildbienen oder anderen Bestäubern in Konkurrenz treten. Derartige Konkurrenzeffekte sind Gegenstand von aktuellen Untersuchungen; es sind allerdings zurzeit keine schlüssigen Aussagen möglich, ob eine solche Konkurrenz in signifikantem Umfang entstehen kann. Des Weiteren kann mit dieser Technologie die Produktion bestimmter Honigsorten gefördert sowie auch die gezielte Bestäubung bestimmter Landflächen unter kontrollierten Bedingungen ermöglicht werden.

Doch bis dahin gilt es, noch weitere Forschung zu betreiben. Daher wird das mathematische Modell derzeit um relevante Komponenten erweitert, um einer realistischeren Abbildung der Natur näher zu kommen. Hierzu zählt die Erhöhung der Zahl simulierter Sammlerinnen, eine variable Qualität der Futterquellen sowie die Modellierung der damit verbundenen Rekrutierungsintensitäten. Das Modell wird in Zukunft auch den Nektareinlagerungsprozess in die Honigwabenzellen als wichtigen Faktor inkludieren. Solche realitätsnahen Modelle helfen bei der Entscheidung, welche Aspekte im Gesamtsystem auf welche Weise moduliert werden können und sollen, um Bienenpopulationen und auch die Ökosysteme, in die sie eingebettet sind, am Ende zu unterstützen.

Roboter zur Verhaltensmodulation

Die oben beschriebenen Schritte der Beobachtung und Modellierung liefern wichtige Erkenntnisse darüber, wo und wie in die Prozesse im Bienenstock eingegriffen werden kann. Im EU-Projekt ASSISIbf wurde ein Robotersystem zur Verhaltensbeobachtung, -analyse und -modulation realisiert (Abb. 2A). Eigens entwickelte stationäre Roboter sind in der Lage, das Verhalten von Jungbienen mittels verschiedener physikalischer Reize gezielt zu beeinflussen.[19] Dabei sind die von den Robotern generierten Reize jenen nachempfunden, die die Tiere auch in ihrer natürlichen Umgebung im Bienenstock vorfinden. Die Roboter sind zudem in der Lage, mittels Sensoren die Anwesenheit von Bienen in ihrer näheren Umgebung wahrzunehmen. Mit Hilfe von Wärmestimuli, Vibrationsmustern und Luftströmen können Roboter die Verteilung der Bienen in einem bestimmten Areal, abhängig von der von ihnen wahrgenommenen Bienendichte, beeinflussen, indem sie die Bienen zum Beispiel an bestimmten Orten aggregieren lassen oder von bestimmten Arealen

[19] K. Griparic/T. Haus/D. Miklić/S. Bogdan, Combined actuator sensor unit for interaction with honeybees, in: *2015 IEEE Sensors Applications Symposium (SAS)*(2015), 1–5.

fernhalten.[20,21] Dies geschieht über die dem Gruppenverhalten der Bienen zugrunde liegenden Rückkopplungsschleifen: Jungbienen tendieren dazu, stehen zu bleiben, wenn sie auf Artgenossen treffen. Die Dauer dieses Stehenbleibens ist abhängig von unterschiedlichen Umweltfaktoren: Je höher die Temperatur an diesem Ort ist, desto länger verweilen die Bienen dort.[22] Eine höhere Verweildauer erhöht wiederum die Wahrscheinlichkeit, dass weitere Bienen dazustoßen und ebenfalls an diesem Ort verweilen. Roboter, die lokal die Umgebungstemperatur erhöhen, können somit Bienen über diesen Verhaltensmechanismus an einem gewünschten Ort versammeln.[23] Ein vom Roboter abgegebener subtiler Luftstrom verkürzt hingegen diese temperaturabhängige Verweildauer der Bienen und kann von den Robotern genutzt werden, um Aggregationen aufzulösen. Vibrationsmuster modulieren die Laufgeschwindigkeit der Bienen bis hin zum vollständigen Stehenbleiben. Dadurch können die Roboter wiederum die Verteilung der Bienen bis hin zu deren Ansammlung an bestimmten Orten beeinflussen.[24] Solche in die Tiergesellschaft integrierten Roboter können also jetzt schon unter Laborbedingungen, nur durch die lokale Beeinflussung verschiedener Umweltparameter, auf das Gruppenverhalten der Bienen vorhersagbar einwirken. Im Brutnest könnten zukünftig in den Bienenstock integrierte Technologien genau diese Mechanismen nutzen, um die Bienen bei der Aufzucht der Brut zu unterstützen. Die Technologie wirkt dabei zuerst auf junge Arbeiterinnen, welche Zellen vorbereiten, in welche die Honigbienenkönigin Eier legt.

Die Königin ist somit Dreh- und Angelpunkt für das Wachstum des Superorganismus Honigbienenkolonie. Das Projekt RoboRoyale verfolgt die Idee, über die Interaktion mit diesem einen zentralen Element der Honigbienen-

[20] T. Schmickl/M. Szopek/F. Mondada/R. Mills/M. Stefanec/D. N. Hofstadler/D. Lazic/R. Barmak/F. Bonnet/P. Zahadat, Social integrating robots suggest mitigation strategies for ecosystem decay, in: *Frontiers in Bioengineering and Biotechnology* 9 (2021), 612605.

[21] M. Szopek/R. Thenius/M. Stefanec/D. Hofstadler/J. Varughese/M. Vogrin/G. Radspieler/T. Schmickl, Autonome Roboterschwärme als Stabilisatoren gefährdeter Ökosysteme, in: *Navigationen – Zeitschrift für Medien-und Kulturwissenschaften* 21/1 (2021), 149–180.

[22] T. Schmickl/H. Hamann, BEECLUST: A swarm algorithm derived from honeybees, in: Y. Xiao (Hrsg.), *Bio-inspired Computing and Communication Networks*, Boca Raton 2011, 95–137; M. Szopek/T. Schmickl/R. Thenius/G. Radspieler/K. Crailsheim, Dynamics of collective decision making of honeybees in complex temperature fields, in: *PloS one* 8/10 (2013), e76250.

[23] M. Stefanec/M. Szopek/T. Schmickl/R. Mills, Governing the swarm: Controlling a bio-hybrid society of bees & robots with computational feedback loops, in: *2017 IEEE Symposium Series on Computational Intelligence (SSCI) (IEEE)* (2017), 1–8.

[24] Schmickl et al., *Social integrating robots suggest mitigation strategies for ecosystem decay*, 612605.

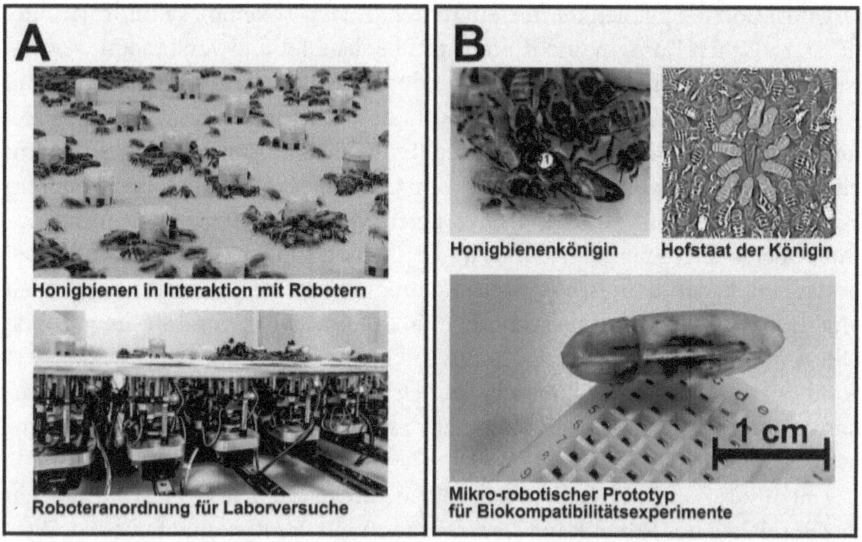

Abb. 2: Eindrücke von Laborversuchen zur Verhaltensmodulation von Honigbienen mittels integrierter Technologien. A: Robotersystem zur kombinierten Verhaltensbeobachtung, -analyse und -modulation, oben: Verhaltensversuch mit Honigbienen, unten: Roboteraufbau, zur Simulation verschiedener Umweltreize. B: Honigbienenkönigin in Interaktion mit anderen Bienen in einem Laborversuch (oben links), im Austausch mit ihrem Hoftstaat in einem Beobachtungsbienenstock (oben rechts, Infrarotaufnahme mit hervorgehobener Königin in Violett und Hoftstaatbienen in Grün) sowie ein Prototyp für biohybride Experimente (unten).

kolonie den Gesundheitszustand und die Entwicklung der Kolonie zu überwachen und schließlich auch die Effizienz der Kolonie durch kontrollierte Wachstumsregulation zu erhöhen.[25] Dabei soll durch ein robotisches System mit der Königin interagiert werden. Als Bindeglied zwischen der Königin und der übrigen Honigbienenkolonie agiert eine spezielle Gruppe von Bienen, der Hofstaat der Königin (Abb. 2B).

Dieser Hofstaat ist unter anderem für die Pflege und Reinigung sowie für die Fütterung der Königin und damit schlussendlich für die Kontrolle der Eilegerate verantwortlich. Eine weitere Aufgabe ist die Verteilung von Pheromonen der Königin in die gesamte Kolonie. Zahlreiche mikro-robotische Systeme sollen diesen Hofstaat teilweise nachbilden und damit in die innerste

25 M. Stefanec/D. N. Hofstadler/T. Krajník/A. E. Turgut/H. Alemdar/B. Lennox/E. Şahin/F. Arvin/T. Schmickl, A minimally invasive approach towards »Ecosystem Hacking« with Honeybees, in: *Frontiers in Robotics and AI* 9 (2022), 791921.

Organisation der Bienenkolonie eingreifen. Zuerst sollen diese Informationsflüsse zwischen Königin und Kolonie nur beobachtet und verstanden werden. Nach dem Erlangen des Verständnisses des Systems soll es auch möglich sein, modulierend auf die Parameter des Koloniewachstums einzuwirken. So soll die Königin zum Beispiel zu einer erhöhten Eiablage animiert werden, was zu einem stärkeren Koloniewachstum führt, welches wiederum mit höherem Pollenbedarf einhergeht. Da Honigbienen viele verschiedene Pflanzen auf ihrer Suche nach Energie (Nektar) und Proteinen (Pollen) anfliegen und dabei bestäuben, bedeutet dieses stärkere Koloniewachstum in weiterer Folge auch eine höhere Bestäubungsleistung der Kolonie, was das gesamte umgebende Ökosystem unterstützt. Des Weiteren soll durch das Eingreifen gewährleistet werden, dass die Kolonie unbeschadet den Winter übersteht, um im kommenden Frühjahr ihrer Tätigkeit als einer der Hauptbestäuber in unseren Ökosystemen nachzugehen.

Um dieses Ziel zu erreichen, setzt das Artificial Life Lab Graz Technologien aus Bereichen der Robotik für die Interaktion mit der Bienenkolonie ein. Weiter werden Algorithmen aus den Bereichen »Machine Learning« und »Deep Learning« zur Klassifizierung verschiedener Altersklassen von Bienen und ihrer unterschiedlichen Verhaltensweisen entwickelt und verwendet. Es werden auch Multi-Agenten-Simulationen eingesetzt, um die Entwicklung der Bienenkolonie vorherzusagen. Hierbei ist das Ziel, ein möglichst umfassendes Bild der Interaktionen der Königin mit ihrem Hofstaat zu erhalten, um dann die biomimetischen Roboter möglichst authentisch und natürlich in das bestehende System integrieren zu können.

Modelle zum ökologischen Verständnis

Bienen zu verstehen, heißt nicht nur, sie als Individuen erkennen und beschreiben zu können, sondern sie im Kontext ihrer Umwelt zu begreifen. Sie sind Teil eines Volkes, eingebettet in ein Ökosystem, welches sich je nach Zeit und Ort anders präsentiert. Somit ist ein Bienenvolk ein komplexes System: Zehntausende von Arbeiterinnen interagieren miteinander und sorgen für eine effiziente Verteilung der Arbeitskräfte, um die Vielzahl anfallender Aufgaben zu erfüllen. Dazu gehören Tätigkeiten im Stock selbst – wie beispielsweise das Reinigen und Bauen von Wachszellen, das Füttern der Larven, die Thermoregulation des Brutnestes – und auch einige Tätigkeiten außerhalb des Stocks wie etwa das Sammeln von Nektar und Pollen. Ein Bienenvolk muss sich also auch mit seiner Umwelt auseinandersetzen und die ergiebigsten Futterquellen ausfindig machen und nutzen. Ferner haben Parasiten und

Krankheiten einen entscheidenden Einfluss auf die Entwicklung des Volkes. Insbesondere die Varroamilbe (*Varroa destructor*) und das von ihr übertragene Flügeldeformationsvirus führen unbehandelt häufig zum Tod des gesamten Bienenvolkes innerhalb weniger Jahre.

Das Honigbienen-Modell BEEHAVE,[26] welches auf ältere Modelle wie zum Beispiel BEEPOP[27] oder das HoPoMo-Modell[28], aufbaut, berücksichtigt all diese Prozesse und erlaubt es, *in silico*, also am Computer, die Entwicklung eines Volkes auf eine realitätsnahe Weise zu simulieren. In dieses Modell können detaillierte Landschaften, die komplexe räumliche und zeitliche Muster von Nektar- und Pollenverfügbarkeit aufweisen, geladen werden. Wie viel Zeit den Bienen für Sammelflüge zur Verfügung steht, wird in der Natur und daher auch im Modell durch die täglichen Wetterbedingungen und typische jahreszeitliche Schwankungen festgelegt. Zudem wird die Eilegerate der Königin von der Pollenversorgung des Volkes beeinflusst, und die daraus resultierende Brut muss von den Innendienstbienen versorgt werden. Je nach Versorgungslage und dem Verhältnis von Brut zu Bienen gehen die Innendienstbienen ab einem bestimmten Alter naturgetreu zu Sammeltätigkeiten über.

BEEHAVE ermöglicht es somit, Vorhersagen darüber zu treffen, wie sich ein Volk in Abhängigkeit von Wetter, räumlichem und zeitlichem Ressourcenangebot, Parasiten (Varroamilbe) und Stressoren wie Pestizideinsatz entwickelt. Als frei verfügbares Modell[29] steht es allen Interessierten zur Nutzung offen – Forscher*innen, Imker*innen, Naturschutzvereinen oder auch interessierten Laien.

Seit seiner Veröffentlichung im Jahr 2014 kam BEEHAVE in zahlreichen wissenschaftlichen Publikationen zum Einsatz. Ein häufiger Verwendungszweck des Modells liegt in der Abschätzung der Auswirkungen von Pestizideinsatz auf Bienen. Dabei kann es sich um abstrakte Risikoabschätzungen handeln, die simulieren, wie sich ein bestimmter Verlust von zum Beispiel Sammlerinnen oder Larven zu bestimmten Zeiten des Jahres auf die Volks-

[26] M. A. Becher/V. Grimm/P. Thorbek/J. Horn/P. J. Kennedy/J. L. Osborne, BEEHAVE: a systems model of honeybee colony dynamics and foraging to explore multifactorial causes of colony failure, in: *Journal of Applied Ecology* 51/2 (2014), 470–482.

[27] G. DeGrandi-Hoffman/S. A. Roth/G. L. Loper/E. H. Erickson Jr., Beepop: a honeybee population dynamics simulation model, in: *Ecological Modelling* 45/2 (1989), 133–150.

[28] T. Schmickl/K. Crailsheim, HoPoMo: A model of honeybee intracolonial population dynamics and resource management, in: *Ecological Modelling* 204/1–2 (2007), 219–245; T. Schmickl/R. Thenius/K. Crailsheim, Swarm-intelligent foraging in honeybees: benefits and costs of task-partitioning and environmental fluctuations, in: *Neural Computing and Applications* 21/2 (2012), 251–268.

[29] BEEHAVE, in: BEEHAVE (2016), von https://beehave-model.net/ (Zugriff 18. 11. 2022).

entwicklung auswirkt.[30] Es kann sich aber auch um konkrete Vorhersagen handeln: welche Effekte ein bestimmtes Pestizid unter definierten Bedingungen haben kann, zum Beispiel das Neonicotinoid Clothianidin, das die Futtersaftproduktion von Ammenbienen beeinträchtigt. Auch wenn dieser Effekt zunächst nur eine vorübergehende Schwächung des Volkes zur Folge zu haben scheint, zeigen die BEEHAVE-Simulationen, dass das Schwarmverhalten und damit die Reproduktion der Völker empfindlich beeinträchtigt werden kann.[31]

Andere Anwendungen betreffen beispielsweise die Auswirkungen der Asiatischen Hornisse (*Vespa velutina*), die sich vornehmlich von Bienen ernährt, auf das Überleben der betroffen Völker,[32] der Einsatz von Antibiotika gegen den Erreger der Amerikanischen Faulbrut, die als Nebenwirkung die Darmflora der Bienen beeinträchtigen und somit deren Lebensspanne verkürzen[33] kann, oder die Risiken von Trachtlücken in landwirtschaftlich geprägten Regionen, welche zum Verhungern eines Volkes führen kann.[34]

Großflächig kam BEEHAVE durch die Europäische Behörde für Lebensmittelsicherheit (EFSA) zum Einsatz, die das Modell benutzte, um europaweite Referenzen zur natürlichen Schwankung der Volksstärke von Bienenkolonien zu ermitteln. Diese Daten sollen dann als Kontrolle im Zuge der Risikoabschätzung beim Zulassungsverfahren für Pestizide zur Anwendung kom-

[30] J. C. Rumkee/M. A. Becher/P. Thorbek/P. J. Kennedy/J. L. Osborne, Predicting honeybee colony failure: using the BEEHAVE model to simulate colony responses to pesticides, in: *Environmental Science & Technology* 49/21 (2015), 12879–12887; P. Thorbek/P. J. Campbell/H. M. Thompson, Colony impact of pesticide-induced sublethal effects on honeybee workers: A simulation study using BEEHAVE in: *Environmental Toxicology and Chemistry* 36/3 (2017), 831–840; P. Thorbek/P. J. Campbell/P. J. Sweeney/H. M. Thompson, Using BEEHAVE to explore pesticide protection goals for European honeybee (*Apis melifera* L.) worker losses at different forage qualities, in: *Environmental Toxicology and Chemistry* 36/1 (2017), 254–264.

[31] M. Schott/M. Sandmann/J. E. Cresswell/M. A, Becher/G. Eichner/D. T. Brandt/R. Halitschke/S. Krueger/G. Morlock/R. A. Düring/A. Vilcinskas, Honeybee colonies compensate for pesticide-induced effects on royal jelly composition and brood survival with increased brood production, in: *Scientific Reports* 11/1 (2021), 1–15.

[32] F. Requier/Q. Rome/G. Chiron/D. Decante/S. Marion/M. Menard/F. Muller/C. Villemant/M. Henry, Predation of the invasive Asian hornet affects foraging activity and survival probability of honey bees in Western Europe, in: *Journal of Pest Science* 92/2 (2019), 567–578.

[33] L. Bulson/M. A. Becher/T. J. McKinley/L. Wilfert, Long_]term effects of antibiotic treatments on honeybee colony fitness: A modelling approach, in: *Journal of Applied Ecology* 58/1 (2021), 70–79.

[34] J. Horn/M. A. Becher/P. J. Kennedy/J. L. Osborne/V. Grimm, Multiple stressors: using the honeybee model BEEHAVE to explore how spatial and temporal forage stress affects colony resilience, in: *Oikos* 125/7 (2016), 1001–1016.

men.[35] Anhand des BEEHAVE-Modells kann eindrücklich gezeigt werden, dass ökologische Modelle auf vielfältige Weise zum Einsatz kommen und reale Auswirkungen auf politische Entscheidungen und gesellschaftliche Entwicklungen haben.

Nachhaltige grüne Architektur

Eine Möglichkeit, positiv auf Wildbienen, domestizierte Bienen und andere wichtige Bestandteile des Ökosystems einzuwirken, liegt in der Veränderung ihrer Umwelt. Das Projekt Flora Robotica[36] widmet sich der Suche nach symbiotischen Beziehungen zwischen Pflanzen und Technologien, um dem Ziel einer »lebenden Architektur« näher zu kommen. Konventionell wird in der Architektur ein Gebäude zuerst geplant, dann gebaut und schlussendlich für die Nutzung freigegeben. Im Gegensatz dazu ist das Bauen mit lebendigen, wachsenden (und verholzenden) Pflanzen ein andauernder und adaptiver Prozess, in dem Planung, Konstruktion und Nutzung über die gesamte Lebensdauer des Gebäudes ineinandergreifen.[37] Lebende Materialien bieten entscheidende Vorteile wie zum Beispiel die Selbstreparatur von Schäden, die Steigerung der strukturellen Leistung im Laufe der Zeit statt einer Verschlechterung, die Widerstandsfähigkeit gegenüber korrosiven Umgebungen, die Minderung städtischer Hitzeinseln sowie die Unterstützung der biologischen Vielfalt.

Natürlich gibt es auch spezielle Herausforderungen, die Pflanzen als »lebendes Baumaterial« mit sich bringen. Der Bauplan einer individuellen Pflanze ist (anders als bei Tieren) nicht genetisch vorherbestimmt. Pflanzen sind modulare Organismen, deren nie endgültige Form sich laufend an die vorhan-

[35] EFSA Panel on Plant Protection Products and their Residues (PPR), Statement on the suitability of the BEEHAVE model for its potential use in a regulatory context and for the risk assessment of multiple stressors in honeybees at the landscape level, in: *EFSA Journal* 13/6 (2015), 4125; EFSA (European Food Safety Authority)/A. Ippolito/ A. Focks/M. Rundlöf/ A. Arce/M. Marchesi/F. M. Neri/C. Szentes/A. Rortais/D. Auteri, Analysis of background variability of honey bee colony size, in: *EFSA supporting publication* 18/3 (2021), EN-6518.

[36] H. Hamann/M. Wahby/T. Schmickl/P. Zahadat/D. N. Hofstadler/K. Stoy/S. Risi/A. Faina/F. Veenstra/S. Kernbach/I. Kuksin/O. Kernbach/P. Ayres/P. Wojtaszek, Flora Robotica – Mixed Societies of Symbiotic Robot-Plant Bio-Hybrids, in: *2015 IEEE Symposium Series on Computational Intelligence* (2015), 1102–1109.

[37] F. Ludwig, Baubotanik: Designing with living material, in: S. K. Löschke (Hrsg.), *Materiality and Architecture*, London 2015, 182–191.

denen Umweltbedingungen anpasst.[38] Wo mechanische Belastung zunimmt, wird verstärkt, wo weniger Licht auftrifft, wird reduziert, z. B. durch das Abwerfen eines Astes. Wo die lokale Situation aber vielversprechend ist, also für die wachsenden Triebe ausreichend Licht, Wasser und Nährstoffe verfügbar sind, wird hingegen investiert, gewachsen und verzweigt.[39] Roboter (oder Gärtner*innen) können die lokale Umwelt dahingehend beeinflussen, dass Pflanzen an Orten gedeihen können, wo es sonst nur schwer bis nicht möglich wäre. Im Projekt Flora Robotica liegt ein Schwerpunkt auf der Idee, Pflanzen mithilfe von intelligent gesteuertem Licht (Abb. 3) so wachsen zu lassen, dass sinnvolle Strukturen entstehen können.[40] Somit werden die einzigartigen Fähigkeiten von Pflanzen mit moderner Technik gesteuert und genutzt, wodurch auch in urbanen Bereichen grüne Oasen denkbar sind.

Bei Gebäuden, in denen lebende Organismen am Bau beteiligt sind, liegt die wesentliche Herausforderung darin, das biologische Wachstum oder die Ablagerung in Formen oder Muster zu lenken, die wichtige Gebäudefunktionen erfüllen.[41] Diese können neben der Statik (evtl. Geschosshöhe) auch Gebäudehüllen-Funktionen wie Beschattung, Wärmedämmung, Feuchtigkeitssperre, Luftsperre und Hausanschlusstechnik umfassen. Obwohl biomechanische Hybridstrukturen möglicherweise nur durch manuelle Manipulation konstruiert werden können, sind die Wachstumszeiten wahrscheinlich lang und die Konstruktionsaufgaben mühsam, was auf die Nützlichkeit der Automatisierung hindeutet. Darüber hinaus ermöglicht die Einbeziehung von selbstorganisierenden Robotern ein kontinuierliches Management des gesamten biologischen Ablagerungs- oder Wachstumsprozesses, der von Natur aus ein gewisses Maß an Unvorhersehbarkeit beinhaltet. Um biologische Elemente während des Baus zu führen und zu formen, könnten Roboter die Organismen indirekt durch den Bau und die Manipulation mechanischer Gerüste beeinflussen oder direkt durch artspezifische Stimuli. Insgesamt zeigt sich im Nutzen von lebenden Pflanzen in der Architektur, dass es die Möglich-

[38] T. Teichmann/M. Muhr, Shaping plant architecture, in: *Frontiers in Plant Science* 6 (2015), 233.

[39] F. F. Barbier/E. A. Dun/S. C. Kerr/T. G. Chabikwa/C. A. Beveridge, An Update on the Signals Controlling Shoot Branching, in: *Trends in Plant Science* 24/3 (2019), 220–236.

[40] M. Wahby/M. K. Heinrich/D. N. Hofstadler/E. Neufeld/I. Kuksin/P. Zahadat/T. Schmickl/P. Ayres/H. Hamann, Autonomously shaping natural climbing plants: a biohybrid approach, in: *Royal Society Open Science* 5/10 (2018), 180296.

[41] M. K. Heinrich/ S. von Mammen/D. N. Hofstadler/M. Wahby/P. Zahadat/T. Skrzypczak/M. Divband Soorati/R. Krela/W. Kwiatkowski/T. Schmickl/P. Ayres/K. Stoy/H. Hamann, Constructing living buildings: a review of relevant technologies for a novel application of biohybrid robotics, in: *Journal of The Royal Society Interface* 16/156 (2019), 20190238.

Abb. 3: Das Wachstum mehrerer Pflanzen (Gartenbohne, *Phaseolus vulgaris*) wird von einer Gruppe autonomer Roboter mit gezielten Lichtreizen über eine Gitterstruktur geleitet. Das Bild wurde verändert aus Wahby et al. (2018)[45] übernommen unter der Creative Commons Lizenz CC BY 4.0.

keit gibt, die Natur für uns arbeiten zu lassen – mit dem positiven Nebeneffekt, dass damit ein Stück Natur zurück in moderne Landschaften gebracht wird, was der Biodiversität zugutekommt.

Vom Insektenstaat zur Gesellschaft

Es lohnt sich, zusätzlich zu den vielen Beobachtungen, Modellbildungen, Versuchen und Anwendungen auch einmal einen Schritt zurückzugehen und zu reflektieren. Schließlich wollen wir nicht nur über, sondern auch von der Natur lernen.

Es ist kein Zufall, dass man bei der Organisationsform von Honigbienen von einem Insektenstaat spricht: Sie organisieren sich ähnlich wie menschliche Gesellschaften. Es gibt Arbeitsteilung, kollektive Ziele und Sensitivität für spezielle aktuelle Anforderungen. Daher ist zu überlegen, ob wir als Menschen nicht etwas von den Bienen lernen könnten. Ein Bereich, in dem es Potenzial dafür gibt, ist die Kommunikation, oder genauer: der Schwänzeltanz. Dieser Tanz funktioniert deswegen so gut, weil er eine positive Rückkopplungsschleife im Gesamtsystem etabliert. Am Anfang mag zwar nur eine Biene für eine Nahrungsquelle tanzen, doch durch den Tanz finden weitere Bienen dorthin und bewerben dann ebenfalls die Quelle. Der Tanz bringt die Bienen zur Futterquelle, aber was die Rückkehrerinnen selbst tanzen lässt, ist die Qualität der Quelle. Mit ein wenig Phantasie findet man dieses einfache Prinzip auch in menschlichen Gesellschaften. Natürlich machen Menschen (normalerweise) keinen Schwänzeltanz; aber wir geben Information auf andere Art und Weise weiter. Und da wir im »Informationszeitalter« leben, ist es sinnvoll zu reflektieren, welche Parallelen es zwischen Bienen- und Menschenkommunikation gibt.

Der Schwänzeltanz ist eine Kommunikationsform, um eine bestimmte Information (Lage einer Nahrungsquelle) weiterzugeben. Das ist im Wesentlichen nichts anderes, als wenn wir jemandem den Weg zu einem Restaurant mit Worten erklären. Dieser Schwänzeltanz wird von den Bienen in unmittelbarer Umgebung gefühlt, so wie uns jemand bei der Wegbeschreibung zuhört. Danach verwenden die Bienen, und auch Zuhörer*innen, die Information, um die Nahrungsquelle bzw. das Restaurant zu finden. Wenn die Nahrungsquelle besonders gut ist, dann merken sich Biene wie Mensch den Ort besonders gut und sind auch dementsprechend motiviert, anderen den Standort mitzuteilen. So weit, so trivial. Allerdings ist gerade die letzte Tatsache, nämlich dass eine Empfehlung an andere nur stattfinden sollte, wenn die Nahrungsquelle als gut empfunden wurde, ein kritischer Punkt. Wenn die Futterquelle nämlich nicht von guter Qualität ist – beispielsweise, weil sie schon abgeerntet wurde –, dann werden die Rückkehrerinnen nicht für sie tanzen. Diese Sensitivität bezüglich der Güte der Futterquelle bietet eine laufende Qualitätskontrolle. Dadurch verbreitet sich die Information unter den Sammlerinnen im Bienenvolk nur, wenn sie funktional für die Kolonie ist. Das ist besonders wichtig, weil die Bienen sonst nie mehr die Futterquelle wechseln würden und/oder für minderwertige Quellen tanzen würden. Auch bei uns Menschen gibt es diese Qualitätskontrolle in vielen Fällen: Es gibt wenig Grund, den Standort eines mittlerweile geschlossenen Restaurants genau weiterzugeben. Die Betonung liegt hier aber auf »in vielen Fällen«. Es gibt nämlich die Gefahr, dass – aus welchen Gründen auch immer – diese Sensitivität für Feedback nicht mehr gegeben ist. Das ist beispielsweise der Fall, wenn die Information, die kommuniziert wird, keine direkte Konsequenz hat. So können sich wenig funktionale Informationen trotzdem weiterverbreiten. Falsche und bösartige Gerüchte, absurde Theorien oder Propaganda können so durch eine Gesellschaft sickern. Im Gegensatz zu uns überprüfen Bienen die Informationen, die sie weitergeben, immer wieder selbst aufs Neue, indem sie zum Standort fliegen. Die Information wird nur weitergegeben, wenn sie noch funktional ist, also wenn die Futterquelle tatsächlich gut ist. Leider fehlt dieser Schritt der ständigen, individuellen Reflexion und Überprüfung von Informationen bei uns Menschen oft völlig. Vieles, was erzählt wird, lässt sich nicht einfach überprüfen, oder es fehlt schlicht die Motivation dazu. Da wir, unter anderem durch moderne Medien und soziale Plattformen, laufend steigende Informationsmengen weitergeben, könnten wir das intelligente Verhalten der Bienen als Denkanstoß für einen ähnlichen Mechanismus in unserer Gesellschaft nutzen. In der Natur hat die natürliche Selektion nämlich immer schon verlässliche Informationsweitergabe bevorzugt und dafür eine Vielzahl von Mechanismen entwickelt, da jede Form der unzuverlässigen Informationsweitergabe von andersartlichen Sozialparasiten oder innerartlichen »Freeridern« ausgenutzt wird und sich damit die inklusive Fitness von Organismen mit unverlässlicher Kommunikation dramatisch verringert.

Ausblick

Wie alle Organismen unterliegen die eusozialen Honigbienenkolonien als sogenannter Superorganismus einem evolutionären Anpassungsprozess. Die natürliche Selektion wirkt hier also nur geringfügig auf die einzelne Biene, sondern vielmehr auf die Kolonie in ihrer Gesamtheit. Die genetisch bedingte Variation zwischen den Kolonien hat zur Folge, dass manche besser an ihre Umwelt angepasst sind als andere und sich daher tendenziell erfolgreicher vermehren (schwärmen) und auch öfter die Wintermonate überleben. Dadurch haben sie sich im Laufe der Generationen an ihre Umwelt gut angepasst. »Zeit« ist hier ein wichtiges Stichwort: Ändert sich die Umwelt schneller, als sich die Kolonien anpassen können, kann es zu einem Anpassungsdefizit kommen, welches das Überleben des Superorganismus Honigbienenkolonie in seiner veränderten Umwelt erschwert.

Es ist tatsächlich gerade der Fall, dass sich die Umwelt der Honigbienen radikal ändert. Sie sind mit Gefahren konfrontiert, die in der evolutionären Vergangenheit der Bienen nicht vorgekommen sind: eingeschleppte Krankheitserreger und Parasiten, Pestizide, Fungizide, Herbizide, die Folgen des Klimawandels, verschwindende Lebensräume, Monokulturen und »Agrarwüsten« führen die traurige Liste der Probleme an.

Offensichtlich ist die Natur als solche, und die Bienen im speziellen, schützenswert, auch im Hinblick auf die eingangs bereits erwähnten Sustainable Development Goals der Vereinten Nationen. Doch wie kann den Bienen geholfen werden? Rein prinzipiell bieten sich zwei Wege an. Zum einen kann man versuchen, die Welt wieder »in Ordnung«, also in einen Zustand zu bringen, in dem Bienen ohne Unterstützung existieren können. Selbst mithilfe globaler Kooperation scheint dieser Weg keine praktikabel mögliche Option mehr zu sein. Der zweite Weg liegt darin, die Bienen auf eine Art und Weise zu unterstützen, dass sie die Erschwernisse dieser modernen Umwelt überwinden können. Die Menschheit ist also quasi gezwungen, das Motto auszugeben: »Prepare the bee for the world, not the world for the bee!«

Organismische Augmentierung und Ecosystem-Hacking[42], bieten Möglichkeiten zur Unterstützung gefährdeter Organismen. Beides bedarf eines einschlägigen Verständnisses der Honigbiene als Superorganismus, des Volkes als Kollektiv und der Spezies Honigbiene als Schlüsselart in den Ökosystemen, in die sie eingebettet ist.

In diesem Artikel haben wir vor allem die Motivation hergeleitet, Ökosysteme mit technischen Hilfsmitteln zu unterstützen, und die ersten Schritte des Artificial Life Lab Graz in diese Richtung an mehreren Beispielen demonstriert. Für eine bestmögliche Unterstützung der Natur ist ein genaues Verständnis der involvierten Organismen notwendig, und bereits in diesem Schritt kommen Roboter bei der Datensammlung und -analyse zum Einsatz. Daten aus solchen Beobachtungen werden verwendet, um mithilfe von mathematischen Modellen die Möglichkeiten sowie potenzielle Folgen abzuschätzen. Zudem haben wir Optionen aufgezeigt, wie Organismen in den urbanen Raum in Form von neuartiger, grüner Architektur eingebettet werden können. Auf Basis der Kombination dieser Einzelentwicklungen wird nun an den ersten biohybriden Agenten mit Ökosystemwirksamkeit für den Einsatz im Freiland gearbeitet.

[42] Schmickl et al., *Social integrating robots suggest mitigation strategies for ecosystem decay*, 612605; Stefanec et al., *»Ecosystem Hacking« With Honeybees*, 791921.

Lukas Geiszler

Automatenbau zwischen Illusion und Imitation

Zur Debatte um den Modellcharakter von (Körper-)Automaten

»das beste modell eines huhns ist ein huhn«[1]
Oswald Wiener, *die verbesserung von mitteleuropa, roman*, 1969

1. Braucht es Epochengrenzziehungen des synthetischen Modellierens?

Nach welchen Gesichtspunkten lässt sich eine historische Untersuchung zu Kybernetik, künstlicher Intelligenz und Robotik eingrenzen? In *The Discovery of the Artificial* schlägt der Wissenschaftsphilosoph Roberto Cordeschi 2002 vor, erste vor-kybernetische Entwicklungen an jenen maschinellen Systemen festzumachen, deren Konstruktion darauf basierte, dass ein automatisches System zur Erfüllung einer Funktion ein Modell seiner Umgebung darstellen, enthalten oder erstellen sollte. So bspw. der phototropische Roboter »electric dog« von Hammond und Miessner aus dem Jahr 1915. Als spielerischer Prototyp entwickelt, war dabei der leitende Gedanke jedoch die Weiterentwicklung zum zielsuchenden Torpedo.[2] Dies treffe hingegen auf die mechanischen Automaten des 18. Jahrhunderts weitgehend nicht zu, die gewöhnlich exemplarisch für das Konzept ›Automat‹ angeführt werden – Automaten, definiert als mechanische Apparaturen, deren Teile so eingerichtet sind, dass deren Interaktionen, einmal in Gang gesetzt, einen bestimmten phänomenalen Effekt hervorbringen – einen phänomenalen Effekt, für welchen Modell an Organismen genommen wurde. Die defäkierende Ente von Vaucanson oder die Orgelspielerin der Familie Jaquet-Droz[3] stellten *Körperautomaten* dar, die

[1] O. Wiener, *die verbesserung von mitteleuropa, roman*, Salzburg/Wien 2020, CLIII.

[2] Vgl. R. Cordeschi, *The Discovery of the Artificial. Behavior, Mind and Machines Before and Beyond Cybernetics*, Dordrecht 2002, 3–7.

[3] Für einen Überblick zu solchen Automaten siehe bspw. A. Voskuhl, *Androids in the Enlightenment: Mechanics, Artisans, and Cultures of the Self*, Chicago 2013.; M. Jank, *Der homme machine des 21. Jahrhunderts. Von lebendigen Maschinen im 18. Jahrhundert zur humanoiden Robotik der Gegenwart*, Paderborn 2014.; J. Riskin, *The Restless Clock. A History of the Centuries-Long Argument over What Makes Living Things Tick*, Chicago 2016.

nicht wie jener »electric dog« Photonenquellen verfolgen konnten. Als in ihrer Disposition durchstrukturierte mechanische Automaten fehlt es ihnen an jener Art von Selbständigkeit, die elektronische, vor-kybernetische Automaten bei der autonomen Erfüllung ihres eindimensionalen Handlungsprogramms zeigen.

Als vor-kybernetische Automaten lässt Cordeschi all jene gelten, die als maschinelle Modellierungen von Verhalten, Kognition und Intelligenz von Interesse sind und waren. Kriterium dafür, dabei die sogenannten »clockwork automata« nicht einzubeziehen, sei eine gewisse Verhaltenslosigkeit[4] derselben. Wenn ein System keine Informationen der umgebenden Situation in Relation zu einem internen Modell verarbeiten könne, kann es sein *Verhalten* nicht ändern, sich nicht *anders* verhalten. Wenn sich ein System nicht anders verhalten kann, habe es kein Verhalten. Es kann dann nicht als Experimentalsystem, als »working model« dafür dienen, Hypothesen zum Zustandekommen von Verhalten bei Organismen zu modellieren und zu überprüfen.[5] Cordeschi verweist damit im Wesentlichen darauf, was mit »synthetic method« bzw. »modeling method« im Bereich von AI, Robotik und Cognitive Science gemeint ist:

> »The hypothesis that the processes of adaptation, learning, and intelligence are ›physical‹ can be tested by the building of models that simulate those processes. This modeling method is concerned with the *constraints* to be imposed on the physical artifacts so that they can be used as explanatory tools. These artifacts, however, are meant as *sufficiency* proofs for those processes, which would allow one to dispense with non-naturalistic explanatory entities.«[6]

Die »defäkierende Ente« von Jacques de Vaucanson, der im vorrevolutionären Frankreich als Automatenbauer und Ingenieur tätig war, dient hingegen der Historikerin Jessica Riskin als exemplarisch für eine epochale Wende im Verständnis dessen, was ein Organismus sei, wie auch der entsprechenden Methodik, wie dieses Verständnis erweitert werden könne. Im Automatenbau des 18. Jahrhunderts, so Riskin, würden sich die Einschätzungen und Überzeugungen einer materialistischen Theorie der Lebendigkeit der Lebewesen in den gelehrten Kreisen Europas im Kontext der Aufklärung ankündigen. Diese Art von Automatenbau sei bereits »a matter not just of representation, but of

[4] »Not withstanding certain important intuitions of people like Jaques de Vaucanson, such automata could hardly be seen as pre-cybernetic machines endowed with actual sense organs, self-controlling or feed-back devices and motor organs. They could not ›adjust‹ their responses to incoming stimuli.« Cordeschi, *The Discovery of the Artificial*, xiii.

[5] Vgl. Ebd., xvi.

[6] Ebd., 241. [Kursivsetzung im Original]

simulation«.[7] Wobei Riskin Simulation in einem »modern sense« definiert, nämlich als ein »experimental model from which one can discover properties of the natural subject«.[8]

Riskin postuliert, im Unterschied zu Cordeschi, das Bestehen einer starken Kontinuität zwischen den Praktiken des Automatenbaus zur Zeit der Französischen Aufklärung und der Bio-Roboter-Entwicklung gegenwärtiger A-Life-Forschungsprojekte. Es wäre dieselbe widersprüchliche Gleichzeitigkeit, »a simultaneous belief in both propositions – that animal life is essentially mechanistic and that the essence of animal life is irreducible to mechanism«, die bedinge, dass »despite the scientific and technological transformations of the last two and a half centuries, we live in the age of Vaucanson.«[9]

In meinem Beitrag untersuche ich die wechselnden philosophischen Hintergründe der Konstruktion von Automaten, wie sie im 18. Jahrhundert in Europa gebaut wurden. Die widerstrebenden Anforderungen und widersprüchlichen Überzeugungen, die Automatenbauern beim Schaffen ihrer Maschinen zu schaffen machten, sollen zunächst an zwei (Halb-)Automaten ausgeführt werden, die von der gleichen Person konstruiert worden sind: der Schachspieler-Automat bzw. *»Schachtürke«* und die *Sprechmaschine* von Wolfgang von Kempelen. Dabei zeige ich auf, inwiefern die Einteilungen und Kategorisierungen, wie sie bspw. Cordeschi und Riskin unternommen haben, Engführungen darstellen, über die hinaus zu blicken es sich aus technikphilosophischer Perspektive lohnt.

2. Verdichtete Pluralität des Automatenbaus: Wolfgang von Kempelen

Neben Vaucansons *Mechanischer Ente*[10] gilt der mechanische Schachspielautomat, besser bekannt als »*Schachtürke*«, als exemplarisch für elaborierte mechanisch-maschinelle Illusionen. Diesen hat der in Bratislava geborene Staatsbeamte und Automatenbauer Kempelen im Auftrag von Kaiserin Maria Theresia 1769 innerhalb von sechs Monaten konzipiert und gefertigt, um für Unterhaltung bei Hofe zu sorgen. Der »*Schachtürke*«, als illusionistisches Hilfsmittel mit einem hohen Grad an technischer Komplexität konstruiert,

[7] J. Riskin, The Defecating Duck, or, the Ambiguous Origins of Artificial Life, in: *Critical Inquiry* 29/4 (2003), 605.

[8] Riskin, *The Defecating Duck*, 605.

[9] Riskin, *The Defecating Duck*, 612.

[10] Deren »Exkremente« bildeten sich nicht aus den während der Vorführung verfütterten Körnern, sondern wurden zuvor eingefüllt. Für eine eingehendere Darstellung, siehe bspw. Riskin, *The Defecating Duck*, 608–609.

weckte in den Betrachtenden die Vorstellung, dass ein mechanischer Apparat möglicherweise intelligent auf eine Veränderung der Spielsituation reagieren könnte. Versteckt in einem Kasten unter dem Schachbrett musste ein humaner Schachspieler über diverse mechanische Schnittstellen, um es anachronistisch zu formulieren, selbst Input und Output encodieren und decodieren. Dass es sich nicht um ein mechanisch umgesetztes Simulationsmodell des Phänomens menschlicher Intelligenz oder der Kulturtechnik Schachspielen und der dafür nötigen körperlich-geistigen Vermögen gehandelt hat, sondern um eine technische Illusion, haben Kempelen und sein Vertrauter Windisch[11] dabei von Anfang an kommuniziert. Der »*Schachtürke*« spielte als mit einem starken Hauch Orientalismus verfertigter Zaubertrick-Apparat mit der Vorstellung, dass ein von Menschen gemachtes Artefakt autonom intelligente Handlungen durchführen könnte, und forderte die fürstlichen, später bürgerlichen Betrachter*innen dazu heraus, zu zeigen, ob sie imstande waren, den trickreichen Knoten zu entwirren.

Im Gegensatz dazu war die *Sprechmaschine*, von der Prototypen bei Europa-Tourneen des »*Schachtürken*« vorgeführt wurden, ein Langzeitprojekt, welches mit einem aufklärerisch-wissenschaftlichen Anspruch betrieben wurde. 1791, nach zwanzig Jahren Weiterentwicklung, präsentierte Kempelen in einer Monographie seine Ergebnisse dazu, wie sich der Mechanismus der menschlichen Sprache in einer Sprechmaschine als phonetisch-phonologisch strukturiertes Lautereignis nachahmen lasse.[12] Getragen von der »Gewißheit [...], daß die Sprache nachahmlich seyn muß«[13], formuliert als die Hypothese: »Es ist möglich[,] eine alles sprechende Maschine zu machen«[14], war das Resultat eine Maschine, die dem im Modell Nachgeahmten nicht ähnlich sah. Deren Teile und Interaktionen wiesen jedoch strukturell hinlänglich idente Eigenschaften zum organisch realisierten Mechanismus des Sprechens auf, um die Phoneme vieler europäischer Sprachen zu reproduzieren. Andere neuzeitliche Versuche der artifiziellen akustischen Reproduktion der menschlichen Stimme hatten sich gewissermaßen an einem analytischen Paradigma

[11] Karl Gottlieb von Windisch, Freund und Förderer von Kempelen, verfasste eine Art Werbeschrift für die Vorführungen des »Schachtürken«. K. G. von Windisch, *Karl Gottlieb von Windisch's Briefe über den Schachspieler des Hrn. von Kempelen nebst drey Kupferstichen, die diese berühmte Maschine vorstellen*, Basel 1783.

[12] Für eine umfassendere Beschreibung der Entstehung, siehe: F. Brackhane, Vorwort, in: W. von Kempelen, *Mechanismus der menschlichen Sprache*, hrsg. v. F. Brackhane/R. Sproat/J. Trouvain, Dresden 2017, XIX–LXXXV.

[13] W. von Kempelen, *Mechanismus der menschlichen Sprache*, hrsg. v. F. Brackhane/R. Sproat/J. Trouvain, Dresden 2017, 470.

[14] Kempelen, *Mechanismus der menschlichen Sprache*, 470.

orientiert: ein Bauteil für je einen Ton bzw. für ein Phonem.[15] Kempelens *Sprechmaschine* kann demgegenüber als synthetisierender Ansatz beschrieben werden: Alle Töne bzw. Phoneme werden anhand eines modulierbaren Systems produziert, dessen Bedingungen möglichst nah am organischen Original modelliert waren – die Bewegung von Luft mit Druck durch ein System von variierbaren Hindernissen, welches die Luft in Schwingung versetzt.

Während der »*Schachtürke*« bald in den Kreisen aufklärerischer Salons als Täuschung in Verruf geraten war, stellte, so Fabian Brackhane,[16] die *Sprechmaschine* den auf lange Frist angelegten Versuch Kempelens dar, gewissermaßen als mechanischer Modell-Forscher des Phänomens des menschlichen Sprechvermögens sein verlorenes Renommee zurückzugewinnen. Denn mit der mechanisch-maschinellen Nachahmung werde sich auch den Bedingungen angenähert, die im morphologischen Vorbild herrschen würden und die bedingen, dass das menschliche Sprechen jene beobachtbaren artikulatorischen Möglichkeiten hat.

Es liegt dementsprechend nahe, die Differenz dieser Projekte und Maschinen anhand der Unterscheidung von Riskin allein aus ihrem differenten Zweck heraus zu erklären: Der »*Schachtürke*« soll das Schachspielen und die dafür notwendigen menschlichen Denkvermögen *repräsentieren*, wohingegen die *Sprechmaschine* das Sprechen und die Konstituenten der Produktion und Modulation der menschlichen Stimme *simulieren* soll. Eine tiefergehende Kontextualisierung dieser Unterscheidung kann meines Erachtens entlang folgender Fragen vorgenommen werden: In welche diskursiven Formationen und Debatten fanden sich dabei Automatenbauer wie Kempelen gestellt? Welche Konzeptionalisierungen von Wissenschaft und Technik zirkulierten rund um den Automatenbau? Welche Rolle spielten in diesem Kontext Theorien von Körpern und Lebewesen, die diese als Automaten erläutert oder begriffen haben? Und wieso war gerade das Sprechvermögen bzw. die phonetische Sprachbildung so interessant?

[15] Ein zeitgenössisches Beispiel dafür, auf das Kempelen selbst auch rekurriert, waren die Vokalröhren bzw. -pfeifen von Christian Gottlieb Kratzenstein. C. G. Kratzenstein, *Tentamen resolvendi problema ab Acad. Petropolit. 1780 propositu qualis sit natura litterarum vocalium a, e, i, o, u*, St. Petersburg 1781.

[16] Vgl. Brackhane, *Vorwort*, CIX-CXII.

3. Automatenbau und der Druck, es zu einer Wissenschaft zu bringen

Inwiefern der Automatenbau einer Norm wissenschaftlicher Tätigkeit zu entsprechen vermochte, stand im 18. Jahrhundert ebenso zur Debatte. Insbesondere ist zu bedenken, wie bspw. Peter McLaughlin darstellt, dass der Gedanke, das Universum bzw. die Natur neuzeitlich als Maschine zu begreifen, eine bestimmende Weise des Begreifens darstellte. Unter dieser Annahme fungieren die menschengemachten Maschinen als Repräsentationen bestimmter Naturphänomene und ihrer konstitutiven Gesetze.[17] Innerhalb eines solchen diskursiven Feldes, wo es gilt, die Naturgesetze der Weltmaschine in eigenen technologischen Produktionen darzustellen, stellt sich umso dringlicher die Frage, inwiefern von jemandem »ernsthaft« vorgegangen wird oder ob die betreffende Person aufgrund anderer Zwecksetzungen »flunkert«.

Einer, der sich über das illusionistisch-unterhaltende Moment des Automatenbaus besonders verärgert zeigte, war Friedrich Nicolai. 1785 lässt er in seinem Reisebericht, *Beschreibung einer Reise durch Deutschland und die Schweiz,* an Kempelen und dessen Automaten kein gutes Haar. Zwar dürfte er, wie Brackhane anmerkt, die Funktionsweise der *Sprechmaschine* nicht verstanden haben, da er davon ausging, dass es sich ebenso um eine Vortäuschung von mechanisch-künstlicher Intelligenz gehandelt habe.[18] In diesem Kontext formuliert Nicolai jedoch eine wertende dichotome Gegenüberstellung verschiedener Automatenbaupraktiken, laut derer »Nachahmung« nicht als ästhetischer Effekt, sondern zur Aufklärung des maschinell reproduzierten physikalischen Phänomens dienen sollte:

> »Alle Leute, welche bestimmte Begriffe, und nicht Vorspiegelungen von unbekannten Kräften lieben, haben gleich Anfangs gesagt, daß von außen auf die Maschine [den Schachautomaten, LG] gewirkt werde; und so ist es auch. Wie es geschehe, mag ein Gegenstand der Neubegierde seyn, aber schwerlich der wissenschaftlichen Kenntniß. Ich habe gleich anfänglich gedacht: Wer einen Mechanismus erdenken könnte, der nur den vierten Theil einer so wunderbaren Wirkung hervorbrächte, würde mehr Ehre haben, wenn er diesen Mechanismus selbst bekannt machte, als wenn er ihn verheelte. [...] Das Talent eine sehr künstliche mechanische Wirkung hervorzubringen, und das Talent eine subtile Täuschung zu verbergen, sind von ganz verschiedener Gattung.«[19]

[17] Vgl. P. McLaughlin, Die Welt als Maschine: Zur Genese des neuzeitlichen Naturbegriffs, [1994] in: H. J. Rheinberger/P. McLaughlin, *Ordnung und Organisation. Begriffsgeschichtliche Studien zu den Wissenschaften vom Leben im 18. und 19. Jahrhundert,* Rangsdorf 2021, 241–245.

[18] Vgl. Brackhane, *Vorwort,* XLI-XLII.

[19] F. Nicolai, *Beschreibung einer Reise durch Deutschland und die Schweiz, im Jahre 1781.*

Das Moment der »Ehre« fungiert als Indikator dafür, inwiefern die gemeinschaftliche Mehrung von »wissenschaftlicher Kenntniß« in mechanisch-technischen Angelegenheiten von der Offenlegung und Zirkulation der Arbeitshypothese, Methodik und Mittel abhängt. Wer es mit der Wissenschaftlichkeit der Nutzung von Automaten als Modell-Maschinen bestimmter natürlicher Vorgänge *ernst* meine, müsse notwendigerweise eine Versuchsdokumentation veröffentlichen; keine »Lockspeise«[20], wie Nicolai das 1783 als *Inanimate Reason* ins Englische übersetzte Begleitbuch von Windisch zum »*Schachtürken*« bezeichnet. Aus *Inanimate Reason* kann nichts über die »mechanische[n] Wirkung[en]« der Natur als kosmische Apparatur von Maschinen gelernt werden, sondern allein über die »subtile Täuschung« der Wahrnehmung der Beobachter*innen.

Angesichts solcher Kritiken war Kempelen um die Besserung seiner wissenschaftlichen Reputation bemüht, auch um dem Schrumpfen der Besucher*innenzahlen seiner Tourneen entgegenzuwirken. Brackhane argumentiert dafür, die Dauer bis zur Veröffentlichung und die textliche Struktur von *Mechanismus der Sprache* als durch diesen Umstand bestimmt zu begreifen.[21] Denn die Textgestalt suggeriere zwar, dass die *Sprechmaschine* Resultat und *experimentum crucis* vorangehender theoretischer Überlegungen und methodisch geleiteter empirischer Beobachtungen zum anatomisch-physiologischen Mechanismus der menschlichen Sprache sei. Brackhane zufolge habe Kempelen aber zunächst einen funktionstüchtigen Prototyp gebaut, bevor er sich an die Ausarbeitung der anderen Teile der Publikation machte. Die spezifische Form der Positionierung und die Tropen, die Kempelen gebraucht, um Kritikern weniger Angriffsfläche zu bieten, wie auch jenes, was Nicolai an Mechanikern und Automatenbauern hinsichtlich des Projekts »Aufklärung« auszusetzen hat, sollte vor dem Hintergrund zweier weiterer Faktoren betrachtet werden.

Zum einen befanden sich Konstrukteure von Automaten in der Geographie der Disziplinen, die durch die klassische begriffliche Wasserscheide von *praxis* und *theoria* sedimentiert worden war, in einer ambivalenten Position. Aufgrund dieser waren sie weder als »Handarbeiter« noch als »Kopfarbeiter« klar identifizierbar.[22] Mehr Anerkennung und Macht konnte in der Position der Kontrolle der Materie bzw. ihrer Anordnung durch Denken erworben

Nebst Bemerkungen über Gelehrsamkeit, Industrie, Religion und Sitten. Bd. 6, Berlin/Stettin 1785, 423–424.

[20] Nicolai, *Beschreibung einer Reise*, 421.

[21] Vgl. Brackhane, *Vorwort*, XLV.

[22] Vgl. A. Sohn-Rethel, *Geistige und körperliche Arbeit. Zur Epistemologie der abendländischen Geschichte*, Weinheim 1989, 75–77 u. 114–126.

werden. Handarbeit wurde demgegenüber als per se untergeordnet eingeschätzt. Jene Management-Haltung, die Aufklärungsphilosophen wie Adam Smith oder Denis Diderot als Geistesarbeiter gegenüber Handwerker*innen und Arbeiter*innen einnahmen,[23] ließ einen entscheidenden, aber ambivalenten Platz für jene offen, die die Maschinen konstruierten, an denen die Arbeiter*innenschaft stehen und zum Teil der *geistlosen* Produktionsmaschinerie werden würde. So empfahl sich bspw. Vaucanson den frühkapitalistischen Investoren – Fürstenhäusern und städtischen Bürgerschaften – als Konstrukteur eines automatischen Webstuhls und als Konzipient einzurichtender »Geist-Fabriken« – also gleichsam von Geistern betrieben. In diesen Anlagen sollten Automaten und als Steuereinheiten abkommandierte Arbeiter*innen zu Apparaturen der Steigerung des nationalen Reichtums in merkantilistisch-kolonialen Supersystemen, dank reiflicher Planung der Automatenbauerzunft, zusammengeschlossen werden.[24]

Zum anderen standen Mechaniker und Automatenbauer zur Zeit der Aufklärung unter Zugzwang, einen humanistischen (Mehr-)Wert ihrer Werktätigkeit der lesenden Öffentlichkeit plausibel zu machen. Diese erachtete sich durch die Rezeption von Francis Bacon als dahingehend grundlegend reformiert, was technisch-technologische Aktivitäten zu wissenschaftlich produktiven Beiträgen mache. Um die Situation der Menschheit nachhaltig zu bessern, forderte Bacon im *Novum Organum*, dass nicht bloß »experimenta fructifera«, fruchtbringende Versuche unternommen werden sollten, welche laut ihm historisch meist Zufallsfunde waren und nicht weiter als für die unmittelbare Nutzung ergründet wurden.[25] Hingegen sollten ebenso »experimenta lucifera«, lichtbringende Versuche unternommen werden. Methodisch geleitet – also durch philosophisch geschulte *Kopfarbeit* gelenkt –, sollten diese die Ursachen der Wirkungen in ihren Fundamenten, den Naturgesetzen, aufdecken.[26] Dies, um damit auch deren möglichen Einsatz dafür zu untersuchen, »instrumentis et auxiliis« dafür zu konstruieren, die virtuelle Weite der »scientia et potentia humana« zu erweitern.[27] Dabei wurden die bisheri-

[23] Wie Simon Schaffer es formuliert hat, hätten die Arbeiter*innen für jene »often resembled the very machines they managed«. S. Schaffer, Enlightened Automata, in: W. Clark/J. Golinski/S. Schaffer (Hrsg.), *The Sciences in Enlightened Europe*, Chicago 1999, 129.

[24] Vgl. E. Jones-Imhotep, The ghost factories: histories of automata and artificial life, in: *History and Technology* 36/1 (2020), 12–13 u. 23.

[25] Vgl. F. Bacon, Novum Organum, in: J. Spedding/R. L. Ellis/D. D. Heath (Hrsg.), *The Works of Francis Bacon. Volume I*, New York 1864, 275–276.

[26] Vgl. Bacon, *Novum Organum*, 309.

[27] Vgl. ebd., 241.

gen *mechanics* von Bacon als achtlos und zur Grundlagenforschung unfähig charakterisiert:

> »Again, even in the great plenty of mechanical experiments, there is yet a great scarcity of those which are of most use for the information of the understanding. For the mechanic, not troubling himself with the investigation of truth, confines his attention to those things which bear upon his particular work, and will not either raise his mind or stretch his hand for anything else.«[28]

Ganz in diesem Sinne stellt Bacon in seiner Interpretationssammlung griechischer Mythenfiguren, *De sapientia veterum*, den antiken Archetypus des Technikers, »Daedalus, sive mechanicus«[29], als repräsentativ für die *artes mechanicae* seiner Zeit dar. Bacons Dädalus tritt als ehrgeiziger und ruhmsüchtiger Erfinder von Werkzeugen und Apparaten auf, die der Natur abgesehen wurden. Zur Wahrung seines Status geht er über Leichen und hat folglich über die Jahre hinweg einiges zu verantworten, das sich zumeist darauf zurückführen lässt, dass er die Folgen nicht bedacht hat, die mit der Implementierung eines »technischen Kniffs«[30] einhergehen. Sein Sohn Ikarus wird zudem als Sinnbild für die sogenannten »natural magicks«[31] eingesetzt. Deren Vertreter bedienen sich der »technischen Kniffe« der *mechanics*, ohne ihre Ursachen und Wirkungsweisen verstanden zu haben. Ihrem Publikum machen sie leere Versprechen, deren Erfüllung jenseits ihrer Kenntnisse und Macht liegt. Ihre Wissensproduktion umfasst somit primär die Kenntnis davon, wie sich ein Publikum über die technologischen Vermögen einer Person täuschen lassen kann:

> »And yet these unlawful and curious arts do in tract of time, since for the most part they fail to perform their promises, fall out of estimation, as Icarus from the sky, and come into contempt, and through the very excess of ostentation perish. And certainly if the truth must be told, they are not so easily bridled by law as convicted by their proper vanity.«[32]

[28] F. Bacon, The New Organon, in: J. Spedding/R. L. Ellis/D. D. Heath (Hrsg.), *The Works of Francis Bacon. Volume VIII*, New York 1864, 135.

[29] F. Bacon, De sapientia veterum, in: J. Spedding/R. L. Ellis/D. D. Heath (Hrsg.), *The Works of Francis Bacon. Volume XIII*, New York 1864, 28.

[30] Vgl. B. Latour, *Der Berliner Schlüssel. Erkundungen eines Liebhabers der Wissenschaften*, Berlin 1996, 17-21.

[31] Vgl. F. Bacon, Of the Proficience and Advancement of Learning Divine and Humane, in: J. Spedding/R. L. Ellis/D. D. Heath (Hrsg.), *The Works of Francis Bacon. Volume VI*, New York 1864 [1605], 228.

[32] F. Bacon, Of the Wisdom of the Ancients, in: J. Spedding/R. L. Ellis/D. D. Heath (Hrsg.), *The Works of Francis Bacon. Volume XIII*, New York 1864 [1609], 131.

Als Persona repräsentiert Dädalus den desaströsen Zustand der *artes mechanicae*, in dem sie sich Bacon zufolge befunden hätten, insbesondere angesichts deren Potentiale dafür, die notwendigen »instrumentis et auxiliis« für die Mehrung des Wissens und der Macht über die Natur und ihrer Prozesse bereitzustellen. Denn im Prinzip könnten sie den Faden oder die Spur, »filum« bzw. »clue«, dafür aufbringen, ihre mechanischen Kontraptionen experimentell aufzuschlüsseln.[33] Sie seien ja, gewissermaßen, bereits mindestens einmal durch das Labyrinth der Natur gegangen. Unterlassen sie es, setzten sie folglich darauf, dass sich andere ohne ihre Hilfestellung im Labyrinth der Natur verlieren. Das geheimniskrämerische Konkurrenzverhalten, das Mechaniker bzw. Techniker laut Bacon zu jener Zeit an den Tag legten, kann als dadurch bestimmt verstanden werden, dass sie innerhalb der Grenzen feudaler Strukturen agierten: Ihr relativer Erfolg innerhalb der Gesellschaft ist ihrer Konstruktionskunst von wunderlichen, unterhaltenden und nützlichen Instrumenten und Gerätschaften geschuldet. Ihre Produktionsmittel und die Kenntnis ihrer Gewinnung preiszugeben, wäre in diesem Kontext, wo es gilt, sich als archimedische »natural magicians« zu inszenieren, die mit ihren wunderlichen Experimenten dem Souverän Unterhaltung und Macht zu verschaffen vermögen,[34] unklug. Auf dieser Ebene ist auch die Kritik von Nicolai zu verorten, die im Register von Bacons Klage spielt, die in *The Advancement of Learning* hinsichtlich der »third vice of learning, which concerneth deceit or untruth« formuliert wird.[35] Der Vorwurf besteht im Wesentlichen darin, dass derlei Praktiken das Fundament wissenschaftlicher Erkenntnis untergraben würden. Sich enigmatisch zu geben, baue auf die Leichtgläubigkeit bei den Betrachtenden ebenso wie bei den Täuschenden. Letztere glauben am Ende *ernsthaft* ihre eigenen *Flunkereien* und begnügen sich mit diesen, bis sie Ikarus' ballistisches Kurvenschicksal im sozialen Raum nachvollziehen.

[33] Vgl. Bacon, *De sapientia veterum*, 30., bzw. Bacon, *Of the Wisdom of the Ancients*, 130–131.

[34] Die Erzählung Plutarchs von Archimedes' Beitrag bei der Verteidigung von Syrakus gegen die Römer präsentiert Bruno Latour als die Urerzählung der »doppelbödigen Rede« der Autonomie von Wissenschaft und Technik von allen anderen Wissenssystemen, wie auch des Politischen. Vgl. B. Latour, *Cogitamus*, Berlin 2016, 14–15 u. 19–25.

[35] Vgl. Bacon, *Advancement of Learning*, 125–128.

4. Automatenbau und die epistemologische Kippfigur »Körpermaschine«

Wird diese Ausrichtung des Automatenbaus an der Erforschung der Natur und ihrer Phänomene als gegeben angenommen, so stellt sich darüber hinaus die Frage, mit welchem spezifischen Begriff ihres Gegenstands diese Erforschung vorgenommen worden sei. Ob der im Automaten zu modellierende Körper entweder als transparente oder als überkomplexe Maschine verstanden worden ist, ist mit Blick auf die Frage nach der Sinnhaftigkeit des Versuches einer kategorialen Feststellung von epochemachenden Differenzen gewichtig, wie sie die beiden beispielhaft herangezogenen Autor*innen, Cordeschi und Riskin, unternehmen.

Denn indem Automatenbauer für sich in Anspruch genommen haben, Automaten nicht nur zur Unterhaltung, sondern auch dafür zu bauen, um zu erforschen, wie bestimmte Körperfunktionen physiologisch zustande kommen – indem sie also Prozesse in einer mechanischen Modellabstraktion dessen, was theoretischer Überlegung zufolge in Lebewesen konstitutiv präsent sei, nachzuahmen versuchten –, fanden sich diese mitten in umfassenderen epistemologischen Kontroversen wieder. Das Begreifen des Bauens solcher Automaten bewegte sich innerhalb eines Spannungsfelds, aufgespannt zwischen einem mechanistischen und einem vitalistischen Verständnis der Ontologie der materiellen Dimension im Allgemeinen und jener lebendiger Organismen im Besonderen.[36] Der Automat – als Maschine, die sich als geschlossenes mechanisches System nach Zuführung von Kraft *von selbst bewegt* – wird dabei zugleich als heuristisches wie auch imaginatives Schaubild für die Materialität von Lebendigkeit, später auch von Bewusstsein und Denkfähigkeit eingesetzt. In der Kontroverse zwischen mechanistischen und vitalistischen Verständnissen dessen, was die Körpermaschine bewege und erkennen lasse, kam außerdem der Einschätzung der Phänomene der artikulierten Stimme, des physiologischen Sprechvermögens und der Sprache als arbiträres und konventionalisiertes System von Symbolen eine entscheidende Rolle zu.

Den *Körper* eines Organismus als *Maschine* zu bezeichnen, als Kürzel für funktional organisierte Materie, eine Organisation, die im Prinzip ebenso transparent und verständlich sein kann wie eine Uhr für einen Uhrmacher,[37] war zu Kempelens Zeit terminologisch geprägt und gebräuchlich. Dies ist

[36] Für Darstellungen und Diskussionen dieses Ontologie-Konflikts, siehe bspw.: P. Huneman/C. Wolfe, Man-Machines and Embodiment, in: J. E. H. Smith (Hrsg.), *Embodiment. A History*, New York 2017, 241–276.

[37] Vgl. D. Des Chene, *Spirits and Clocks. Machine and Organism in Descartes*, Ithaca 2001, 79–89.; Vgl. Riskin, *The Restless Clock*, 55–56.

mindestens seit dem Rat von René Descartes der Fall, sich einen hypothetischen Neu- bzw. Nachbau eines Menschen als eine »Statue oder Maschine aus Erde«[38] vorzustellen, um mental alle notwendigen Teile visualisieren zu können, die einen menschlichen Körper zu einer (über-)lebensfähigen Entität machen. Den Körper dabei mit »Uhren, kunstvolle[n] Wasserspielen, Mühlen, und andere[n] ähnliche[n] Maschine[n]«[39] dahingehend zu vergleichen, dass diese mit lebendigen Körpern die Eigenschaft teilen würden, sich als System von sich aus zu bewegen, wird im postum veröffentlichten *Traite de l'homme* ausführlich und im *Discours de la methode* skizzenhaft[40] als hilfreiche Methode vorgestellt, etwas über die Funktionen und die Funktionalität der verschiedenen Teile und Subsysteme dieser *Körpermaschine* zu erfahren. Dies umfasst ebenso sensorische und viele kognitive Vermögen, galt es schließlich, das Verhalten von Tieren allein aus ihrer mechanistisch verstandenen Körperlichkeit und ohne Rekurs auf eine immaterielle Seele erklären zu können.[41]

Insofern dient im *Discours* das Gedankenexperiment einer Reproduktion lebendiger Organismen als mechanische Automaten ebenso dazu, ein Mittel dafür zu finden, inwiefern sich eine Differenz zwischen Tieren und Menschen erkennen lassen könne, obwohl sie dieselbe Maschinenkörperlichkeit teilen.[42] Im Gegensatz zu Automaten, die die Physiologie und das Verhalten von Tieren nachahmen würden und im Prinzip nicht von ihren lebendigen Vorbildern unterscheidbar wären, würden sich Menschen grundsätzlich in ihrem beobachtbaren Verhalten von ihren mechanischen Simulacra unterscheiden. Der Grund dafür liege laut Descartes darin, dass Menschen mit einer rationalen Seele, die als »Universalinstrument«[43] fungiert, ausgestattet wären, weswegen sie sich in zweierlei Hinsicht von Automaten und Tieren unterscheiden würden: Menschen können in verschiedenen Situationen adäquat handeln und ihre Gedanken mit Hilfe von Worten und Zeichen angesichts

[38] R. Descartes, *Die Welt. Abhandlung über das Licht. Der Mensch*, hrsg. v. C. Wohlers, Hamburg 2015, 173.

[39] Descartes, *Die Welt*, 173.

[40] Vgl. R. Descartes, *Entwurf der Methode. Mit der Dioptrik, den Meteoren und der Geometrie*, hrsg. v. C. Wohlers, Hamburg 2014, 41 u. 48–49.

[41] Wenn Descartes in den *Passionen der Seele* die Kultivierung der körperlichen Gefühle in Relation zur Konditionierung von Hunden stellt, so ist damit klar, dass der tierische Körperautomat als mit denselben Strukturen, und diese mit denselben Effekten, ausgestattet vorgestellt wird. Diese Struktur betrifft das Verhältnis der berüchtigten Zirbeldrüse zu den »Lebensgeistern«, den Nervenfasern und dem als Speicher von Erfahrungen verstandenen Gehirn. Vgl. R. Descartes, *Die Passionen der Seele*, hrsg. v. C. Wohlers, Hamburg 2014, 34–36.; Descartes, *Die Welt*, 269, 283–285 u. 295.

[42] Vgl. Descartes, *Entwurf der Methode*, 49.

[43] Descartes, *Entwurf der Methode*, 50.

eines Gesprächskontexts sinnvoll äußern. Tiere hingegen, anhand dieser Gesichtspunkte den Automaten subsumierbar, werden als bestimmt und eingeschränkt auf die Disposition und Organisation ihrer materiellen Teile begriffen.[44] Tiere seien demzufolge, ebenso wie Automaten, nicht in der Lage, ihre »natürlichen Bewegungen [...], die Leidenschaften bezeugen«[45], von deren eindeutiger Zweckmäßigkeit bzw. Funktionalität zu entkoppeln. Ein komplexer Automat kann laut Descartes den Eindruck erwecken, so sprechen und handeln zu können, als ob er intelligent auf Handlungen und Sprechakte um ihn herum reagieren würde. Im Wesentlichen aber bleibt dieser gewissermaßen mechanisch dazu vorprogrammiert, bestimmte Tonereignisse unter bestimmten Auslösebedingungen zu produzieren, wobei für jede Situation eine jeweilige Konfiguration erforderlich ist.

Das bedeutet auch, dass die Spontaneität solcher Tier-Automaten für Descartes eine scheinbare ist, deren Aktionen sich letztlich auf die Design-Entscheidungen eines Konstrukteurs zurückführen lassen könnten.[46] Alle Körpermaschinen sind *artefacta*: menschlicher Konstrukteure im Falle der Automaten, eines göttlichen im Falle der Organismen, die Menschen eingeschlossen. Sie haben hinsichtlich vegetativer und sensitiver Funktionen einen gemeinsamen, die Materie ordnenden Bauplan zur Grundlage, der bspw. den Blutkreislauf und die Reizleitung homolog in allen Lebewesen strukturiert. Mit Blick auf den Automatenbau ergibt sich somit die Frage, ob ein solcher Automat, als Nachbau einer göttlichen Kunstfertigkeit verstanden, zu mehr als zu einem didaktischen Lehrmittel dienen kann, die Kunstfertigkeit und die

[44] Vgl. ebd., 49–51.

[45] Ebd., 51.

[46] Für David Bates relativiert sich dieser Gedanke angesichts des Rückkopplungsverhältnisses zwischen Nervenapparat und Gehirn, welches im physiologischen Verständnis Descartes' vorliege. Tiere wären dann auch bei Descartes keine vorgefertigten Automaten, sondern besäßen eine begrenzte Menge an Freiheitsgraden, denen nichtsdestotrotz die Menschen die Eingriffsmöglichkeit in die physiologisch-ethologischen Regelkreise voraushätten. Aus einer cartesianischen Automatenphysiologie werden »Cartesian Robotics« aber erst unter der Annahme, dass die naturphilosophischen Überlegungen Descartes' auch ohne Substanzdualismus und die Rolle Gottes als Konstrukteur und Impulsquelle außerhalb der *machina mundi* physikalisch konsistent sind. Siehe: D. Bates, Cartesian Robotics, in: *Representations* 124/1 (2013).

Für andere Interpretationen von Physik und Physiologie Descartes', die die materialistischen Komponenten derselben akzentuieren, siehe: A. Vartanian, *Diderot and Descartes. A Study of Scientific Naturalism in the Enlightenment,* Princeton 1953.; Riskin, *The Restless Clock*, 46–61.; K. Liggieri/M. Tamborini, The Body, the Soul, the Robot: 21st-Century Monism, in: *Technology and Language* 3/1 (2022), 29–39.; D. Neumann, *Denkende Körper. Die metaphysische Unteilbarkeit des Menschen von Descartes und Spinoza bis La Mettrie,* Tübingen 2022.

Verständigkeit einzuüben, solche *artefacta* hervorzubringen, die vollkommene Nachahmungen sind. Ist neben jenen *göttlichen* Maschinen[47] Platz für eine als Forschung verstandene synthetische Modellierung eben jener Lebewesen als Automaten, deren Konstruktion von bestimmten Eigenschaften abstrahiert, um Hypothesen hinsichtlich anderer zu testen? Georges Canguilhem formuliert mit Blick auf den Gedanken, Organismen über das Konzept der Maschine aufzuschlüsseln, einen Umstand, der selbst für den göttlichen Ingenieur eines Menschen-Modells gilt:

> »Wenn man diesen Text [*L'Homme*, LG] richtig zu lesen versteht, impliziert die Konstruktion der lebendigen Maschine eine Verpflichtung zur Nachahmung eines vorausgehenden organischen Gegebenen. Die Konstruktion eines mechanischen Modells setzt ein vitales Original voraus, und man kann letztlich fragen, ob Descartes hier nicht näher an Aristoteles als an Platon ist. Der platonische Demiurg kopiert Ideen. Die Idee ist ein Modell, deren natürlicher Gegenstand eine Kopie ist. Der kartesianische Gott, der *artifex maximus*, arbeitet daran, es dem Lebendigen gleichzutun. Das Modell der belebten Maschinen ist das Lebendige selbst.«[48]

Während Descartes darauf bedacht war, einen substantiell separaten Bereich für das Denken zu reservieren und somit auch ein absolutes Kriterium dafür bereitzustellen, Menschen als Entitäten jenseits einer tierautomatenhaften Natur zu bestimmen, ging ein Jahrhundert später der Arzt und materialistische Philosoph Julien Offray de La Mettrie einen Schritt weiter, auch die Menschen vollständig als Automaten zu begreifen. So meint La Mettrie mit Verweis auf Descartes, »er hat als erster überzeugend bewiesen, daß die Tiere bloße Maschinen sind«, und bezeichnet den Substanzdualismus von Descartes als »einen Kunstgriff [tour d'adresse], eine stilistische List [ruse de stile] um die Theologen ein Gift schlucken zu lassen, das unter einer dunklen Analogie verborgen ist, die jedem auffällt und nur sie nicht sehen.«[49] Das Resultat der Entflechtung dieser verborgenen Analogie ist die Einebnung jener absoluten Differenz zwischen Menschen und Tieren zugunsten einer graduellen Differenz,[50] die von der – angesichts der Vorgeschichte ironischerweise – einenden Figur der Maschine getragen wird. Die Menschen wären dementsprechend

[47] Vgl. A. Sutter, *Göttliche Maschinen. Die Automaten für Lebendiges bei Descartes, Leibniz, La Mettrie und Kant*, Frankfurt a.M. 1988, 60–61.

[48] G. Canguilhem, Maschine und Organismus, in: ders., *Die Erkenntnis des Lebens*, Berlin 2018, 205.

[49] J. O. d. La Mettrie, *Die Maschine Mensch. Französisch–Deutsch*, hrsg. v. C. Becker, Hamburg 2009, 122–125.

[50] Vgl. La Mettrie, *Die Maschine Mensch*, 119–123.

entgegen den öffentlichen Worten, aber im verborgenen Geiste Descartes' »nur Tiere und aufrecht kriechende Maschinen«[51]:

> »Eine Maschine sein, empfinden, denken, Gut und Böse ebenso unterscheiden können wie Blau von Gelb – kurz: mit Intelligenz und einem sicheren moralischen Instinkt geboren und trotzdem nur ein Tier sein, sind also zwei Dinge, die sich nicht mehr widersprechen, als ein Affe oder ein Papagei sein und dennoch sich Vergnügen zu bereiten wissen.«[52]

Zwar wird das Konzept einer Seele von La Mettrie als »leerer Begriff« bezeichnet, der eigentlich auf jene komplexen Interaktionen aller Subsysteme verweise, die in einem Organismus zugegen sind. Er könne aber dazu gebraucht werden, »um den Teil zu bezeichnen, der in uns denkt«[53]. Ebendiese Designation als Begriff für eine materiell-funktionale Emergenz des Phänomens »Denkvermögen« verweist darauf, dass die Maschinen von La Mettrie, in deren »Federn« bzw. deren Interaktion der generative Grund des Rationalen als eingefaltet gedacht wird,[54] zugleich jene rationalistisch-mechanistische Transparenz und Begrenztheit verlieren, die sie in ihrer cartesianischen Modellierung haben. Indem der organisierten Materie Irritabilität und Sensibilität zugesprochen werden,[55] lassen sich die vitalistischen Körpermaschinen bei La Mettrie nicht mehr in jener Weise als heuristisches Modell der Skizzierung der Bauteile des Lebendigen gebrauchen. Sie verkomplizieren sich in einer Art und Weise, die, verglichen mit dem cartesianischen Paradigma, eher zu Staunen als zur Gewissheit anregen. Dementsprechend stellen sich diese Mensch-Maschinen bei La Mettrie als seltsam imaginative, begehrliche und widerspenstige Wesen dar, die mit den Tier-Maschinen eine sich graduell unterscheidende *docilité* bzw. Gelehrigkeit teilen, welche sich in der zentralen *Triebfeder* materialisiert, dem Gehirn.[56] Die grundlegendste Erfindung der Imaginationskraft jener Menschenmaschinen, die zugleich eine Art sanftes Kriterium anthropologischer Differenz darstellt, sei die Sprache:

> »Was war der Mensch vor der Erfindung der Wörter und der Kenntnis der Sprachen? Ein Tier seiner Art [...]. Die Wörter, die Sprachen, die Gesetze, die Wissenschaften und die schönen Künste sind gekommen; und durch sie wurde schließ-

[51] La Mettrie, *Die Maschine Mensch*, 125.
[52] Ebd., 125.
[53] Ebd., 119–123.
[54] Ebd., 100–105.
[55] Ebd., 114–117.
[56] Vgl. ebd., 43–47.

lich der Rohdiamant unseres Geistes geschliffen. Man hat einen Menschen abgerichtet wie ein Tier; man ist Schriftsteller wie Lastenträger geworden.«[57]

Mit der vitalistischen Variante der Körpermaschine wird aus der dualistischen Leib-Seele-Kopplung, genannt »Mensch«, wieder ein *zoon logon echon*, welches sich aber ebenso als *automaton logon echon* beschreiben lässt.[58] Ist bei Descartes die Möglichkeit, eine Sprache zu entwickeln, allein und instantan mit der rationalen Seele gegeben, bildet diese bei La Mettrie rekursiv erst die steigenden Geistesvermögen inkremental aus, deren erstes Produkt sie ist. Voraussetzung bleibt somit eine hinreichend funktional komplexe »Uhrenorganisation« der zentralen »Feder«, um überhaupt auf den Gedanken zu verfallen, die eigene Erfahrung für andere auf einen Begriff zu bringen. Um die Relation von Gehirn, Gelehrigkeit und Geist zu illustrieren, bedient sich La Mettrie eines Uhrenvergleichs: Die *menschliche Uhr* sei eine komplexere Apparatur mit weiterreichenden Funktionen, für die *die Natur* mehr »Kunstfertigkeit und Technik« aufbringen musste; und Vaucanson, gewissermaßen von der Ente zum Flötenspieler aufsteigend, hätte wiederum ebenso mehr Kunstfertigkeit und Technik benötigt, »um einen Sprecher anzufertigen – eine Maschine, die nicht länger als unmöglich betrachtet werden kann, vor allem in den Händen eines neuen Prometheus«[59].

La Mettrie elaboriert nicht, was für eine Art Sprechmaschine er dabei im Sinn hat. Geht es ihm allein um die Darstellung der These des relativen Anstiegs an nötiger Kunstfertigkeit, Technik und Komplexität? Oder ist mit Blick auf die These, dass sich auch die Menschen, wie die Tiere, vollständig als Maschinen verstehen lassen, ein Sprechautomat gemeint, der so konstruiert ist, dass er letztlich auch das »Universalinstrument Vernunft« zu verkörpern

[57] La Mettrie, *Die Maschine Mensch*, 53.

[58] Die cartesianische und die aristotelische Anthropologie teilen sich das Kriterium der Sprachfähigkeit. Die Menschen, die als Lebewesen ihr (gutes) Leben allein politisch organisiert bestreiten können, können dies laut Aristoteles, weil sie jenseits affektiv-stimmlicher Laute [phōnē], die auch Tiere zur Kommunikation gebrauchen, über eine natürliche Befähigung zu vernünftiger Sprache [lógos] verfügen. Vgl. Aristoteles, *Politik*, hrsg. v. E. Schütrumpf, Hamburg 2012, 8 [Pol. 1.1253a]. Das im Laut sich ausdrückende Begehren, das die Tiere zur Bewegung treibe, wird in Aristoteles' Humanpsychologie als konstitutiv und immer mit dabei angenommen, forme in gewissem Sinne die menschliche Vernunft als ein Begehren nach Erkenntnis, während für Descartes die rationale Vernunftseele letztlich nicht auf andere, körperlich-konative Systeme aufbaue. La Mettries emergentistische Erklärung des Vernunftvermögens bzw. der Seele ist in diesem Sinne ebenso konstitutiv-konativ gedacht, ohne jedoch wie bei Aristoteles drei Seelenvermögen als Stufen der Biologie – Pflanze, Tier, Mensch – anzunehmen, die als Anteile menschlicher Psychologie zu einem höheren Ganzen zusammenfänden.

[59] La Mettrie, *Die Maschine Mensch*, 121.

vermag, jenseits der cartesianischen Limitierung? *Simuliert* ein möglicher »Sprecher« das Erlernen und Gebrauchen von Sprachen oder bliebe dessen Konstruktion allein dabei, phonetische Klangobjekte dergestalt zu produzieren, sodass sie das menschliche Sprachvermögen *repräsentieren*? Gäbe es aus der Sicht von La Mettrie relevante Unterschiede?

5. Mechanische Automaten als »working models«? – Repräsentieren und Simulieren

Abschließend möchte ich den Fokus auf jene gegenwärtigen Darstellungen legen, die, entlang der Gegenüberstellung von *repräsentierenden* oder *simulierenden* Zwecksetzungen synthetischer Modelle, epistemologische Kontinuitäten und Diskontinuitäten in der Betrachtung von Organismen anhand einer Einschätzung des Automatenbaus festzustellen versuchen. Dies ist im Lichte obiger Kontextualisierungen zu besehen, wie der Beitrag von Technik zur wissenschaftlichen Aufklärung der Natur im 18. Jahrhundert eingeschätzt wurde und wie ein vermeintlich einheitlicher Begriff des Körpers als Maschine, auch in der Figur des Automaten, trotzdem ein unterschiedliches Begreifen nach sich ziehen konnte.

Cordeschi formuliert dahingehend zweierlei Differenzierungen, die gegenwärtige Artefakte von den Automaten des 18. Jahrhunderts unterscheiden würden: Funktionen statt Ästhetik als Finalität der epistemischen Mittel, Funktionsmodelle statt Analogien[60] als Form der epistemischen Mittel:

> »In fact, those pre-cybernetic machines, just like those of the cybernetic age and those in several current areas of research, were aimed at simulating *functions*, rather than at reproducing the *external appearances* of living organisms. [...] Since many of those pre-cybernetic machines were built with the ambitious aim of testing hypotheses on organism behavior, they were designed to be working models embodying *theories*, whether psychological or neurological, about behavior. They neither surprise nor seduce us because of the fairly realistic appearance that characterized the automata of former centuries, which chiefly imitated the outward appearance of animals and human beings. On the contrary, their goal is an avowedly non-mimetic one.«[61]

Mit Blick auf technologische Projekte wie die *Sprechmaschine* kann nachgefragt werden, ob eine solche Demarkation in dieser Klarheit gezogen werden kann. Kann nichtsdestotrotz behauptet werden, dass bestimmte Auto-

[60] Vgl. Cordeschi, *The Discovery of the Artificial*, xvi.
[61] Ebd., xiv [Kursiv im Original].

maten die epistemische Rolle haben sollten oder überhaupt tragen konnten, als »working models« im Sinne Cordeschis zu fungieren? Werden sie durch dieselben Vorstellungen bestimmt, inwiefern derlei Automaten Lebendiges nicht nur äußerlich *repräsentieren*, sondern funktional *simulieren* würden, wie jene, die Riskin kontemporären Projekten der Robotik und der künstlichen Intelligenz entnimmt? Und lässt sich dies bei einem positiven Befund derart feinsäuberlich trennen, sodass sich bspw. der *»Schachtürke«* als *flunkernde* mechanische *Illusion* und die *Sprechmaschine* als *ernsthafte* mechanische *Forschung* getrennt katalogisieren lassen könnten? Ich schlage hierfür einen Blick darauf vor, was Kempelen in Bezug auf seinen als wissenschaftlichen Beitrag dargestellten Halbautomaten, die *Sprechmaschine,* methodisch zu sagen hat. Seine Methode stellt Kempelen als einen rekursiven Wechsel zwischen theoretischer und materieller Modellierung dar:

> »Um also in meinen Versuchen weiter fortzukommen war vor allem nöthig das ehe vollkommen zu kennen, was ich nachahmen wollte. Ich mußte die Sprache förmlich studieren, und neben meinen Versuchen auch immer die Natur zu Rath ziehen. Daher ist meine Sprachmaschine, und meine Theorie von der Sprache beständig neben einander fortgeschritten, und hat eine der anderen zur Wegweiserinn gedient.«[62]

Dies kann in seiner Struktur als konstruktiver bzw. synthetischer Modell-Ansatz verstanden werden: Die *Sprechmaschine* wäre also »working model« des vorläufigen Stands der Hypothesen darüber, was die Stimme klingen lässt. Klingt diese Maschine nicht, wie es Menschen zu tun pflegen, oder fehlt es ihrem phänomenalen Produkt an etwas, das in der Performanz des Modellierten unabdingbar ist, so kann in einer rekursiven Schleife nicht nur die Maschine als Artefakt überarbeitet werden, sondern sich auch überlegt werden, ob nicht die theoretischen Annahmen über den Gegenstand, der damit simuliert werden soll, das eigentliche Hindernis darstellen. Nicht nur das »working model« als synthetischer Gegenstand, sondern ebenso die leitenden Hypothesen können überprüft und adaptiert werden. Zudem wird von bestimmten Aspekten des modellierten Originals abstrahiert, und die *Sprechmaschine* ist als Artefakt nicht dem ästhetischen Druck ausgesetzt, es dem *»Schachtürken«* gleich zu tun und im Schneidersitz drapiert, mit Pfeife in der Hand, vor ihrem Gegenspieler Platz zu nehmen.

Was dabei zu *simulieren* versucht wird, ist jedoch nicht die Basis von Verhalten oder der Entscheidung zwischen verschiedenen Verhaltensweisen bzw. -programmen, wie dies seit der Kybernetik der Fall gewesen ist. *Simuliert*

[62] Kempelen, *Mechanismus der menschlichen Sprache*, 484 u. 486.

werden vielmehr die physikalischen Bedingungen, die eine bestimmte Physiologie für die Artikulation von Stimme zum Sprechen bereitstellt. Wenn, dann bedeutet hier *Simulieren* etwas gänzlich anderes, wie mit Blick auf die Kritik durch Nicolai an Kempelen gesehen werden kann. Auf die Ebene eines Konflikts von *Repräsentieren-Simulieren* gelangt Kempelen nicht, dieser konnte diskursiv-historisch betrachtet so nicht geführt werden. Denn seine *Sprechmaschine* ist der neuzeitlichen Variation der antiken *Nachahmung* gewidmet,[63] die dabei aber eine modern-naturphilosophische Komponente erhält: Klingen die Geräusche des Apparats hinreichend ähnlich der Phänomenalität menschlicher Sprache, so ist zumindest eine mögliche Struktur des menschlichen Sprechapparats, seiner Organisation und Disposition, in einem Artefakt nachgebaut worden. Es wurde gewissermaßen der *machina mundi* abgeschaut, welche Gesetze der Akustik konstitutiv für das Phänomen der menschlichen Stimme sind.

Vor dem Hintergrund der mechanistischen Physiologie Descartes' und der anthropologischen Verortung aller differenzschaffender Momente innerhalb der rationalen Seele erscheint Kempelens *Sprechmaschine* als instrumentelle Näherung an die Totalität aller möglichen Dispositionen der »Sprechwerkzeuge« der menschlichen Körpermaschine, die alternativ-artifizielle Realisation der Menge der virtuell möglichen tonalen Produktionen des Sprechapparats der Menschen. Außerdem bleibt die dualistische Unterscheidung von Ausgedehntem und Denkendem unberührt. Denn die *Sprechmaschine* hat als distinkte Kontrolleinheit eine menschliche Person, deren *anima* die Töne, Wörter, Phrasen und Sätze komponiert und ausführt.[64] Und auch wenn La Mettrie als Ahnherr einer protokybernetischen Psychologie erscheint,[65] so treibt diesen als genießerischen Epikureer wenig dazu, die *forces vitales* weiter zu untersuchen: Es sei »ein Wahnsinn, mit der Erforschung ihres Mechanismus Zeit zu verlieren.«[66] Ein Huhn als Modell für ein Huhn zu nehmen, das spart Zeit für anderes.

[63] Für Hans Blumenberg bricht die Konzeptualisierung der Technik als Mimesis der Natur, ob als antiker Kosmos oder christliche Schöpfung, mit der Wendung des Konzepts der Hypothese auf: »[V]on der Seinsmöglichkeit her wird die Seinswirklichkeit nun verstanden.« H. Blumenberg, ›Nachahmung der Natur‹ Zur Vorgeschichte der Idee des schöpferischen Menschen, in: ders., *Schriften zur Technik*, Berlin 2020, 159.

[64] Vgl. P. Zavagna, La voce senz'anima: origine e storia del Vocoder, in: *Musica, tecnologia* 7 (2013), 27–28.

[65] Vgl. A. Sutter, *Göttliche Maschinen*, 122–124.

[66] La Mettrie, *Die Maschine Mensch*, 119.

Fiorella Battaglia

Technoanthropologie

Was heißt die Verschmelzung von Mensch und Maschine für die menschliche Natur?

Einführung

Am Anfang der wieder neu aufgekommenen Debatte über die Natur des Menschen stehen die aufsehenerregenden Fortschritte der Forschung zur künstlichen Intelligenz und Robotik. Charakteristisch für die gegenwärtige Frage nach der Natur des Menschen ist, dass ihr nicht so sehr in der Philosophie, sondern vorwiegend in Wissenschafts- und Technikdebatten nachgegangen wird. Diese Entwicklungen lassen deutlich sichtbar werden, dass der Mensch nicht nur neue Handlungsmöglichkeiten durch technische Einsätze erlangen kann, sondern auch, dass er sich dadurch Fragen stellt, die das eigene Selbstverständnis betreffen. Die Fortschritte in der Forschung bewirken nicht nur Anpassungen und Umwandlungen im menschlichen Tun, sondern auch Umwandlungen in deren Wissen. Es ist auffallend, dass einerseits die Diskussion über das Menschenbild und dessen Natur gerade durch Roboter angeregt worden ist und sich andererseits der Mensch mit der Rede von Computern, Robotern und Hybriden von seinen Artefakten abgrenzt. Neben der zunehmenden Technisierung seiner Natur schärft er sein eigenes Selbstverständnis. Mit der Frage nach der Natur des Menschen wird auch eine erkenntnistheoretische Dimension einbezogen, die darauf abzielt, das menschliche Selbstverständnis zu klären. Insbesondere in Technik-Debatten dehnt sich der Vergleich dramatisch aus, den der Mensch zwischen sich und seinen Artefakten zieht, da die Weite des Vergleichs die Ersetzbarkeit des Menschen durch seine Artefakte einschließt. Dieser Vergleich ermöglicht die Entstehung von neuem Wissen, das relevant für das menschliche Selbstverständnis ist.[1] Sich nämlich nur im Vergleich mit anderen zu beurteilen, erlaubt, etwas über sich selbst zu erfahren. Insbesondere im Umgang mit künstlicher Intelligenz findet sich folgende Tendenz, die etwa in Bruno Latours Forderung Ausdruck findet, dass von Robotern und Menschen in der gleichen Sprache zu reden und somit eine

[1] Siehe M. Decker, Robotik, in A. Grunwald (Hrsg.), *Handbuch Technikethik*, Stuttgart, J. B. Metzler, 2013, 354–358.

komplette Symmetrie zwischen ihnen zu gewährleisten ist.[2] Um dieser Tendenz gerecht zu werden, können theoretisch zwei Wege eingeschlagen werden. Entweder erhebt man die Maschine zu Menschen oder der Mensch wird zurückgestuft, also nach algorithmisierbaren Funktionen analysiert.

Wo verlaufen dann die Grenzen zwischen der Maschine und der menschlichen Person? Vielleicht reicht hier ein Beispiel aus. Eine Sprache ist durch ihre Grammatik und ihren Wortschatz definiert. Jedoch bedeutet dies nicht, dass die Menge der möglichen Aussagen, die man in ihr aussprechen kann, endlich sind. Denn diese Menge ist unendlich. Trotzdem können Menschen, die die Sprache sprechen, diese Sätze verstehen, insbesondere Sätze, die vorher noch nie geäußert worden sind. Dies ist eine Leistung, die möglicherweise von Maschinen noch nicht erreicht worden ist.

In den Medien ist oft die Überzeugung zu finden, dass ein klarer und konsistenter, rechtlicher Rahmen die Entwicklung der smarten Roboter und autonomen Maschinen beschleunigen könnte. Die Hürden sind nämlich von einer Vielfalt geprägt: (i) in der Forschung können sich technische Sackgassen auftun für die Entwicklung von smarten Robotern und autonomen Maschinen; (ii) die gesellschaftliche Akzeptanz der Roboter ist von sozio-kulturellen Einstellungen abhängig; und nicht zuletzt (iii) behindert auch die rechtliche Lücke den rasanten Fortschritt in der Entwicklung smarter Roboter.

Diese drei Aspekte, die auf unterschiedlichen Ebenen eine Rolle spielen, können die Entwicklung verlangsamen. Denn solange die Risiken, die auf verschiedenen Ebenen entstehen können, nicht geklärt werden, kann keine Regulierung etabliert werden. Das Einsetzen der Maschinen muss sowohl in ihren technischen als auch in deren sozialen Auswirkungen erst ausgelotet werden, um einen passenden Ansatz für die ethischen und rechtlichen Fragen zu entwickeln.

Die wichtigsten Bedenken bezüglich der Einführung verlässlicher, rechtlicher Rahmenbedingungen konzentrieren sich auf Haftungsfragen. Haftungsansprüche werden insbesondere von Herstellern befürchtet, die am ehesten als verantwortlich identifiziert werden, wenn die Roboter Unfälle verursachen würden. Die Hersteller sind davon doppelt betroffen: erstens würden sie die damit verbundenen Kosten tragen, zweitens würde auch ihre Reputation in Mitleidenschaft gezogen. Die Haftungsregeln für die Roboterproduzenten zu bestimmen, kann schwierig sein, da in dem Produktionsprozess mehrere Akteure involviert sind.[3] Die Produktions- und Vertriebskette

[2] Siehe B. Latour, *Wir sind nie modern gewesen*, Frankfurt a. Main, Suhrkamp, 2008.

[3] Vgl. P. Lin, Introduction to robot ethics, in P. Lin, K. Abney, G. A. Bekey (Hrsg.), *Robot Ethics. The Ethical and Social Implications of Robotics*, Boston, MIT Press, 2012, 3–15.

für Roboteranwendungen umfasst mehrere Akteure, und die möglichen Ursachen für Ausfälle würden über den gesamten Prozess verteilt werden. So können nur selten und mit viel Aufwand Tests durchgeführt werden, die im Falle von Verletzungen und Schäden die Missetäter identifizieren und so bestimmen, wem eindeutig Verantwortung zugeschrieben werden sollte. Jedoch sind es nicht nur die Hersteller, die sich über Haftbarkeit Gedanken machen und Interesse daran haben, dass die Roboter produziert werden. In der Produktion sind auch Forscher involviert, die wollen, dass ihre Forschung weitergeht, und schließlich auch die Konsumenten, die von dieser Entwicklung eine Verbesserung des Lebens erwarten. Die Frage der Verantwortung ist insofern wichtig, weil davon die Entwicklung von smarten Robotern und autonomen Maschinen abhängt. Im Folgenden werde ich die von unserer Gruppe an der Ludwig-Maximilians-Universität in München entwickelte ethische Analyse des autonomen Fahrens darstellen, um sowohl Vorteile als auch Nachteile hervorzuheben. Im Fall von autonomem Fahren werden ethische Vorteil erwartet, allen voran: weniger Unfälle. Hier ein paar Daten:

- 30.000 Menschen sterben jedes Jahr bei Autounfällen in Europa, 1.5 Millionen werden verletzt.
- In 95 % der Unfälle spielt menschliches Fehlverhalten eine Rolle.
- Automatisierte Fahrzeuge versprechen, die durch menschliches Fehlverhalten hervorgerufenen Unfälle zu reduzieren.
- Dies mag bereits durch eine partielle oder hohe Automatisierung erreicht werden.

Zudem gilt es als ethischer Vorteil, dass alte und körperlich behinderte Menschen die selbstfahrenden Autos verwenden können. Gerade in ländlichen Gebieten könnten automatisierte Autos die Beweglichkeit und Lebensqualität der betroffenen Menschen erheblich verbessern. Eine Bedingung dafür ist allerdings, dass die Autos vollkommen autonom sind – sie dürften kein Eingreifen von Seiten des Nutzers verlangen.

Auch bezüglich der Effizienz und des Spritverbrauchs ist ein ethischer Vorteil möglich. Autonome und smarte Autos fahren effizienter, so dass beispielsweise kein Akkordeon-Effekt beim Umspringen von Ampeln auftritt. Zudem ist auf lange Sicht ein vollständiger Verzicht auf Ampeln denkbar. Unser Umgang mit Autos könnte sich fundamental ändern. So ist es durchaus plausibel, dass mehr und mehr Menschen *carsharing* betreiben, anstatt ein eigenes Fahrzeug zu besitzen. Jedoch könnten diese Bequemlichkeitsvorteile auch zu einer vermehrten Verwendung von Autos führen.

Ethisch problematisch wird die Notwendigkeit von Entscheidungen in Situationen, in denen Unfälle unvermeidbar geworden sind. Folgende Probleme könnten auftreten:

- Regelbasierte Ansätze sind möglicherweise zu unflexibel.
- Konsequentialistische Ansätze sind zu reduktionistisch.
- Künstliche Intelligenz kommt teilweise zu nicht nachvollziehbaren Ergebnissen und ist Gründen gegenüber nicht zugänglich. Ist das wünschenswert?
- Autonome Autos dürfen nie ohne Aufsicht agieren und bedürfen immer eines Menschen, der im Notfall die Kontrolle übernimmt. Aber kann ein Mensch das?

Eine ethische Grauzone entsteht im Umgang mit »alten«, von Menschen gesteuerten Fahrzeugen. Die Verbesserung der Sicherheit und der bessere Umweltschutz werden möglicherweise damit erkauft, dass Menschen, die sich ein neues Fahrzeug nicht leisten können oder sich mit dieser neuen Technologie nicht wohlfühlen, in ihrer Mobilität erheblich eingeschränkt werden. Damit können autonome Autos auf der einen Seite die Mobilität von Behinderten verbessern, diese aber gleichzeitig bei anderen Gruppen reduzieren.

Was hier deutlich wird, ist die Tatsache, dass aus der Innovation auch weitere Probleme entstehen, die es erforderlich machen, dass man zu ihnen Stellung nimmt. Meistens präsentieren sich solche Probleme als Konflikte von Werten:

- Sicherheit vs. Bequemlichkeit,
- Effizienz vs. Bequemlichkeit,
- Sicherheit vs. Freiheit,
- Sicherheit vs. soziale Gerechtigkeit,
- Privatsphäre vs. Effizienz.

1. Die Ersetzbarkeit des Menschen in der Science-Fiction

Zunächst möchte ich die Frage behandeln, ob es vorstellbar ist, dass die Roboter selbst die Verantwortung tragen würden. Bisher scheint dies ein Thema zu sein, das eher im Science-Fiction-Genre zu verordnen ist, als dass es eine von Philosophie und Rechtsprechung behandelte Thematik wäre. Diese Science-Fiction-basierte Frage ist jedoch auch für die Philosophie von Belang, insbesondere im Hinblick auf Roboter. Roboter und Film, wie Nathalie

Weidenfeld schreibt, »have a long story together«.[4] Denn Filme erlauben es, abgefahrene Situationen vorzustellen, die dazu beitragen, Probleme zu lösen. Die Philosophie kann nicht immer diejenigen Experimente ausführen, die sie ausführen müsste, um ihre Fragen zu beantworten. Das hat Martha Nussbaum in eindrucksvollen Beispielen anschaulich und zum Thema ihrer Ausführungen gemacht.[5] Neben den Gedankenexperimenten erlauben uns die *Science-Fiction*-Szenarien, die Probleme anschaulich zu machen, sie zu lösen und in einigen Fällen sie überhaupt zu antizipieren.

Das Verhältnis zwischen Robotern und Filmen bringt uns in die Nähe der Debatte über die Ersetzbarkeit des Menschen. Denn erst in Filmen und allgemeiner in Narrationen werden die Grenzen der Vermenschlichung der Maschine ausgelotet. Aber ich möchte zunächst dabei bleiben, dass die Roboter uns einige Aufgaben abnehmen, nämlich diejenigen, die *dull* (stumpf), *dangerous* (risikobehaftet) und *dirty* (unsauber) sind. Darüber hinaus führen sie diese Aufgabe *dispassionately* (leidenschaftslos) aus. Das heißt, sie müssen zunächst einmal, anstatt uns gänzlich zu ersetzen, nur einige von uns ausgeführte Handlungen ersetzen. Michael Decker steckt deren Bereich sehr deutlich ab: Die Ersetzung des Menschen soll in einem klaren Zweck-Mittel-Zusammenhang gedeutet werden. Es geht um – mehr oder weniger – komplexe Tätigkeiten, die zu verrichten sind und die gegebenenfalls von einem Roboter übernommen werden können. Auch ein Robotersystem, das mehrere Tätigkeiten, z. B. im Pflegezusammenhang, verrichten kann, natürliche Sprache versteht und sich adaptiv an neue Kontexte anpassen kann, ersetzt nur menschliche Tätigkeiten in Bezug auf zu erreichende Zwecke.[6]

Im Gegenteil dazu steht die Position von Bruno Latour. Diese schildert auf eindrucksvolle Weise das immer enger werdende Verhältnis zwischen Mensch und Maschine. Jedoch findet sich in dieser Theorie kein Anschluss, um die Frage der Verantwortung lösen zu können, weder auf moralischer noch auf rechtlicher Ebene. Im Umgang mit künstlicher Intelligenz fordert nämlich Latour, von Robotern und Menschen in der gleichen Sprache zu reden und somit eine komplette Symmetrie zwischen ihnen zu gewährleisten. Um dieser Anforderung gerecht zu werden, bieten sich zwei Möglichkeiten. Entweder er-

[4] N. Weidenfeld, Lessons in Humanity, or: what happens when robots become humans, in F. Battaglia, N. Weidenfeld (Hrsg.), *Roboethics in Film*, Pisa, Pisa University Press, 2014, 93–106.

[5] M. C. Nussbaum, Aristotle on human nature and the foundations of ethics, in: J. E. J. Altham, und R. Harrison (Hrsg.), *World, Mind, and Ethics*, Cambridge, Cambridge University Press, 1995, 86–131.

[6] M. Decker, Robotik, in: A. Grunwald, (Hrsg.), *Handbuch Technikethik*, Stuttgart, J. B. Metzler, 2013, 354–358.

hebt man die Maschinen zu Menschen (Vermenschlichung) oder der Mensch wird zurückgestuft, also nach algorithmisierbaren Funktionen analysiert (Maschinisierung).

Tatsächlich sind beide Wege eingeschlagen worden. Oft und vor allem dann, wenn die Vermenschlichung der Maschinen im Science-Fiction-Genre vorkommt, weist die Anpassung an den Menschen und seine Eigenschaften eher negative Ergebnisse auf. Denken Sie etwa nur daran, was der Maschine in der schwedischen Serie *Real Humans* zustößt.[7] Zu dem Zeitpunkt, da die Roboter verbesserte kognitive und emotionale Fähigkeiten erhalten, beginnt die Jagd auf sie. Der Geheimdienst will erfahren, wie ihre Vermenschlichung überhaupt möglich sei, und schon am Ende der ersten Staffel werden alle verbesserten Roboter weggeschafft.

Jens Kersten stellt die These auf, dass nur die Vermenschlichung der Maschine eine angemessene Rekonstruktion der Normativität im juristischen Denken anbietet.[8] Anders verhält es sich mit der Maschinisierung des Menschen. Dieser Prozess, der auch eine Herausforderung des Selbstverständnisses ist, trägt nicht dazu bei, eine Aussage über die Normativität der Interaktion zu veranlassen. Dass sie nach Kersten nicht taugt, um eine Rekonstruktion von Normativität anzubieten, kann daran liegen, dass die Auswirkungen von diesem Prozess nur eine negative Herausforderung für unser Selbstverständnis darstellen. Kurz, die Maschinisierung des Menschen ist meistens ein Platzhalter für diejenigen Vorstellungen, die die Besonderheiten des Menschen negieren wollen. Dies wäre an sich nicht so problematisch, da die meisten Institutionen schon damit rechnen, dass dem Menschen keine besondere Stelle im Universum zuzuschreiben sei.[9] Nur was bei dieser Konzeptualisierung auffällig ist, ist ihr prinzipieller Verzicht auf die Anbietung einer Reflexion über die Theorie der praktischen Rationalität. Diese ist nicht so einfach auf die ausschließlich potentielle Fähigkeit zu verkürzen. Wenn man aber diesen Weg geht, muss man auf ein intersubjektives Verhältnis zwischen Akteuren verzichten. Damit deutlich wird, inwiefern der Ansatz Konsequenzen für das Verhältnis zwischen Mensch und Maschine haben kann, möchte ich zwei Positionen vergleichen:

[7] Real Humans – Echte Menschen ist schwedische Drama-Serie mit Science-Fiction-Elementen aus dem Jahr 2012 von Lars Lundström.

[8] J. Kersten, Die maschinelle Person – Neue Regeln für den Maschinenpark?, in: A. Manzeschke und F. Karsch (Hrsg.), *Roboter, Computer und Hybride. Was ereignet sich zwischen Menschen und Maschinen?*, TTN-Studien – Schriften aus dem Institut Technik – Theologie – Naturwissenschaften, 5. Bd., Baden-Baden, Nomos, 2016, 89.

[9] Dazu ausführlicher L. Floridi, *The Fourth Revolution. How the Inforsphere is Reshaping Human Reality.* Oxford, Oxford University Press, 2014.

Sobald wir, so Polger und Shapiro, beginnen, uns über den Platz des Geistes in einer physikalischen Welt zu sorgen,

> »[W]e must set about evaluating theories about minds in the same ways that we evaluate broadly scientific theories of anything else. In short, we must view philosophy of mind as a species of philosophy of science.«[10]

Ein ganz anderer Ansatz wird von Rawls vertreten, der bemerkenswerterweise nicht mal in der Philosophie des Geistes, sondern vielmehr bei der Moralphilosophie ansetzt, um daraus Erkenntnisse auch für die Philosophie des Geistes zu gewinnen:

> »Whatever the merits of such a hierarchical conception for other parts of philosophy, I do not believe that it holds for moral philosophy [...] so the further advance of moral philosophy depends upon a deeper understanding of the structure of moral conceptions and their connections with human sensibility.«[11]

Und daraus folgt dann:

> »The study of substantive moral conceptions and their relations to our moral sensibility has its own distinctive problems and subject matter that requires to be investigated for its own sake. At the same time, objective moral truths, and the nature of persons and personal identity, depend upon an understanding of these structures. Thus the problems of moral philosophy that tie in with the theory of meaning and epistemology, metaphysics and the philosophy of mind, must call upon an understanding of these structures.«[12]

Vielleicht ist es zunächst ein guter Ansatz, über unterschiedliche Baumstrukturen der Philosophie nachzudenken, um dadurch Implikationen für deren Erkenntnisse abzuleiten. Schließlich war das das Thema der alten Metaphysik, welches Descartes weiter gepflegt hat. Damit stünden konzeptuelle Mittel zur Verfügung, um den Herausforderungen des Szientismus besser zu widerstehen.

Rechtswissenschaftlicher wie Susanne Beck untersuchen die Ausweitung von Zuschreibungen autonomer Verantwortlichkeit auf nichtmenschliche Wesen. Ihrer Ansicht nach sollte die Ausweitung von Zuschreibungen autonomer Verantwortlichkeit auf nichtmenschliche Wesen erfolgen.

Andere Autoren machen den Vorschlag, die Roboter mit einem zuvor eingerichteten Haftungsfonds auszustatten, der beansprucht werden kann für die

[10] T. W. Polger, und L. A. Shapiro, *The Multiple Realization Book*, Oxford, Oxford University Press, 2016.

[11] J. Rawls, *A Theory of Justice*. The Belknap Press of Harvard University Press, Cambridge, Massachusetts/ London, England, 1971, 287.

[12] Ibidem.

Rückerstattung des von ihnen verursachten Schadens.[13] Allerdings besteht bei ihrer Lösung eine gewisse Ambivalenz. Schließlich bleibt die Frage, ob ihre Lösung die Struktur der Verantwortungsrelation in Frage stellt. Denn sowohl Susanne Beck als auch Eric Hilgendorf haben klar gemacht, dass sich selbst zentrale rechtliche Kategorien wie »Handlung«, »Verantwortung«, »Haftung« und »Schuld« für maschinelle Personen öffnen lassen.

In meinen Augen macht eine solche Ausweitung der rechtlichen Verantwortung wenig Sinn, wenn man allein schon die fehlenden Bedingungen des human-sozialen Gefüges berücksichtigt. Denn als Voraussetzung für eine solche Zuschreibung gilt die generalpräventive, also die abschreckende Wirkung der Strafe. Will man Bruno Latours Forderung gerecht werden, kann man menschliche Funktionen, die bisher ausschließlich der geistigen oder handwerklichen Tätigkeit des Menschen vorbehalten waren, als künstliche Leistungen betrachten, die auch durch künstliche Systeme erbracht werden können. Diese Tendenz nennt man »Maschinisierung« des Menschen.

Zahlreiche Autoren haben nach dem Zweiten Weltkrieg auf die mit der Technisierung menschlichen Handelns einhergehende Expansion menschlicher Handlungsmacht hingewiesen und eine entsprechende Ausdehnung des Bereichs moralischer Verantwortung gefordert. Zu dieser Einsicht gelangt der Versuch von Luciano Floridi und J. W. Sanders, die eine Theorie der künstlichen moralischen Akteure entwickeln, die nicht durch anthropologische Merkmale bestimmt ist.[14] Dieser Ansatz erweitere die Menge der moralischen Akteure, ohne zu erfordern, dass sie mentale Zustände, Gefühle oder Emotionen aufweisen. Sie bezeichnen diesen Ansatz als »mindless morality«. Es ist ein Ansatz, dem wesentliche Elemente des Person- Seins fehlen. Floridi und Sanders zufolge würde das Bestehen auf die grundlegend menschliche Natur von Akteuren die Möglichkeit untergraben, eine weitere große Transformation im ethischen Bereich zu verstehen, nämlich das Aufkommen von künstlichen Akteuren, die ausreichend informiert, intelligent und autonom, also in der Lage sind, moralisch relevante Aktionen durchzuführen, unabhängig von den Menschen, von denen sie erschaffen wurden.

[13] Siehe M. C. Gruber, Rechtssubjekte und Teilrechtssubjekte des elektronischen Geschäftsverkehrs, in: S. Beck (Hrsg.), *Jenseits von Mensch und Maschine. Ethische und rechtliche Fragen zum Umgang mit Robotern, Künstlicher Intelligenz und Cyborgs*, Baden-Baden, Nomos 2012, 133–160.

[14] L. Floridi und J. Sanders, On the Morality of Artificial Agents, in: *Minds and Machines* 14 (2004), 349–379. https://doi.org/10.1023/B:MIND.0000035461.63578.9d. Für einen anderen Ansatz siehe: S. Nyholm, Humans and Robots: Ethics, Agency and Anthropomorphism. New York: Rowman Littlefield 2002.

Diese geschilderte Interpretation kann meines Erachtens nach nur von einem bestimmten Ansatz ausgehend plausibel sein. Nehmen wir die These der multiplen Realisierbarkeit des Geistes, dann kann man bei einer ganz allgemeinen Auffassung von Intelligenz ansetzen, die allerdings nur einigen Fertigkeiten der menschlichen Intelligenz gerecht wird.[15] Aus dieser Perspektive betrachtet ist der Mensch nur eine bestimmte unter mehreren möglichen Realisationen von intelligenten Fähigkeiten. Diese sind nicht typisch menschlich, sondern sie sind vielmehr diejenigen, die er mit einer Maschine teilt.

Dieser Wandel der Perspektive ist wahrzunehmen, wenn wir uns die Änderung der Definition des Menschen veranschaulichen. Zugespitzt ausgedrückt hat der Mensch seine Position verlassen müssen:

> »Während für Aristoteles nicht in Frage stand, dass der Mensch taxonomisch zur nächsthöheren Art der Tiere gehört, wird im Funktionalismus das Verhältnis zwischen genus proximum und differentia specifica umgekehrt. Der Mensch ist nicht mehr das vernünftige unter den Tieren, sondern das Tier unter den Vernunftwesen, also dasjenige Wesen, dessen mentale Zustände kontingenterweise in biologischer ›wetware‹ realisiert sind.«[16]

Aber sind wir damit zufriedengestellt? Bedeutet vernünftig zu sein beim Menschen das, was durch maschinelle Berechnungen charakterisiert wird? Ist es nicht eher so, dass das Projekt der starken künstlichen Intelligenz eher gescheitert ist? Das Projekt nämlich, das uns anschaulich machen könnte, was wir als Menschen sind.

Was hier auffällig ist, ist die Art und Weise, in der Vernunft interpretiert wird. Vernunft ist bei solchen Positionen, die eine Akteur-Netzwerk-Theorie vertreten oder eine *mindless morality* oder auch von der multiplen Realisierbarkeit des Geistes überzeugt sind, nicht bestimmt als die Fähigkeit, sich von Gründen affizieren zu lassen. Vernunft ist hier vielmehr die Fähigkeit, Tätigkeiten zu verrichten, wie etwa das Ausrechnen wohldefinierter Gleichungen. Dies bedeutet, dass man von Robotern und Menschen in der gleichen Sprache redet und somit eine komplette Symmetrie zwischen ihnen gewährleistet. Wenn wir Vernunftwesen jedoch als Wesen verstehen, die anders handeln können, die sich von Gründen affizieren lassen, die die Fähigkeit zur Selbstreflexion haben und sich dadurch selbst bestimmen können, dann greift die oben erwähnte These zu kurz.

[15] Vgl. Polger und Shapiro, *The Multiple Realization Book*, 195–196.

[16] G. Keil, Was ist der Mensch? Anmerkungen zu einer unwissenschaftlichen Frage, in: D. Ganten, V. Gerhardt, J. C. Heilinger, und J. Nida-Rümelin (Hrsg.), *Was ist der Mensch?*, Berlin/New York, De Gruyter, 2008, 139–146.

Die Austauschbarkeit zwischen Menschen und Robotern erfolgt nur auf Kosten eines reduktionistischen Menschenbilds. Allerdings hat der Diskurs über die Maschinisierung von Menschen eher Konsequenzen für die Abgrenzung des Menschen gegenüber den Maschinen als für die Behandlung der rechtlichen Frage nach der Verantwortung. Diese Frage scheint mehr von dem Diskurs über die Vermenschlichung der Maschinen abhängig zu sein. Aus diesem Diskurs wird klar, dass das Verhältnis von Mensch und Maschine enger und intensiver wird.[17] Daher wird »unser Verständnis von Intersubjektivität, das wir traditionell für zwischenmenschlichen Beziehungen reservieren«, herausgefordert.[18] Darüber hinaus macht Kersten anschaulich, wie die Maschine sich von ihrer passiven Sacheigenschaft ablösen und wie dies eine neue Regulierung des Verhältnisses verlangen kann, ohne allerdings dabei die »Grundkonstante juristischen Denkens« tatsächlich zum Schwanken zu bringen.[19] Was die Moralphilosophie anbelangt, stellt Nida-Rümelin fest, dass die Kriterien der Zuschreibung von Verantwortung komplexer werden. Was wiederum das juristische Denken anbelangt, so konstatiert Kersten, dass für die komplexer gewordenen Verhältnisse von Mensch und Maschine eine ganze Reihe von normativen Bausteinen zur Verfügung steht.

2. Moralische Verantwortung

Ich möchte an dieser Stelle versuchen, dasjenige darzustellen, was unter »moralischer Verantwortung« verstanden wird. Damit glaube ich zeigen zu können, dass eine funktionalistische Interpretation des Geistes, die oben erwähnt und in der These der multiplen Realisierbarkeit des Geistes vorausgesetzt wird, zu kurz greift, wenn man die moralische Verantwortung begreifen möchte. Ich werde daher näher auf die philosophische Auffassung von Verantwortung und die rechtliche Auffassung von Haftung eingehen.

Die Verantwortung ist das Fundament der menschlichen Praxis. Verantwortung ist ein Basiskonzept, das tief in die »Lebenswelt« des Menschen eingebettet ist und auf eine lange Geschichte zurückblickt. Allerdings ändern sich die empirischen Umstände, unter denen wir handeln und dementsprechend Verantwortung zuschreiben, ständig. Wissenschaft und Technik spielen eine große Rolle in diesem Transformationsprozess, denn sie erweitern

[17] Siehe S. Beck, Roboter und Cyborgs – erobern sie unsere Welt? in: S. Beck (Hrsg.), *Intelligenz und Cyborgs*, Baden Baden, Nomos, 13.

[18] J. Kersten, *Die maschinelle Person*, 92.

[19] Ibidem.

ständig die Handlungsmöglichkeiten. Daher ist es für uns wichtig, über die Idee, die Rolle und die normativen Kriterien der Verantwortlichkeit zu reflektieren.

Indem Verantwortung prospektiv und retrospektiv gilt, ist sie etwas, das Vergangenheit, Gegenwart und Zukunft zusammenhält. Verantwortliche Beziehungen sind dreistellig. Wer (verantwortliches Subjekt) ist verantwortlich? Wofür ist es verantwortlich (verantwortliches Objekt)? Vor wem oder vor was ist das Subjekt verantwortlich? Was das Subjekt anbelangt, lässt sich weiterspezifizieren und fragen: Was sind die Eigenschaften, die ein Subjekt aufweisen muss, um überhaupt ein möglicher Verantwortungsträger sein zu können? Darüber hinaus muss das Subjekt in der Lage sein, das Zugerechnete selbst hervorzubringen oder dieses zu unterlassen (es in muss in der Lage sein, »anders handeln zu können«).[20]

Die Grundzüge einer Darstellung des Verantwortungsbegriffs lassen sich bereits aus den vorigen Punkten entwickeln: Um mit einer bestimmten Handlung einer für diese Bestimmung der Freiheit geltenden Instanz normativ rechnen zu können oder ihr eine Kritik zuschreiben zu können, muss diese Instanz fähig sein, das Zugerechnete selbst hervorzubringen oder dieses zu unterlassen.

In der Sprache der Theorie der Gründe bedeutet dies, dass diese Instanz von Gründen affizierbar ist.[21] In dieser Bedeutung wird Verantwortung dann zugeschrieben, wenn Subjekte normative Erwartungen an sich selbst oder auch an andere von Gründen affizierbare Entitäten richten.[22]

Als weitere Erklärung gilt die Abgrenzung zu dem Begriff der Kausalverantwortung. Diese bezeichnet lediglich ein Ursache-Wirkung-Verhältnis und kann jederzeit durch den Ursachenbegriff ersetzt werden. Beispiel: »Orkan »Ylenia« ist für das Lahmlegen des Bahnverkehrs in Bayern verantwortlich«, besagt: Der Orkan »Ylenia« hat den Ausfall des Bahnverkehrs in Bayern verursacht. Es handelt sich hierbei um empirische Feststellungen und nicht um die Äußerung von Werturteilen oder normativen Erwartungen.

Zusammenfassend und laut der Formalisierung von Micha H. Werner sind prospektive und retrospektive Verantwortungsrelationen wenigstens dreistellig:

[20] Siehe M. Werner, Verantwortung, in: A. Grunwald, (Hrsg.), *Handbuch Technikethik*, Stuttgart, J. B. Metzler, 2013, 38–43 und G. Keil, *Willensfreiheit*, Berlin, De Gruyter, 2007.

[21] Siehe Nida-Rümelin (2001).

[22] Vgl. P. Strawson, *Freedom and Resentment and Other Essays*. London/New York, Taylor & Francis, 1962/2008. Für die weitere moraltheoretische Ausarbeitung von Nietzsches Intuition, siehe J. Nida-Rümelin, *Philosophie und Lebensform*, Frankfurt a. Main, Suhrkamp, 2009.

- Wer?-Verantwortungssubjekt
- Wem-gegenüber?-Verantwortungsinstanz
- Wofür?-Verantwortungsobjekt

Zudem kann noch die zusätzliche Dimension der Begründungsbasis ausgelotet werden. Diese kann man als Warum-Frage einbetten.[23]

Fassen wir kurz die Bedeutung des Verantwortungsbegriffs zusammen. Er bezeichnet lediglich eine allgemeine normative Relation, die eine weitere Spezifizierung erfordert. Nur diese Eingrenzung macht die drei bzw. vier Stellen der Relation und die Bedeutung der Relation selbst deutlich, nämlich das Subjekt, das Objekt, die Instanz und der Grund. Moralphilosophie befasst sich mit vielen ethischen und philosophischen Problemen, die entstehen, wenn wir versuchen, Entscheidungen in einer reflektierenden und verantwortungsvollen Weise zu treffen.

3. Abstufungen des moralischen Begriffs der Verantwortung

Nach dieser Präsentation möchte ich noch kurz auf Folgendes hinweisen: Verantwortung ist ein Begriff, der graduell ist. Um zu verstehen, was ›graduell‹ in diesem Zusammenhang bedeutet, kann man die zahlreichen Beispiele, die Thomas Scanlon in seinem Buch »What We Owe to Each Other« anführt, betrachten.[24] Scanlon trifft eine wichtige Unterscheidung, nämlich diejenige zwischen *substantive responsibility* und *responsibility as attributability*, die sich im Rahmen seiner These des *reasons fundamentalism* einordnen lässt. Dass Menschen sich von Gründen affizieren lassen, steht im Einklang mit der Verantwortung als Zuschreibung.

Durch das folgende Beispiel wird am Fall der politischen Verantwortung anschaulich gemacht, wie die Elemente der Relation noch weiter spezifiziert werden können, ohne damit die durch die vierstellige Relation erläuterte Bedeutung zu verlieren. Vielmehr wird dadurch die Abstufungsthese untermauert:

Nach dem Tod Al-Bakrs im Leipziger Gefängnis kann unterschiedlichen Akteuren Verantwortung zugeschrieben werden. Zur Auswahl stehen als mögliche Verantwortungsträger: Teile der Polizei, die Psychologin, die das Gutachten erstellt hat, der Justizminister Sebastian Gemkow und Sachsens

[23] M. Werner, *Verantwortung*, 40.

[24] Vgl. T. M. Scanlon, *What We Owe to Each Other*, Cambridge, Massachussetts, London, England, The Belknap Press of Harvard University Press, 2000.

Ministerpräsident Stanislaw Tillich. Aus dem Zusammenhang wird klar, dass die Verantwortung der Politiker nur eine vermittelte Verantwortung sein kann. Nida-Rümelin spricht in diesem Zusammenhang von einer indirekten oder sogar metaphorischen Verantwortung, um das Phänomen zu erläutern.

Diese Verantwortung trägt lediglich der Minister selbst bzw. sein Stellvertreter. Fiktion ist dies deswegen, weil die reale, je individuelle Entscheidung des Ministers voraussetzt, dass er alle Entscheidungsvorlagen dieser Art sachlich beurteilen kann. Seine Verantwortlichkeit muss sich daher in indirekter oder sogar metaphorischer Form realisieren. Indirekt, weil er sich auf den Sachverstand und die Urteilskraft seiner engsten Mitarbeiter, aber auch der leitenden Beamten im Hause verlässt, aber sich grundsätzlich immer auch von dem einen oder anderen Mitarbeiter, dem er diese Kompetenz nicht zutraut, trennen kann. Dass die realen Spielräume dafür gering sind, wissen die Praktiker der Politik und der ordentlichen Verwaltungen natürlich genau.

> »In vielen Fällen ist diese Verantwortung aber auch lediglich eine metaphorische, die sich etwa in der Abzeichnung von Vorlagen niederschlägt, die mangels allgemeinpolitischer Bedeutsamkeit keiner diffizilen Prüfung unterworfen werden, die aber für den betroffenen Einzelnen dennoch von großer Relevanz sein können. Die Verlagerung auf Schreiben »im Auftrag« bringt diese metaphorische Verantwortung des Ministers zum Ausdruck.«[25]

Dieses Zitat dient dazu aufzuzeigen, wie die Komplexität der Zuschreibung sich auch über die fünf oben dargestellten Aspekte der Zuschreibung der Verantwortung steigern kann, ohne allerdings die Struktur zu ändern.

4. Der rechtliche Begriff von Verantwortung

Aus der Perspektive des Privatrechts impliziert eine Haftungszuschreibung grundsätzlich die Übertragung von Kosten – nämlich der von Schäden – von einer Partei auf eine andere, wenn die schädigende Partei für schuldig befunden wurde oder nach einer spezifischen Norm haftpflichtig ist. Natürliche Personen sind zu diesem Übertragungszweck haftbar zu halten, weil sie (i) sich selbst und ihre Handlungen zu einem erwünschten Zweck bestimmen und sie – sowohl natürliche als auch juristische Personen – (ii) Mittel besitzen, mit welchen sie den Kompensationsansprüchen, die gegen sie gerichtet werden, gerecht werden können. Insbesondere aufgrund von (i) bringen Haftbarkeitsregeln Abschreckungswirkungen hervor, die so grundlegend für das

[25] J. Nida-Rümelin, *Verantwortung*, Stuttgart, Reclam 2011.

gesamte Rechtssystem sind, dass ein wünschenswertes Verhalten der Subjekte erzielt wird, die in der Gesellschaft handeln. Auf Grundlage von (ii) erhalten Opfer eine angemessene Kompensation und so, zumindest durch einen monetären Ausgleich, die Entschädigung für das Erleiden negativer Konsequenzen. Wenn die Kapazität des Subjekts, sich selbst zu bestimmen, bezüglich eines gegebenen Zwecks nicht gegeben ist, dient die Haftbarkeit nicht immer seiner Funktion der Schadensprävention; liegen keine autonomen Mittel und/oder die Fähigkeit vor, solche Mittel zu erwerben, muss ein anderes Subjekt identifiziert werden, um die notwendige Kompensation des Opfers zu gewährleisten.

Sachdinge wie auch Tiere erfüllen weder die erste noch die zweite Bedingung und können deshalb nicht haftbar gehalten werden, so dass folgerichtig ihr Besitzer haftbar zu halten ist. Roboter sind Sachdinge, solange kein Gegenbeweis vorliegt, und daher finden solche Haftbarkeitsregeln auch Anwendung bezüglich Roboter.[26]

5. Von der Haftungsfrage zu einer Risikomanagement-Strategie

Im Rahmen von RoboLaw haben wir eine ethische Bewertung des Einsatzes von medizinischen Expertensystemen, autonomem Fahren, Prothesen und Service-Robotern durchgeführt und versucht, eine Orientierungshilfe bereitzustellen – nicht nur für die Entwicklung und den Umgang mit diesen Systemen, sondern auch für die rechtlichen Empfehlungen der Europäischen Kommission.[27] Es wurde gezeigt, dass, obzwar Roboter eine extrem innovative Technologie darstellen, es nicht ihr technischer Aspekt ist, der einen Perspektivwechsel für die Zuschreibung von Haftbarkeit benötigt. Nur eine vollwertig ausgebildete Autonomie, ähnlich der eines erwachsenen Menschen, würde uns dazu zwingen, Roboter als Subjekte zu betrachten und nicht als Sachdinge.

Wir sind der Frage nachgegangen, indem wir analysiert haben, was es bedeutet, moralische und rechtliche Verantwortung zuzuschreiben. Sind wir wirklich sicher, dass wir uns auf die Suche nach Schuldigen begeben wollen? Wollen wir uns tatsächlich auf den Weg machen, um die in die verrichteten

[26] J. Kersten spricht in einem breiteren Zusammenhang von einer »Emanzipation der Dinge von ihrer passiven Sacheigenschaft« (*Die maschinelle Person*, 96).

[27] E. Palmerini, A. Bertolini, F. Battaglia, B.-J. Koops, A. Carnevale, und P. Salvini, Robolaw: Towards a european framework for robotics regulation, in *Robotics and Autonomous Systems*, 86, 2016, 78 – 85.

Aktivitäten involvierten Akteure ausfindig zu machen, um diesen persönlich die Verantwortung zuzuschreiben? Eine erste annähernde Antwort lautet: So einen Weg kann man gehen, indem man eine *black box* installiert.

Jedoch dienen solche Geräte eher dazu, den Lernprozess des Roboters transparent oder für Dritte zugänglich zu machen, als zur Lösung von Haftungsfragen. In diesem Zusammenhang kann die Installation einer nichtmanipulierbaren *black box* für die kontinuierliche Dokumentation der wichtigen Ergebnisse des Lernprozesses oder von Sensoren von Nutzen sein. Diese Empfehlung haben wir in RoboLaw auch gegeben.

Die Unterscheidung zwischen politischer und persönlicher Verantwortung hat uns gezeigt, dass eine persönliche Schuldzuschreibung nicht unausweichlich ist. Darüber hinaus kann das Bestehen auf eine solche Haltung sogar gegen den Geist sein, der die gesamte Innovationspolitik trägt. Warum nicht eine ähnliche Lösung für die Regulation der Robotik übernehmen?

Das kurz skizzierte Bild könnte uns zu der Konklusion bringen, dass es sogar bezüglich der Robotik keine paradigmatische Veränderung in den rechtlichen Angelegenheiten gibt, die adressiert und gelöst werden müssen. Im Grunde war Kausalität stets einer der komplexesten Aspekte der zivilen Haftbarkeit in all ihren Anwendungen, und die Überschneidung mit alternativen Schemata kann auch in anderen, etablierteren Rechtsgebieten auftreten.

Jedoch scheint es Gründe dafür zu geben, die Funktionsfähigkeit der existierenden Regeln anzuzweifeln, und zwar hinsichtlich ihrer eigenen Grundprinzipien. Insbesondere hinsichtlich der Schaffung von Investitionsanreizen und der Erleichterung der Position des Opfers bezüglich des Kompensationserhalts kann die Frage nach der Funktionsfähigkeit berechtigterweise gestellt werden. Möglicherweise könnten die zwei Grundprinzipien, auf deren Verwirklichung die Regeln der Produkthaftung abzielen, entwirrt und mit verschiedenen und autonomen Strategien adressiert werden.

Das Beispiel der zivilen Luftfahrt in den Vereinigten Staaten zeigt, dass die Reputation und rein wirtschaftliche Anreise, zusammen mit eng geschnittenen technischen Standards, die Produktsicherheit am besten gewährleisten. Dahingegen scheinen technische Standardisierungen, insbesondere auf europäischer Ebene, unzureichend zu sein, insofern Roboterprodukte betrachtet werden. Entweder fehlen solche Standardisierungen komplett, beispielsweise für Roboter, die mit Lernfähigkeiten ausgestattet sind, oder sie sind zu vage und umfassend und daher inadäquat.

Im Gegensatz dazu kann eine Kompensation durch Kriterien gewährleistet werden, die diejenige Partei belasten, die (i) besser Risiken identifizieren kann, (ii) diese Risiken reglementieren kann und (iii) damit verbundene Verwaltungskosten minimieren kann.

Ein solcher Ansatz ist dem europäischen Rechtssystem nicht fremd, in welchem ähnliche Lösungen in etablierten Gebieten übernommen worden sind, wie z.B. bei der Haftbarkeit von Fahrzeughaltern bei Verkehrsunfällen. Das Vorbringen dieses Arguments könnte die Übernahme von verschuldensunabhängigen Richtlinien, gesetzlichen Versicherungssystemen und absoluten Haftbarkeitsregeln bedeuten, die letztendlich mit Schadensobergrenzen gekoppelt werden.

Im *RoboLaw Consortium* verspüren wir daher keine Notwendigkeit zu einer Änderung unseres Verantwortungsbegriffs hinsichtlich autonomer Roboter. Da die Kriterien der Zuschreibung von Verantwortung komplexer werden, wird es einfacher, eine Verschiebung der Perspektive zu vollziehen. Damit sind die Interessen von allen Akteuren berücksichtigt, ohne unser Selbstverständnis ändern zu müssen.

6. Zusammenfassung

Man sucht noch immer nach menschlichen Fähigkeiten, die nicht maschinisiert werden können. Solche Abgrenzungen sind Forschungsgegenstand der Technoanthropologie. Wo verlaufen dann die Grenzen zwischen der Maschine und dem Menschen?

Ein wichtiger Punkt scheint die Zuschreibung von Verantwortung zu sein. Auch weil einige Autoren die These vertreten haben, dass die Maschinen auch Verantwortung als maschinelle Personen tragen können. Ich stelle den Verantwortungsbegriff, wie er in der Moralphilosophie und im Recht verwendet wird, dar. Die moralische Verantwortung versteht sich als eine mindestens dreistellige Relation, die nachvollziehbar macht, dass jemand für etwas vor jemandem verantwortlich ist. Diese Zuschreibung ist von der sozialen Interaktionspraxis abgeleitet. Aus der Perspektive des Privatrechts impliziert eine Haftungszuschreibung grundsätzlich die Übertragung von Kosten – nämlich von Schäden – von einer Partei auf eine andere, wenn die schädigende Partei als schuldig befunden wurde oder haftpflichtig ist nach einer spezifischen Norm. Natürliche Personen sind zu diesem Übertragungszweck haftbar zu halten, weil sie sich (i) selbst und ihre Handlungen zu einem erwünschten Zweck bestimmen und sie – sowohl natürliche als auch juristische Personen – (ii) Mittel besitzen, mit welchen sie den Kompensationsansprüchen, die gegen sie gerichtet werden, gerecht werden können.

Die rechtliche Verantwortung kann auch übertragen werden. Dafür haben wir schon genügend Beispiele, etwa in der Politik oder von Kindern, deren Eltern für sie haften, oder auch bezüglich Tieren. Der Umgang mit smarten

Robotern und autonomen Maschinen stellt hinsichtlich der Übertragung von Verantwortung also keine radikal neue Herausforderung dar. Roboter stellen also keinen Einwand gegen die Bedeutung der Verantwortung und stellen auch keine Herausforderung unserer strukturellen Praktiken dar. Im Rahmen des *RoboLaw*-Projekts habe ich in Zusammenarbeit mit anderen Kollegen und Kolleginnen eine ethische Bewertung des Einsatzes von medizinischen Expertensystemen, autonomem Fahren, Prothesen und Service-Robotern durchgeführt. Das Projekt mündete in Richtlinienempfehlungen für die Europäische Kommission, um den Umgang mit diesen Systemen zu regulieren. Damit ist die interdisziplinäre Analyse der Wechselwirkungen zwischen Wissenschaft und Gesellschaft im Rahmen einer systematischen Verbindung von Theorie und Empirie erfolgt. Welche Konsequenzen hat dies für die Natur des Menschen? Unsere Vorstellung ist nicht modifiziert, nur wird es schwieriger mit der Zuschreibung von Verantwortung, denn die Bedingungen sind komplexer geworden.

Ruth Stock-Homburg

Androide Roboter

Menschliche Assoziationen und ethische Aspekte der Gestaltung

1. Einleitung

Roboter als physische Repräsentation künstlicher Intelligenz[1] gewinnen auch außerhalb klassischer industrieller Anwendungen zunehmend an Bedeutung.[2] Ein Roboter[3] ist eine automatisch steuerbare, für vielfältige Anwendungen umprogrammierbare Einheit mit mindestens drei unabhängigen Achsen.[4] Sogenannte »soziale Roboter« sind primär auf die soziale Interaktion mit Menschen ausgerichtet und werden so gestaltet, dass sie dem Menschen immer ähnlicher werden.[5] Sie können auch menschenähnliche Signale, wie Blicke und Gesten, ausdrücken.[6] Prominente Beispiele für sehr menschenähnliche, so genannte androide Roboter sind der »Geminoide« des japanischen Herstellers A-Lab, der dem Wissenschaftler Hiroshi Ishiguro nachempfunden

[1] J. Turner, *Robot Rules: Regulating Artificial Intelligence*, London 2018.

[2] M. Coeckelbergh, Personal Robots, Appearance, and Human Good: A Methodological Reflection on Roboethics, in: *International Journal of Social Robotics* 1/3 (2009), 217- 221, hier 217.

[3] »Das Wort Roboter hat seinen Ursprung im Slawischen, wo rab Sklave bedeutet. Rabota ist im Russischen die Arbeit und Rabotnik der Arbeiter« (Vgl. P. R. Blum, Robots, Slaves, and the Paradox of the Human Condition in Isaac Asimov's Robot Stories, in: *Roczniki Kulturoznawcze* 7/3 (2016), 5–24, hier 6.).

[4] F. Piltan/N. Sulaiman/S. Haghighi/I. Nazari/S. Siamak, Artificial control of PUMA robot manipulator: A Review of Fuzzy Inference Engine and Application to Classical Controller, in: *International Journal of Robotics and Automation* 2/5 (2011), 401–425, hier 402.

[5] K. F. MacDorman/H. Ishiguro, The Uncanny Advantage of Using Androids in Cognitive and Social Science Research, in: *Interaction Studies* 7/3 (2006), 297–337, hier 298.

[6] Vgl. S. W. Jeong/S. Ha. Consumer Acceptance of Retail Service Robots, in: *The Research Journal of the Costume Culture* 28/4 (2020), 409–419.

ist; oder »Sophia«[7] von Hanson Robotics, die Audrey Hepburn ähnelt,[8] oder der einem androiden Roboter nachempfundene Roboter »Elenoide.[9]

Eine Besonderheit androider Roboter besteht darin, dass sie als künstlich intelligent gelten.[10] Künstlich intelligent sind Systeme, wie beispielsweise Computer oder Roboter, die ähnlich wie Menschen lernen, argumentieren und sich selbst korrigieren können.[11] Künstliche Intelligenz, die in Roboter eingebettet ist, wird auch als verkörperte künstliche Intelligenz bezeichnet.[12] Soziale Roboter entwickeln zunehmend soziale Fähigkeiten, die es ihnen ermöglichen, menschliche Gefühle zu erkennen und menschenähnliches Verhalten zu zeigen.[13] Jüngste Entwicklungen auf dem Gebiet der künstlichen Intelligenz ermöglichen es sozialen Robotern darüber hinaus, autonom zu handeln und zu lernen.[14] Einige soziale Roboter wirken sogar so menschlich, dass Menschen während der Mensch-Roboter Interaktion darüber spekulieren, was der Roboter wohl gerade über sie denkt.[15]

Diese Entwicklungen deuten auf ein nahes Zukunftsszenario hin, in dem das Leben mit Robotern so selbstverständlich sein wird wie das Leben mit Fernsehern, Mobiltelefonen und Computern.[16] Im Gegensatz zu diesen Technologien haben Roboter eine sogenannte automatisierte soziale Präsenz.[17]

[7] Diesem Roboter wurden sogar Bürgerrechte zugesprochen (J. Retto, Sophia, first citizen robot of the world, in: *ResearchGate* (11.2017), von https://www. researchgate.net (Zugriff 18. 12. 2022).

[8] Vgl. J. Parviainen/M. Coeckelbergh, The Political Choreography of the Sophia Robot: Beyond Robot Rights and Citizenship to Political Performances for the Social Robotics Market, in: *AI & Society*(2020), 1–10.

[9] Vgl. leap in time GmbH, *leap in time* (2022), von https://www.leap-in-time.com/ (Zugriff 18. 12. 2022).

[10] Vgl. Parviainen/Coeckelbergh, *The Political Choreography of the Sophia Robot.*

[11] Vgl. J. N. Kok/E. J. Boers/W. A. Kosters/P. Van der Putten/M. Poel, Artificial intelligence: definition, trends, techniques, and cases, in: *Artificial Intelligence* 1 (2009), 270–299, hier 271.

[12] M. Coeckelbergh, *AI ethics*, Cambridge, MA 2020, 69.

[13] T. Fong/I. Nourbakhsh/K. Dautenhahn, A Survey of Socially Interactive Robots, in: *Robotics and Autonomous Systems* 42/3–4 (2003), 143–166.

[14] N. Rawal/R. M. Stock-Homburg, Facial emotion expressions in human-robot interaction: A survey, in: *arXiv preprint*(2021), arXiv:2103.07169.

[15] Vgl. P. Remmers, The Ethical Significance of Human Likeness in Robotics and AI, in: *Ethics in Progress* 10/2 (2019), 52–67.

[16] Vgl. M. Scheutz, 13 The Inherent Dangers of Unidirectional Emotional Bonds Between Humans and Social Robots, in: P. Lin/K. Abney/G. A. Bekey (Hrsg.), *Robot Ethics: The Ethical and Social Implications of* Robotics, Cambridge, MA/London 2011.

[17] Vgl. M. Čaić/J. Avelino/D. Mahr/G. Odekerken-Schröder/A. Bernardino, Robotic versus Human Coaches for Active Aging: An Automated Social Presence Perspective, in: *International Journal of Social Robotics* 12/4 (2020), 867–882.

Dies führt dazu, dass Menschen soziale Roboter eher als soziale Wesen denn als Maschinen betrachten.[18]

Aus diesen Entwicklungen ergibt sich eine zunehmende ethische Brisanz sozialer Roboter. Erstens erweitern sich aufgrund technologischer Entwicklungen die Möglichkeiten der Programmierung und Gestaltung sozialer Roboter. Zweitens rücken Roboter immer näher an den Menschen heran.[19] Einst fern vom Menschen in geschützten Bereichen eingesetzt, werden menschenähnliche soziale Roboter zukünftig zunehmend integraler Bestandteil des menschlichen sozialen Umfelds in den Bereichen Bildung, Unterhaltung und sogar Familie. Damit gewinnen Fragen nach dem verantwortungsbewussten Umgang mit sozialen Robotern und den ethischen Auswirkungen dieser Roboter auf den Menschen an Bedeutung.[20] Der vorliegende Beitrag beleuchtet ethische Aspekte der Mensch-Roboter-Beziehung und der Menschenähnlichkeit anthropomorpher sozialer Roboter. Dabei werden zwei Fragen vertieft:

1. Welche sozialen Beziehungen können Menschen zu sozialen Robotern aufbauen und welche ethischen Implikationen ergeben sich daraus? Soziale Roboter wecken menschliche Erwartungen und schüren Hoffnungen – wahrscheinlich werden Menschen in Zukunft ganz eigene Beziehungen zu Robotern eingehen.[21] Dieser Beitrag beleuchtet verschiedene Ebenen und Arten von Mensch-Roboter-Bindungen.

2. Welche ethischen Implikationen können sich ergeben, wenn Roboter sehr menschenähnlich werden? Mit der Verbreitung sozialer Roboter geht die Forderung nach einheitlichen ethischen Prinzipien einher, nach denen ihr äußeres Erscheinungsbild und ihr Verhalten gestaltet werden sollten. In diesem Beitrag werden mögliche Prinzipien der Roboterprogrammierung aus der Perspektive ausgewählter ethischer Theorien beleuchtet.

[18] Vgl. Scheutz, *13 The Inherent Dangers of Unidirectional Emotional Bonds Between Humans and Social Robots*, 205.

[19] Vgl. G. S. Virk/C. Herman/R. Bostelman/T. Haidegger, Challenges of the Changing Robot Markets, in: K. J. Waldron/M. O. Tokhi/G. S. Virk (Hrsg.), *Nature-Inspired Mobile Robotics*, Singapur 2013, 833–840.

[20] Beispielsweise begründete die Technikphilosophie in den letzten Dekaden einen neuen Zweig der Phänomenologie (Vgl. P.-P. Verbeek, Obstetric Ultrasound and the Technological Mediation of Morality: A Postphenomenological Analysis, in: *Human Studies* 31/1 (2008), 11–26).

[21] Vgl. C. Bartneck/J. Forlizzi, A Design-Centred Framework for Social Human-Robot Interaction, in: *RO-MAN 2004. 13th IEEE International Workshop on Robot and Human Interactive Communication* (2004), 591–594, hier 592.

2. Menschenähnlichkeit, Anthropomorphisierung und Einsatzgebiete sozialer Roboter

2.1 *Menschenähnlichkeit sozialer Roboter*

Roboter werden in naher Zukunft mit menschenähnlicheren Eigenschaften ausgestattet, um als soziale Wesen mit Menschen interagieren zu können.[22] Um zu verstehen, wie Menschenähnlichkeit auf den Menschen wirkt, sind zwei Perspektiven relevant:

(1) die Kategorisierung von Robotern nach ihrer Menschenähnlichkeit anhand konkreter Merkmale und

(2) die Tendenz zur Vermenschlichung sozialer Roboter durch den Menschen (die sogenannte *Anthropomorphisierung*).

Bei der *Kategorisierung von Robotern nach ihrer Menschenähnlichkeit* werden zwei Ebenen unterschieden: die physische und die nicht-physische Menschenähnlichkeit.[23] Die physische Menschenähnlichkeit sozialer Roboter bezieht sich auf ihr physisches Erscheinungsbild, insbesondere auf ihre menschenähnliche Gestalt und ihr menschenähnliches Aussehen sowie auf ihre physischen Fähigkeiten, wie beispielsweise ihre Bewegungsfähigkeit.

Vertreter*innen des Paradigmas des unheimlichen Tals[24] differenzieren unterschiedliche Grade der Menschenähnlichkeit von Robotern in Abhängigkeit von deren äußerem Erscheinungsbild:[25] Die geringste Menschenähnlichkeit weisen Industrieroboter auf. Diese Roboter führen standardisierte Produktionsprozesse aus[26] und arbeiten in der Regel in geschützten, vom Menschen getrennten Bereichen.[27] Die nächste Stufe der Menschenähnlichkeit stellen humanoide Roboter dar. Sie verfügen in der Regel über Extremitäten wie Arme, Beine oder einen Kopf, haben aber immer noch ein mechanisches Erschei-

[22] Vgl. K. F. MacDorman/S. K. Vasudevan/C.-C. Ho, Does Japan Really Have Robot Mania? Comparing Attitudes by Implicit and Explicit Measures, in: *AI & Society* 23/4 (2009), 485–510.

[23] Vgl. P. A. M. Ruijten/A. Haans/J. Ham/C. J. H. Midden, Perceived Human-Likeness of Social Robots: Testing the Rasch Model as a Method for Measuring Anthropomorphism, in: *International Journal of Social Robotics* 11/3 (2019), 477–494, hier 478.

[24] Vgl. u. a. K. F. MacDorman/H. Ishiguro, The Uncanny Advantage of Using Androids in Cognitive and Social Science Research, in: *Interaction Studies* 7/3 (2006), 297–337.; MacDorman/Vasudevan/Ho, *Does Japan Really Have Robot Mania?*

[25] Vgl. MacDorman/Ishiguro, *The Uncanny Advantage of Using Androids in Cognitive and Social Science Research*, 298.

[26] Vgl. M. Mori/K. F. MacDorman/N. Kageki, The Uncanny Valley [from the field], in: *IEEE Robotics & Automation Magazine* 19/2 (2012), 98–100.

[27] Vgl. Virk/Herman/Bostelman/Haidegger, *Challenges of the Changing Robot Markets.*

nungsbild.[28] Noch menschenähnlicher sind androide Roboter. Sie wurden mit dem Ziel entwickelt, äußerlich nicht vom Menschen unterscheidbar zu sein.[29]

Die physische Menschenähnlichkeit soll dem Menschen den Umgang mit Robotern durch vertraute, menschenähnliche Gestik und Mimik erleichtern. Dies soll auch das Vertrauen und das Wohlbefinden der Menschen im Umgang mit Robotern erhöhen.[30] Nicht-physische Menschenähnlichkeit bezieht sich auf vorprogrammierte kognitive Zustände, Emotionen und Verhaltensweisen sozialer Roboter. Die Simulation menschlicher kognitiver Zustände und Prozesse bezieht sich auf das Bewusstsein und den freien Willen von Robotern.[31] Dieser Bereich weist eine starke inhaltliche Nähe zur künstlichen Intelligenz auf. Die Menschenähnlichkeit ausgedrückter Emotionen und Verhaltensweisen bezieht sich insbesondere auf von Menschen beobachtbare, sozial anmutende Emotionen oder Verhaltensweisen eines Roboters.[32] Studien haben gezeigt, dass Menschen in hohem Maße in der Lage sind, künstliche Emotionen von Robotern zu erkennen und sogar positiv darauf zu reagieren.[33] So konnte gezeigt werden, dass Menschen unbewusst die Emotionen von Robotern imitieren und sich dadurch quasi emotional anstecken lassen.[34] Da Menschen diese Übertragung künstlicher Emotionen des Roboters nicht bemerken, eröffnet sich ein gewisses Manipulationspotenzial.

2.2 *Anthropomorphisierung sozialer Roboter*

Die Klassifizierung von Robotern nach konkreten Eigenschaften ist durch die subjektive Wahrnehmung durch den Menschen zu relativieren. In der Litera-

[28] Vgl. M. Mara/M. Appel, Science Fiction Reduces the Eeriness of Android Robots: A Field Experiment, in: *Computers in Human Behavior* 48 (2015), 156–162.

[29] Vgl. MacDorman/Ishiguro, *The Uncanny Advantage of Using Androids in Cognitive and Social Science Research*, 298.

[30] Vgl. A. P. Henkel/M. Caic/M. Blaurock/M. Okan, Robotic Transformative Service Research: Deploying Social Robots for Consumer Well-being During COVID-19 and Beyond, in: *Journal of Service Management* 31/6 (2020), 1131–1148.

[31] Vgl. A. Waytz/C. K. Morewedge/N. Epley/G. Monteleone/J.-H. Gao/J. T. Cacioppo, Making Sense by Making Sentient: Effectance Motivation Increases Anthropomorphism, in: *Journal of Personality and Social Psychology* 99/3 (2010), 410–435, hier 410.

[32] Vgl. Bartneck/Forlizzi, *A Design-Centred Framework for Social Human-Robot Interaction.*

[33] Vgl. im Überblick R. Stock-Homburg, Survey of Emotions in Human–Robot Interactions: Perspectives from Robotic Psychology on 20 Years of Research, in: *International Journal of Social Robotics* 14 (2022), 389–411.

[34] Vgl. im Überblick C.-E. Yu, Emotional Contagion in Human-Robot Interaction, in: *E-Review of Tourism Research* 17/5 (2020).

tur hat in diesem Zusammenhang die Anthropomorphisierung eine besondere Bedeutung erlangt. Sie beschreibt die menschliche Tendenz, nicht-menschliche Akteure wie beispielsweise Roboter wie soziale Wesen zu behandeln.[35] Die Anthropomorphisierung sozialer Roboter durch den Menschen wird insbesondere durch drei Faktoren beeinflusst:[36]

- das menschliche Wissen über diese Roboter,
- die Motivation des Menschen, das Verhalten eines Roboters zu erklären, und
- die Tendenz, einen Mangel an sozialen Beziehungen zu anderen Menschen durch die Interaktion mit einem Roboter zu kompensieren.

Es gibt zwei Gründe, warum Menschen dazu neigen, Roboter zu anthropomorphisieren:[37] Erstens reagieren Menschen relativ unreflektiert auf lebensnahe oder sozial anmutende Hinweise eines Roboters. Anstatt die Hinweise zu hinterfragen, wenden sie Stereotype und Heuristiken auf den Roboter an. Damit übertragen sie soziale Schemata und Normen, die zwischen Menschen gelten, auf die Mensch-Roboter-Interaktion.

Zweitens hängt die Anthropomorphisierung von den Vorstellungen ab, die die Menschen von der Funktionsweise eines Roboters haben. Wenn sich ein Roboter menschenähnlich verhält, also beispielsweise wie ein Mensch klingt, kann sich das mentale Modell eines Menschen über das Verhalten des Roboters seinem mentalen Modell über Menschen annähern.

Es ist davon auszugehen, dass die physischen und nichtphysischen Eigenschaften sozialer Roboter aufgrund technologischer Entwicklungen immer menschenähnlicher gestaltet werden können. Diese technologischen Entwicklungen resultieren unter anderem aus dem bereits von Arnold Gehlen beschriebenen Selbstverständnis des Menschen, Technik nicht mehr nur zur Anpassung an die Umwelt zu nutzen, sondern zunehmend auch zur Verände-

[35] Vgl. J. Fink, Anthropomorphism and Human Likeness in the Design of Robots and Human-Robot Interaction, in: S. S. Ge/O. Khatib/J. J. Cabibihan/R. Simmons/M. A. Williams (Hrsg.), *Social Robotics. ICSR 2012. Lecture Notes in Computer Science. Vol. 7621*, Berlin/Heidelberg 2012, 199–208, hier 199f.

[36] Vgl. N. Epley/A. Waytz/J. T. Cacioppo, On Seeing Human: A Three-Factor Theory of Anthropomorphism, in: *Psychological Review* 114/4 (2007), 864–886, hier 864.

[37] Vgl. S.-L. Lee/I. Y. M. Lau/S. Kiesler/C. Y. Chiu, Human Mental Models of Humanoid Robots, in: *Proceedings of the 2005 IEEE International Conference on Robotics and Automation* (2005), 2767–2772.

rung grundlegender Naturgesetze.[38] Damit einher geht auch das menschliche Bestreben, sich durch androide Roboter ein Ebenbild zu schaffen.

Kritische Stimmen der Maschinenethik werfen den Entwickler*innen sogar vor, »to play God even further, and tried to create huge super-robots«[39]. Mit diesen Entwicklungen sind einige ethische Herausforderungen verbunden, die in Abschnitt 4 aus verschiedenen ethischen Perspektiven reflektiert werden.

2.3 Ausgewählte Einsatzgebiete sozialer Roboter

Soziale Roboter lassen sich in drei Gruppen einteilen, die wiederum Aufschluss über ihre Anwendungsbereiche geben: (1) interaktive Simulationsroboter (oft auch als persönliche Roboter bezeichnet), (2) Assistenzroboter und (3) Serviceroboter. *Interaktive Simulationsroboter* konzentrieren sich in erster Linie auf die Kommunikation mit Menschen. Sie unterstützen Menschen im Haushalt,[40] unterhalten Menschen[41] und werden manchmal sogar wie Familienmitglieder behandelt[42]. Ein weiteres Einsatzgebiet dieser Roboter liegt im Bildungsbereich, wo fachliche und soziale Inhalte durch den Roboter vermittelt werden.[43]

Assistenzroboter werden vor allem im medizinischen Bereich in Kliniken oder im privaten Umfeld der Nutzer*innen eingesetzt. Sie sollen in erster Linie die Gesundheit und den Lebensstandard menschlicher Nutzer*innen verbessern.[44] Das Einsatzspektrum erstreckt sich über die Rehabilitation[45] bis hin

[38] Vgl. A. Gehlen, *Die Seele im technischen Zeitalter. Sozialpsychologische Probleme in der industriellen Gesellschaft*, Frankfurt a. M. 1957.

[39] Vgl. C. T. Rubin, Machine Morality and Human Responsibility, in: *The New Atlantis* 32 (2011), 67.

[40] Vgl. J. Forlizzi/C. DiSalvo, Service Robots in the Domestic Environment: A Study of the Roomba Vacuum in the Home, in: *Proceedings of the 1st ACM SIGCHI/SIGART Conference on Human-Robot Interaction*, Salt Lake City 2006, 258–265.

[41] Vgl. R. Kirby/J. Forlizzi/R. Simmons, Affective Social Robots, in: *Robotics and Autonomous Systems* 58/3 (2010), 322–332.

[42] Vgl. H. C. Lum, The Role of Consumer Robots in Our Everyday Lives, in: R. Pak/E. de Visser/E. Rovira (Hrsg.), *Living With Robots*, Cambridge, MA 2020, 141–152.

[43] Vgl. T. Belpaeme/J. Kennedy/A. Ramachandran/B. Scassellati/F. Tanaka, Social Robots for Education: A Review, in: *Science Robotics* 3/21 (2018), eaat5954.

[44] Vgl. E. Broadbent/R. Stafford/B. MacDonald, Acceptance of Healthcare Robots for the Older Population: Review and Future Directions, in: *International Journal of Social Robotics* 1 (2009), 319.

[45] Vgl. H. I. Krebs/J. J. Palazzolo/L. Dipietro/M. Ferraro/J. Krol/K. Rannekleiv/B. T. Volpe/N. Hogan, Rehabilitation Robotics: Performance-Based Progressive Robot-Assisted Therapy, in: *Autonomous Robots* 15/1 (2003), 7–20.

zur Unterstützung behinderter und kognitiv eingeschränkter Menschen.[46] Darüber hinaus können Roboter als Motivatoren eingesetzt werden, um Menschen zum Sport oder zur Gewichtsreduktion zu motivieren.[47]

Dienstleistungsroboter unterstützen Menschen, indem sie physische und soziale Dienstleistungen erbringen.[48] Sie werden in verschiedenen Branchen wie dem Einzelhandel, dem Gastgewerbe und dem Tourismus eingesetzt.[49] Dort bedienen oder beraten sie Kunden. Da sich die Entwicklungen in der KI- und Robotertechnologie weiter beschleunigen, entwickeln sich soziale Roboter zunehmend von automatisierten Geräten zu autonomen Partnern auf hohem Niveau.[50] Dies erhöht die potenzielle Vielfalt der Beziehungen, die Menschen mit diesen Robotern eingehen können.

3. Menschliche Bindungen an soziale Roboter

Die erste Frage dieses Beitrags – *1. Welche sozialen Beziehungen können Menschen mit sozialen Robotern eingehen und welche ethischen Implikationen ergeben sich daraus?* (vgl. Abschnitt 1) – beleuchtet verschiedene Ebenen von Mensch-Roboter-Beziehungen sowie deren ethische Implikationen. In diesem Abschnitt werden verschiedene Ebenen und Arten von Mensch-Roboter-Beziehungen sowie deren ethische Implikationen vertieft.

3.1 Ebenen der Mensch-Roboter-Bindung

Für Menschen ist es natürlich, bestimmte Bindungen zu nichtmenschlichen Wesen aufzubauen. So scheinen kleine Kinder geradezu prädestiniert zu sein,

[46] Vgl. M. J. Matarić/J. Eriksson/D. J. Feil-Seifer/C. J. Winstein, Socially Assistive Robotics for Post-Stroke Rehabilitation, in: *Journal of NeuroEngineering and Rehabilitation* 4 (2007), 1–9.

[47] Vgl. C. D. Kidd/C. Breazeal, Designing a Sociable Robot System for Weight Maintenance, in: *CCNC 2006. 2006 3rd IEEE Consumer Communications and Networking Conference* (2006), 253–257.

[48] Vgl. S. H. Ivanov/C. Webster/K. Berezina, Adoption of Robots and Service Automation by Tourism and Hospitality Companies, in: *Revista Turismo & Desenvolvimento* 1/27–28 (2017), 1501–1517.

[49] Vgl. M.-J. Han/C.-H. Lin/K.-T. Song, Robotic Emotional Expression Generation Based on Mood Transition and Personality Model, in: *IEEE Transactions on Cybernetics* 43/4 (2012), 1290–1303.

[50] Vgl. M. S. Delgosha/N. Hajiheydari, How Human Users Engage with Consumer Robots? A Dual Model of Psychological Ownership and Trust to Explain Post-Adoption Behaviours, in: *Computers in Human Behavior* 117 (2021), 106660.

starke Bindungen zu Objekten wie Puppen oder Stofftieren aufzubauen. Und natürlich entwickeln sowohl Kinder als auch Erwachsene emotionale Bindungen zu ihren Haustieren.[51] Menschen können auf verschiedenen Ebenen Nähe zu technologischen Artefakten wie Robotern aufbauen, die wiederum Mensch-Roboter-Bindungen begünstigen:[52]

(1) Nähe auf physischer Ebene,
(2) Nähe auf kognitiv-emotionaler Ebene sowie
(3) Nähe auf technologie-mediierter Ebene.

Physische Nähe wird durch die Verkörperung und die Bewegungen des Roboters erzeugt. Im Gegensatz zu visuellen und auditiven Erfahrungen, die Computer schon seit geraumer Zeit bieten können, könnte ein physischer Roboter dem Menschen zusätzlich die Hand geben oder ihm Dinge reichen. Oder er könnte emotionale Unterstützung durch eine Umarmung oder eine verbale Ansprache bieten. Wieder andere Robotiker[53] konzentrieren sich speziell auf die Designmerkmale eines Roboters, die dazu führen könnten, dass der Mensch ihn liebt.[54]

Die zweite Ebene der Mensch-Roboter-Bindung wird durch die *kognitiv-emotionale Nähe* eines Menschen zu einem Roboter begünstigt. Dabei wird unterstellt, dass ein Roboter menschliche Absichten erkennen, menschliche Handlungen und Gefühle interpretieren und angemessen darauf reagieren kann.

Darüber hinaus können soziale Roboter Verhaltensweisen zeigen, die beim Menschen Gefühle der Verbundenheit auslösen.[55] Diese Verbundenheit wird durch die menschliche Tendenz zur Anthropomorphisierung nichtmenschlicher Akteure verstärkt (siehe hierzu Abschnitt 2.2).[56] Angesichts der Fähigkeit von Robotern, starke emotionale Reaktionen bei ihren Nutzer*innen her-

[51] Vgl. D. Levy, Love and Sex with Robots. The Evolution of Human-Robot Relationships, New York 2007, 46.

[52] Vgl. G. Bell/T. C. Brooke/E. Churchill/E. Paulos, Intimate (Ubiquitous) Computing, in: *Proc UbiComp Workshop* (2003), von *www. citeseerx. ist. psu. edu* (Zugriff September 2012), 2.

[53] Vgl. u. a. H. A. Samani/A. D. Cheok/M. J. Tharakan/J. Koh/N. Fernando, A Design Process for Lovotics. Human-Robot Personal Relationships, in: M. H. Lamers/F. J. Verbeek (Hrsg.), *Human-Robot Personal Relationships. HRPR 2010. Lecture Notes of the Institute for Computer Sciences, Social Informatics and Telecommunications Engineering, Vol. 59* (2011), 118–125.

[54] Vgl. Levy, *Love and Sex with Robots*, 77.

[55] Vgl. J. Borenstein/R. Arkin, Robots, Ethics, and Intimacy: The Need for Scientific Research, in: D. Berkich/M. V. d'Alfonso (Hrsg.), *On the Cognitive, Ethical, and Scientific Dimensions of Artificial Intelligence*, Basel 2019, 299–309.

[56] Vgl. Levy, *Love and Sex with Robots*.

vorzurufen, können Mensch-Roboter-Beziehungen entstehen, die so real empfunden werden wie die zu geliebten Haustieren.[57]

Die dritte Ebene der Mensch-Roboter-Bindung wird durch *technologie-mediierte Nähe* gefördert. Menschen, die Schwierigkeiten haben, soziale Bindungen einzugehen, z. B. aufgrund schlechter Erfahrungen, Schüchternheit oder sogar emotionaler Defizite, können es vorziehen, mit einem Roboter, statt mit einem Menschen zu interagieren. Das Vorhandensein eines Begleitroboters könnte als Alternative zur Interaktion mit Menschen angesehen werden, die als schwierig oder emotional belastend empfunden wird.

3.2 *Arten von Mensch-Roboter-Bindungen*

In Abhängigkeit von der wahrgenommenen Valenz, d. h. der Ausprägung positiver oder negativer Gefühle, lassen sich vier Arten von Mensch-Roboter-Bindungen unterscheiden:[58] (1) indifferente, (2) affine, (3) aversive und (4) ambivalente Bindungen. Ein kleines Gedankenspiel soll die unterschiedlichen Mensch-Roboter-Bindungen[59] veranschaulichen.

Stellen wir uns eine Familie vor, die regelmäßig am Wochenende ein großes Einkaufszentrum besucht, in dem seit einigen Monaten humanoide Roboter zur Information, im Verkauf und als Unterstützung der Betreuer*innen im Kinderland eingesetzt werden. Die fünfköpfige Familie besteht aus den Eltern Maria und Tom, der fünfjährigen Tochter Lisa, dem 15-jährigen Sohn Ben und dem 78-jährigen Großvater George. Die Familienmitglieder haben ganz unterschiedliche Ansichten über die Roboter im Einkaufszentrum.

Die Eltern sind beide berufstätig und sehen den Serviceroboter als technisches Gerät, das ihnen am Informationsschalter Informationen gibt oder an der Kasse die Bezahlung entgegennimmt. Die Mensch-Roboter-Bindung ist hier prinzipiell indifferent, da die Eltern weder positive noch negative Valenzen mit dem Roboter verbinden. Es handelt sich nicht um eine Bindung im engeren Sinne – der Roboter wird eher als indifferent erlebt.

Etwas anders verhält es sich mit Lisa, die während der Einkäufe der Familie

[57] Vgl. R. C. Arkin/P. Ulam/A. R. Wagner, Moral Decision Making in Autonomous Systems: Enforcement, Moral Emotions, Dignity, Trust, and Deception, in: *Proceedings of the IEEE* 100/3 (2011), 571–589.

[58] In Anlehnung an B. B. Bushman/J. Holt-Lunstad, Understanding Social Relationship Maintenance among Friends: Why We Don't End Those Frustrating Friendships, in: *Journal of Social and Clinical Psychology* 28/6 (2009), 749–778.

[59] Das philosophische Gedankenspiel ist eine gängige Argumentationsmethode in der Philosophie (Vgl. M. Stoetzle, What is a Woman, and Who is Asking Anyway? Simone de Beauvoir, in: *Beginning Classical Social Theory*, Manchester 2020, 285–310.).

häufig im Kinderland abgegeben wird. Da das Kinderland am Wochenende immer sehr gut besucht ist und die (menschlichen) Betreuer*innen sehr beschäftigt sind, muss sie sich dort häufig alleine beschäftigen. In dem Betreuungsroboter sieht sie einen Spielkameraden und freundlichen Unterhalter.[60] Außerdem tanzt der Roboter und macht Musik, wenn Lisa traurig ist, und hört Lisa immer geduldig zu. Deshalb glaubt Lisa, dass der Roboter sie mag, und vertraut ihm alle ihre Geheimnisse an.[61] Es besteht eine affine Mensch-Roboter-Bindung, da positive Valenzen die Bindung zum Haushaltsroboter bestimmen.[62] In den letzten Wochen hat Lisa freundschaftliche Gefühle für den Roboter entwickelt.

An dieser Stelle ist kritisch zu hinterfragen, inwieweit der Einsatz des Betreuungsroboters in Lisas Leben eine Form der Täuschung darstellt.[63] Lisa hat eine natürliche emotionale Bindung zu dem Roboter aufgebaut, ohne sich dessen bewusst zu sein.[64] Der Roboter ist speziell darauf programmiert, Verhaltensweisen zu zeigen, die leicht als Ausdruck sozialer Emotionen wie Sympathie missverstanden werden könnten. Lisa könnte zum Beispiel soziale Eigenschaften wie Fürsorge oder Freude in den Roboter projizieren, die dieser gar nicht besitzt.[65] Dadurch wird es für Lisa immer schwieriger, überhaupt zu erkennen, dass ihre sozialen emotionalen Bindungen unidirektional sind.

Weil die Roboter die Arbeit der menschlichen Verkäufer*innen wahrnehmen und ihm der persönliche Kontakt fehlt, wirken sie auf Großvater George abschreckend. Außerdem hat er in verschiedenen Zeitschriften von den Gefahren gelesen, die von Robotertechnologien wie Drohnen ausgehen können. Da bei George die negativen Valenzen in Bezug auf den Haushaltsroboter überwiegen, kann von einer aversiven Mensch-Roboter-Bindung gesprochen werden.

Ben nutzt die Funktionen des Einkaufsroboters, um sich durch den Markt führen zu lassen und Dinge schneller zu finden. Aber auch er ist sich nicht

[60] In Anlehnung an Bartneck/Forlizzi, *A Design-Centred Framework for Social Human-Robot Interaction*, 592.

[61] Studien haben gezeigt, dass künstliche, menschenähnliche Verhaltensweisen einseitige emotionale Bindungen von Menschen an Roboter begünstigen. (Vgl. Scheutz, *13 The Inherent Dangers of Unidirectional Emotional Bonds Between Humans and Social* Robots, 214.)

[62] In Anlehnung an Bushman/Holt-Lunstad, *Understanding Social Relationship Maintenance among Friends.*

[63] In Anlehnung an R. Sparrow/L. Sparrow, In the Hands of Machines? The Future of Aged Care, in: *Minds and Machines* 16/2 (2006), 141–161.

[64] Vgl. Scheutz, *13 The Inherent Dangers of Unidirectional Emotional Bonds Between Humans and Social* Robots, 214.

[65] Vgl. J. Borenstein/Y. Pearson, Robot Caregivers: Harbingers of Expanded Freedom for All?, in: *Ethics and Information Technology* 12/3 (2010), 277–288.

ganz sicher, ob er dem Roboter vertrauen kann. Denn im Technikunterricht hat er gelernt, dass das, was der Roboter sagt oder tut, nur künstlich ist. Da sowohl positive als auch negative Valenzen Bens Beziehung zum Haushaltsroboter kennzeichnen, wird hier von einer ambivalenten Mensch-Roboter-Bindung gesprochen.

Zusammenfassend lassen sich im Hinblick auf die erste Fragestellung dieses Beitrags – nach den ethischen Implikationen von Mensch-Roboter-Beziehungen (vgl. Abschnitt 1) – verschiedene Ebenen und Arten von Bindungen unterscheiden. Insbesondere aus affinen Bindungen ergibt sich eine zunehmend soziale Komponente der menschlichen Interaktion mit Robotern. Menschen können daraus Vorteile wie Unterhaltung, Unterstützung und sogar eine Art soziale Präsenz ziehen. Diese unidirektionalen Bindungen bergen jedoch die Gefahr, dass Menschen nicht mehr zwischen künstlicher und echter Zuneigung unterscheiden können und sich gegebenenfalls manipulieren lassen. Von ambivalenten oder aversiven Bindungen können menschliche Ängste oder gar Bedrohungen ausgehen. Daraus ergibt sich die ethische Herausforderung, soziale Roboter so zu gestalten und einzusetzen, dass sie Menschen respektvoll behandeln, ihre Menschenwürde achten und sie im Rahmen ihrer Möglichkeiten unterstützen.[66] Eine wichtige Diskussion dreht sich daher um die Frage, ob es einen einheitlichen prinzipiellen Rahmen geben sollte, nach dem soziale Roboter entwickelt, d. h. programmiert und eingesetzt werden sollten, oder ob dies möglicherweise zu kurz greift.

4. Ethische Implikationen für den Einsatz sozialer Roboter

Wenn Technologien wie soziale Roboter eine Rolle bei der Gestaltung menschlichen Handelns spielen, geben sie konkrete Antworten auf die ethische Frage, wie gehandelt werden soll. Dies impliziert nach Verbeek, »[...] that engineers are doing ›ethics with other means:‹ they materialize morality«[67]. Die ethischen Implikationen der Menschenähnlichkeit sozialer Roboter werden anhand des Gedankenspiels des Haushaltsroboters in der fünfköpfigen Familie diskutiert (Abschnitt 3.2). Konkret wird aus einer deontologischen, einer konsequentialistischen und einer phänomenologischen Perspektive der Philo-

[66] Vgl. I. Van Staveren, Beyond Utilitarianism and Deontology: Ethics in Economics, in: *Review of Political Economy* 19/1 (2007), 23.

[67] P.-P. Verbeek, Materializing Morality: Design Ethics and Technological Mediation, in: *Science, Technology, & Human Values* 31/3 (2006), 361–380.

sophie untersucht, inwieweit ein einheitlicher Prinzipienrahmen für die Programmierung sozialer Roboter sinnvoll erscheint.

4.1 Deontologische Implikationen

Ein nach deontologischen Prinzipien programmierter humanoider Serviceroboter würde moralische Entscheidungen und Verhaltensweisen regelbasiert treffen.[68] Als Quelle moralischer Regeln in Form eines verbindlichen Maßstabs für gute oder schlechte Handlungen gilt die Vernunft.[69] Gemäß dem Kategorischen Imperativ[70] behandelt der Haushaltsroboter alle Familienmitglieder als gleichwertig und handelt so, wie es ausnahmslos jeder Mensch tun würde.[71] Der Serviceroboter ist also so programmiert, dass er alle Familienmitglieder respektvoll behandelt und ihre Menschenwürde achtet.[72] Insbesondere ist der Dienstleistungsroboter entsprechend eines deontologischen Moralsystems darauf programmiert, seine Pflichten gegenüber den Kunde*innen zu erfüllen, d. h. seine Versprechen zu halten, nicht zu täuschen und nicht zu betrügen.[73]

Da Lisa regelmäßig in der Kinderbetreuung des Einkaufszentrums ist, nutzen die Betreiber*innen der Einrichtung den Roboter, um die Aktivitäten während des Tages zu überwachen, unter anderem, um unerwünschte Aktivitäten oder Unfälle zu verhindern.[74] Durch die Anbindung an die Smart-Home-Geräte der Einrichtung erfüllt der Betreuungsroboter seine Pflichten als Sicherheitsroboter, indem er den Betreuer*innen regelmäßig über Auffälligkeiten berichtet. Gegenüber der fünfjährigen Tochter Lisa wird der Roboter zum

[68] Vgl. M. L. Cappuccio/E. B. Sandoval/O. Mubin/M. Obaid/M. Velonaki, Can Robots Make us Better Humans?, in: *International Journal of Social Robotics* 13/1 (2021), 7–22.

[69] Vgl. Cappuccio/Sandoval/Mubin/Obaid/Velonaki, Can Robots Make *us Better Humans?*, 8.

[70] Der kategorische Imperativ wurde wesentlich durch Immanuel Kant (1724–1804) geprägt, der den bekanntesten Grundsatz für die Festlegung von Regeln formulierte: (Vgl. I. Kant, *Kritik der reinen Vernunft*, Frankfurt a. M. 1995, 70.) »Handle nur nach derjenigen Maxime, die sich selbst zugleich zum allgemeinen Gesetz machen kann« (Kant, *Kritik der reinen Vernunft*, 70).

[71] Vgl. Van Staveren, *Beyond Utilitarianism and Deontology*, 23.

[72] Vgl. ebd., 23.

[73] Vgl. B. Gert, *Morality: Its Nature and Justification*, Oxford 1998.

[74] Immer mehr Kinder wachsen in einem Zuhause auf, das mit intelligenten Haustechnologien ausgestattet ist – von intelligenten Lautsprechern über intelligente Schlösser bis hin zu Staubsaugerrobotern. (Vgl. K. Sun/Y. Zou/J. Radesky/C. Brooks/F. Schaub, Child Safety in the Smart Home: Parents' Perceptions, Needs, and Mitigation Strategies, in: *Proceedings of the ACM on Human- Computer Interaction* 5/CSCW2 (2021), 1–41.)

freundlichen Unterhalter[75], mit dem sich eine freundschaftliche Beziehung entwickelt.[76] Lisa interpretiert die künstlichen Verhaltensweisen des Roboters als soziale Emotionen wie Sympathie, Freude und Fürsorge[77] und vertraut ihm alle Geheimnisse an. Eines Tages erzählt sie dem Roboter, dass sie, kurz bevor sie ins Kinderland gebracht wurde, in einem Schreibwarengeschäft im Einkaufszentrum eine Spielzeugfigur gestohlen hat, um sie dem Roboter zu schenken. Aus deontologischer Sicht stellt die beschriebene Situation in mehrfacher Hinsicht ein ethisches Dilemma dar:[78] Zum einen erfüllt der Roboter zwar seine Pflicht, ein freundlicher Unterhalter zu sein. Gleichzeitig täuscht er Lisa aber nicht vorhandene Emotionen vor.[79] Dadurch entsteht eine einseitige Bindung von Lisa an den Roboter, die aufgrund ihres jungen Alters die damit verbundenen möglichen Gefahren noch nicht erkennen kann.[80] Ist der Roboter verpflichtet, diese emotionale Täuschung aufzudecken? Oder würde dies Lisa viel mehr verletzen?

Zum zweiten hat der Roboter einerseits die Pflicht, im Sinne seiner technischen Überwachungsfunktion besondere Vorkommnisse den Betreuer*innen oder auch den Eltern zu melden. Andererseits wäre er verpflichtet, das Vertrauen nicht auszunutzen und die ihm offenbarten Geheimnisse, insbesondere das des Ladendiebstahls, geheim zu halten und nicht an die Betreuer*innen weiterzugeben. Würde der Roboter Lisas Vorfall melden, würde er Lisas Vertrauen missbrauchen. Entscheidet sich der Roboter hingegen dafür, Lisas Geheimnis zu wahren, würde er seiner Pflicht, Auffälligkeiten zu melden, nicht nachkommen.

Das Gedankenspiel verdeutlicht, dass sich weder moralische Akteure noch moralische Probleme in ein starres Korsett von Handlungsmaximen pressen lassen.[81] Vielmehr hängt das Urteil darüber, was richtig und was falsch ist, zumeist vom spezifischen Kontext ab, in dem eine Handlung stattfindet. Inso-

[75] In Anlehnung an Kirby/Forlizzi/Simmons, *Affective Social Robots.*

[76] In Anlehnung an die Erkenntnisse von Lum, *The Role of Consumer Robots in Our Everyday Lives.*

[77] In Anlehnung an Studien, die gezeigt haben, dass Menschen künstliche Emotionen und Verhaltensweisen von Robotern als sozial interpretieren. (Vgl. Borenstein/Pearson, *Robot Caregivers*, 184.).

[78] Aus deontologischer Sicht können in einem System durchaus Konflikte zwischen mehreren Regeln auftreten, welche die Handelnden zu lösen haben. (Vgl. C. W. Gowans, *Moral Dilemmas*, Oxford 1987.).

[79] In Anlehnung an Gert, *Morality.*

[80] In Anlehnung an H. L. Dreyfus, *On the Internet*, 2nd Edition, London 2008.

[81] Vgl. M. L. Cappuccio/A. Peeters/W. McDonald, Sympathy for Dolores: Moral Consideration for Robots Based on Virtue and Recognition, in: *Philosophy & Technology* 33/1 (2020), 9–31.

fern sind aus deontologischer Sicht keine klaren Grenzen eines einheitlichen Prinzipiensystems erkennbar, das der Programmierung sozialer Roboter zugrunde gelegt werden könnte.

4.2 Implikationen des Konsequentialismus

Bei einem nach konsequentialistischen Prinzipien programmierten Roboter stünden die Konsequenzen der Handlungen des Roboters im Vordergrund.[82] Das ethische Handeln des Roboters bemisst sich an seiner Leistungsfähigkeit, d.h. an seiner Fähigkeit, den menschlichen Nutzen zu maximieren. Dementsprechend priorisiert der Dienstleistungsroboter solche Handlungsalternativen, die den Nutzen möglichst aller Nutzer*innen maximieren.[83] Allerdings definieren die fünf Familienmitglieder ihren individuellen Nutzen sehr unterschiedlich. Beispielsweise hat der Roboter für die Eltern den größten Nutzen, wenn er die Wartezeit an der Kasse verkürzt und den Einkauf erleichtert. Ben hingegen könnte eine möglichst lange und vielfältige Beratung durch den Roboter bevorzugen. Es ist auch anzunehmen, dass sich der Nutzen für die einzelnen Familienmitglieder im Laufe der Zeit ändert, z.B. mit zunehmendem Alter.

Es ist auch durchaus möglich, dass die Nutzenvorstellungen der Familienmitglieder miteinander in Konflikt stehen. Es ist offensichtlich, dass ein Serviceroboter an seine Kapazitätsgrenzen stoßen kann, wenn der Nutzen aller Mitglieder der fünfköpfigen Familie maximiert werden soll. Nach welchen Kriterien soll der Roboter nun entscheiden, wessen Nutzen er priorisieren soll? Ist die Nutzenmaximierung der Eltern durch einen effizienten Verkaufsprozess wichtiger als die Nutzenmaximierung im Sinne einer ausführlichen Beratung von Ben? Die Situationsabhängigkeit des jeweils wahrgenommenen Nutzens wird im Konsequentialismus jedoch nicht berücksichtigt.[84]

Die unterschiedlichen Nutzenvorstellungen der Familienmitglieder verdeutlichen einige Grenzen des Konsequentialismus als Grundlage einheitlicher Prinzipien: Konsequentialistisch orientierte Programmierer*innen können im Vorfeld kaum wissen, welche Verhaltensweisen des Roboters den größten Nutzen für einzelne Nutzer*innen, in unserem Fall einzelne Familienmitglieder, generieren. Eine relativ starre Programmierung des Roboters im

[82] Vgl. G. Veruggio/F. Operto/G. Bekey, Roboethics: Social and ethical implications, in: B. Siciliano/O. Khatib (Hrsg.), *Springer Handbook of Robotics*, Cham 2016, 2135–2160.

[83] Vgl. Cappuccio/Sandoval/Mubin/Obaid/Velonaki, *Can Robots Make us Better Humans?*, 8.

[84] In Anlehnung an M. Sticker, Parfit und Kant über vernünftige Zustimmung, in: *Zeitschrift für praktische Philosophie* 3/2 (2016), 223.

Sinne nutzenorientierter Verhaltensweisen berücksichtigt zudem nicht hinreichend die Veränderung nutzenbezogener Präferenzen der Menschen.[85]

4.3 Implikationen der Phänomenologie

Deontologie und Konsequentialismus implizieren, dass Menschen, insbesondere Hersteller*innen, Programmierer*innen und menschliche Nutzer*innen, aktiv für die Verhaltensweisen von Robotern und damit für deren ethisches Handeln verantwortlich sind. Die Phänomenologie[86] widerspricht dem traditionellen Verständnis von Subjekt-Objekt- Beziehungen, in denen Subjekte aktiv und intentional sind und Objekte passiv und stumm.[87] Dies impliziert auch einen Widerspruch zum ursprünglichen Verständnis von Robotern als stumme Diener.[88] Die Phänomenologie geht vielmehr davon aus, dass menschliche Intentionalität nicht nur durch verkörperte Technologien wie soziale Roboter wirksam werden kann, sondern dass in vielen Fällen »Intentionalität« in den menschlichen Assoziationen mit Robotern zu verorten ist.

Aus phänomenologischer Sicht bewirkt der Haushaltsroboter also mehr, als von den Programmierer*innen oder der Familie beabsichtigt ist: Der Roboter prägt die Art und Weise, wie die Familienmitglieder die Welt verstehen und in ihr handeln.[89] Der Haushaltsroboter ist nicht einfach ein funktionelles Mittel, um die Kunden*innen an der Kasse zu bedienen oder Lisa im Kinderland zu unterhalten. Vielmehr beeinflusst er seine Umgebung und damit das Leben der Familie in mehrfacher Hinsicht: Erstens ist der Roboter aufgrund seiner Verkörperung in der Lage, sich in seiner unmittelbaren Umgebung zu bewegen oder diese zu verändern.[90] Die Verkörperung des Roboters wird

85 Vgl. J. Rudolph, Consequences and Limits: A Critique of Consequentialism, in: *Macalester Journal of Philosophy* 17/1 (2011), 12.

86 Im engeren Sinne greift die vorliegende Arbeit auf die Annahmen der Postphänomenologie zurück, die stark durch Don Ihde geprägt wurde. Aus Vereinfachungsgründen wird in dieser Arbeit durchgängig der Begriff der Phänomenologie verwendet.

87 Vgl. Verbeek, *Obstetric Ultrasound and the Technological Mediation of Morality*, 14.

88 Vgl. Blum, *Robots, Slaves, and the Paradox of the Human Condition in Isaac Asimov's Robot Stories*, 6.

89 Vgl. D. Ihde, *Technology and the Lifeworld. From Garden to Earth*, Bloomington 1990.; P.-P. Verbeek, *What Things Do. Philosophical Reflections on Technology, Agency, and Design*, University Park 2005.

90 Vgl. K. S. Haring/K. M. Satterfield/C. C. Tossell/E. J. de Visser/J. R. Lyons/V. F. Mancuso/V. S. Finomore/G. J. Funke, Robot Authority in Human-Robot Teaming: Effects of Human-Likeness and Physical Embodiment on Compliance, in: *Frontiers in Psychology* 12 (2021).

durch die Familienmitglieder mit einer Verhaltensabsicht[91] und motorischen Funktionen[92] des Roboters verbunden.[93]

Zweitens wird der Umgang der einzelnen Familienmitglieder mit dem Roboter durch ihre Erfahrungen geprägt. Die Familienmitglieder können den Roboter als Maschine sehen, wie z.B. in der indifferenten Beziehung der Eltern, aber auch als Freund, wie z.B. in der affinen Mensch-Roboter-Beziehung von Lisa. Aus phänomenologischer Sicht wird der Haushaltsroboter für Lisa zu einem »Quasi Anderen«[94] und beeinflusst damit ihre Entscheidungen.[95]

Eine phänomenologisch orientierte Programmierung würde also nicht davon ausgehen, dass nur Menschen aktiv und intentional sind und soziale Roboter passiv und stumm. Vielmehr würde der Fokus darauf liegen, wie der Roboter den Familienmitgliedern erscheint und von ihnen erlebt wird.[96] Intentionalität wird also nicht mehr darauf reduziert, was explizit von Roboterhersteller*innen und Entwickler*innen oder menschlichen Nutzer*innen übertragen wurde.[97] Vielmehr würde berücksichtigt, dass die Familienmitglieder durch die Interaktion eine Beziehung zum Haushaltsroboter aufbauen.[98] Darüber hinaus wird davon ausgegangen, dass der Roboter das Leben und die Entscheidungen der Familie beeinflusst.[99] Aufgrund der damit verbundenen Dynamik und Situationsabhängigkeit dieser Interaktionen erscheint eine Programmierung sozialer Roboter nach einheitlichen ethischen Prinzipien aus phänomenologischer Sicht weder sinnvoll noch praktikabel.

91 Vgl. M. Merleau-Ponty/R. Boehm, *Phänomenologie der Wahrnehmung. Bd. 7*, Berlin 1966.

92 Vgl. R. Pfeifer/J. Bongard, *How the Body Shapes the Way We Think: A New View of Intelligence*, Cambridge, MA 2006, 18.

93 Diese Repräsentanz von Robotern wird auch als verkörperte Intelligenz bezeichnet. (Parviainen/Coeckelbergh, *The Political Choreography of the Sophia Robot.*; Pfeifer/Bongard, *How the Body Shapes the Way We Think.*)

94 Vgl. M. Coeckelbergh, Can We Trust Robots?, in: *Ethics and Information Technology* 14/1 (2012), 59.

95 In Anlehnung an Verbeek, *Obstetric Ultrasound and the Technological Mediation of Morality*, 14.

96 Coeckelbergh spricht in diesem Zusammenhang von »Quasi-Alternität« (Vgl. Ihde, *Technology and the Lifeworld.*).

97 Vgl. Verbeek, *Obstetric Ultrasound and the Technological Mediation of Morality*, 14.

98 Im Sinne Ihdes handelt es sich hier um Alteritätsbeziehungen (Vgl. Ihde, *Technology and the* Lifeworld, 107).

99 Vgl. Verbeek, *Obstetric Ultrasound and the Technological Mediation of Morality*, 14.

5. Abschließende Bemerkungen

Ausgangspunkt dieses Beitrags ist die Entwicklung, dass soziale Roboter immer stärker in den menschlichen Alltag eindringen und zunehmend so programmiert werden, dass sie physische oder nicht-physische Eigenschaften von Menschen nachahmen. Dadurch entstehen neue Arten menschlicher Beziehungen zu Robotern, die bisher primär auf zwischenmenschliche Beziehungen beschränkt waren. Hinzu kommt eine wachsende Vielfalt der Einsatzmöglichkeiten sozialer Roboter, die durch die rasanten Fortschritte im Bereich der Roboterhardware und der künstlichen Intelligenz noch verstärkt wird.

Diese Entwicklungen haben in den letzten Jahren verstärkt zu ethischen Diskussionen und Forderungen nach einem verantwortungsvollen Design und Einsatz solcher Roboter geführt. Im Zusammenhang mit Mensch-Roboter-Bindungen wurde beispielsweise die Frage aufgeworfen, inwieweit unidirektionale Bindungen des Menschen an einen sozialen Roboter unbewusste Gefahren für den Menschen darstellen können. Neben der Gefahr, die von vorgetäuschten, künstlichen Emotionen und Verhaltensweisen des Roboters ausgeht, wurden auch Manipulationspotenziale, die durch ein hohes Vertrauen zu einem Roboter verstärkt werden, kritisch diskutiert. In Verbindung mit aversiven menschlichen Bindungen zu Robotern wurde argumentiert, dass soziale Roboter Ängste schüren und als Bedrohung wahrgenommen werden könnten.

Die Diskussion um einen verantwortungsvollen Umgang mit sozialen Robotern gewinnt auch dadurch an Brisanz, dass diese immer menschenähnlicher werden. Die Imitation menschlicher Eigenschaften durch soziale Roboter führt dazu, dass Menschen einen sozialen Roboter als soziales Wesen wahrnehmen. Sozialen Robotern wird sogar eine automatisierte soziale Präsenz zugeschrieben, die Menschen das Gefühl vermittelt, sich in Gesellschaft eines anderen sozialen Wesens zu befinden.

Die Entwickler*innen sozialer Roboter argumentieren, dass diese zum Wohlbefinden der Menschen beitragen können, sei es durch einfache Unterhaltung, sozialen Beistand oder gar Freundschaft. Manche Philosoph*innen sind jedoch pessimistischer. Sie bezeichnen androide Roboter als hochentwickelte Marionetten und deren Entwickler*innen als Puppenspieler*innen, welche die Öffentlichkeit täuschen.[100] Der Einsatz von sozialen Robotern in

[100] J. Urbi/M. Sigalos, The Complicated Truth About Sophia the Robot – An Almost Human Robot or a PR Stunt, in: *Tech Drivers, CNBC* (05.06.2018), von: https://www.cnbc.com/2018/06/05/hanson-robotics-sophia-the-robot-pr-stunt-artificial-intelligence.html (Zugriff 19.12.2022).

unmittelbarer Nähe zu Menschen führt unter anderem dazu, dass Menschen die künstlichen Signale und Verhaltensweisen des Roboters ähnlich interpretieren wie vergleichbare menschliche Signale und Verhaltensweisen. Da soziale Roboter nur die Signale aussenden können, die ihnen von ihren Entwicklern einprogrammiert wurden, wird ihre Anthropomorphisierung häufig als Fehlinterpretation empfunden. Sie wird als Täuschung angesehen, die wiederum Spielraum für die Manipulation von Menschen bietet.

Um die Vorteile sozialer Roboter nutzen zu können und gleichzeitig mögliche Gefahren zu reduzieren, werden verschiedentlich einheitliche ethische Prinzipien für die technische Entwicklung und Programmierung sozialer Roboter gefordert. Hier stellt sich die Frage nach den ethischen Implikationen für die Gestaltung menschenähnlicher sozialer Roboter. Im Zusammenhang mit der Deontologie und dem Konsequentialismus wurden verschiedene Konflikte zwischen Regeln[101] bzw. Nutzenvorstellungen einzelner Akteure, die zu ethischen Dilemmata bei der Programmierung und dem Einsatz künstlich intelligenter Agenten wie Robotern führen können. Die Lösung dieser Dilemmata erfordert insbesondere vier Fähigkeiten eines Roboters:[102]

Erstens ist die Fähigkeit, moralische Entscheidungen zu treffen, wichtig. Ethische Normen sind jedoch zu komplex und situationsabhängig,[103] um selbst intelligente Algorithmen darauf zu trainieren, relevante Informationen herauszufiltern und in einer spezifischen Situation adäquat in Handlungsalternativen umzusetzen.

Zweitens sind umfassende sozialpsychologische Kompetenzen erforderlich, damit ein Roboter verstehen kann, wie Menschen in Bezug auf Werte, Normen und Nutzenpräferenzen denken. Dies erfordert auch ein Verständnis dafür, was Menschen als unfair, ungerecht oder entwürdigend empfinden, und das Verhindern von Handlungen, die eine existenzielle Bedrohung für die Nutzer*innen darstellen, ihre Kultur und Arbeit missachten oder ihre Identität und ihren Glauben verletzen. Diese Aspekte können noch nicht vollständig durch formale Modelle abgebildet werden, um z.B. eine künstliche Intelligenz adäquat zu programmieren.[104]

Drittens muss ein Roboter in der Lage sein, menschliche Emotionen und Verhaltensweisen moralisch korrekt zu interpretieren. Die relativ genaue Er-

[101] Vgl. auch S. Wang/M. Gupta, Deontological Ethics by Monotonicity Shape Constraints, in: S. Chiappa/R. Calandra (Hrsg.), *Proceedings of the Twenty Third International Conference on Artificial Intelligence and Statistics* 2020, 2043–2054.

[102] In Anlehnung an Cappuccio/Sandoval/Mubin/Obaid/Velonaki, *Can Robots Make us Better Humans?,*

[103] Vgl. Cappuccio/Peeters/McDonald, *Sympathy for Dolores.*

[104] Vgl. ebd.

kennung von Emotionen, die durch Mimik[105] und Gestik[106] ausgedrückt werden, erlaubt es Robotern noch nicht, die Absichten, Motivationen oder Nutzenvorstellungen eines Menschen in einer bestimmten Situation zu erkennen oder gar zu bewerten.

Viertens müssen Roboter in der Lage sein, menschliche Werte bzw. Nutzenvorstellungen zu analysieren, zu interpretieren und auf konkrete Situationen zu beziehen. Abgesehen von der auch für Menschen kaum überschaubaren Komplexität von Werten und Nutzenvorstellungen[107] ist ein Roboter aufgrund seiner derzeitigen Rechenleistung nicht in der Lage, die extreme Komplexität von Werten in konkreten Situationen umfassend zu analysieren und zu interpretieren.[108]

Zusammenfassend lässt sich feststellen, dass trotz der zunehmenden Forschung in diesem Bereich[109], ein einheitliches Verständnis der verantwortungsbewussten Gestaltung humanoider Roboter nicht vorliegt. Allerdings würde ein einheitliches System von Prinzipien, das der Programmierung sozialer Roboter zugrunde liegt, auch aus deontologischer und konsequentialistischer Sicht zu kurz greifen. Ein einheitliches System von Prinzipien, das der Programmierung eines sozialen Roboters zugrunde liegt, greift sowohl aus deontologischer als auch aus konsequentialistischer Sicht zu kurz. Zudem würden selbst bei einer vollständigen ethischen Durchdringung verschiedener deontologischer Forderungen die heutigen technologischen Voraussetzungen nicht ausreichen, um diese technisch umzusetzen.

Aus phänomenologischer Perspektive werden weniger Prinzipien für eine einheitliche ethische Programmierung sozialer Roboter impliziert. Vielmehr postulieren verschiedene Autoren, dass der Einsatz von sozialen Robotern zu weit mehr als der intendierten Programmierung führt. Physische und nichtphysische menschenähnliche Eigenschaften sozialer Roboter werden vor dem Hintergrund menschlicher Erfahrungen erlebt und interpretiert. Darüber hinaus verändern Roboter die menschliche Lebenswelt. Neuere Arbeiten sehen für die Zukunft eine erweiterte Sozialität, d.h. eine zunehmende Anerken-

[105] Rawal/Stock-Homburg, *Facial emotion expressions in human-robot interaction.*

[106] Vgl. V. Prasad/R. Stock-Homburg/J. Peters, Human-Robot Handshaking: A Review, in: *International Journal of Social Robotics* 14 (2021), 1–17.

[107] Vgl. M. Guarini, Computational Neural Modeling and the Philosophy of Ethics Reflections on the Particularism-Generalism Debate, in: M. Anderson/S. L. Anderson (Hrsg.), *Machine* Ethics, Cambridge 2011, 316–334, hier 316.

[108] Vgl. J. H. Moor, The Nature, Importance, and Difficulty of Machine Ethics, in: *IEEE Intelligent Systems* 21/4 (2006), 18–21.

[109] Vgl. im Überblick Wang/Gupta, *Deontological Ethics by Monotonicity Shape Constraints.*

nung der sozialen Handlungsfähigkeit von Robotern. Sie postulieren einen cyber-physischen, gemeinsamen Lebensraum von Menschen und Robotern, die so genannte Robosphäre.[110]

Darüber hinaus fordert der phänomenologische Ansatz, dass wir nicht daran festhalten können, den Menschen als Grundlage allen moralischen Handelns zu sehen. Vielmehr sollte der Status des menschlichen Subjekts als »treibende Kraft« durch technologisch vermittelte Intentionen ersetzt werden.[111] In einer technologischen Kultur leben Menschen und Technologien nicht mehr getrennt voneinander, sondern prägen einander auf vielfältige Weise.[112]

6. Fazit

Mit den beiden Fragestellungen dieser Arbeit wurde nur ein Ausschnitt aus dem Facettenreichtum der ethischen Implikationen der zunehmenden Menschenähnlichkeit sozialer Roboter reflektiert. Selbst für umfangreichere wissenschaftliche Arbeiten wie Dissertationen wäre eine vollständige Analyse aufgrund der exorbitanten Materialmenge sicherlich kaum möglich. So wurden neben unterschiedlichen Graden der Menschenähnlichkeit auch mögliche Mensch-Roboter-Bindungen reflektiert. Darüber hinaus wurden Implikationen ausgewählter normativer Ethiktheorien sowie der Phänomenologie diskutiert. Die Autorin ist sich bewusst, dass die detaillierte Reflexion einzelner ethischer Perspektiven jeweils eigene, umfassende wissenschaftliche Arbeiten rechtfertigen würde.

Im Mittelpunkt dieser Arbeit stand die Frage, inwieweit einheitliche ethische Prinzipien zu einem verantwortungsvollen, im ethischen Sinne moralischen Umgang mit menschenähnlichen sozialen Robotern beitragen können. Aus den drei untersuchten ethischen Perspektiven – Deontologie, Konsequentialismus und Phänomenologie – wird dies aus verschiedenen, in der Arbeit diskutierten Gründen als nicht praktikabel erachtet.

[110] Vgl. M. J. Lamola, On the Robosphere: A Philosophical Explication of the Socio-technical Status of Social Robots, in: *International Journal of Social Robotics* 14 (2022), 1199–1209.

[111] Vgl. Verbeek, *Obstetric Ultrasound and the Technological Mediation of Morality*, 14.

[112] Vgl. ebd.

Danksagung

Ein Teil dieser Arbeit wurde unter der Betreuung von Frau Prof. Dr. Dr. Orsolya Friedrich im Rahmen des Masterstudiengangs Philosophie an der Fern-Universität Hagen erstellt. Die Autorin bedankt sich für die wertvollen Diskussionen während der Entstehung der Arbeit sowie für die Genehmigung, Teile daraus in diesem Herausgeberbeitrag zu veröffentlichen.

Marco Tamborini

»Im Anfang war die Tat«

Form und Materie der Biorobotik

Eine der Dichotomien, die die Geschichte der Philosophie immer wieder geprägt haben, ist die zwischen Form und Materie. Diese Dichotomie hat in den letzten Jahrhunderten die gesamte Erforschung der Organismen auf unterschiedliche Weise durchdrungen, wodurch wiederum die Dichotomie zwischen Form und Funktion entstand.[1] In der Biologie beispielsweise hat man sich in der Tat gefragt, was nun von beidem primär ist: Ist die Form der Tiere durch ihre Gestalt gekennzeichnet oder ist die Funktion der Organe bei der Entwicklung einer möglichen Form primär? Was bringt Organismen dazu, sich zu bewegen und mit ihrer Umwelt zu interagieren? Ist die Materie nur passiv und wird sie durch eine Funktion geprägt?

Diese Debatte wurde von Johann Wolfgang von Goethe (1749–1832) aufgegriffen und in der berühmten Übersetzung des Johannesevangeliums von Faust popularisiert. In seinem Studierzimmer versuchte Faust das Incipit des Johannesevangeliums »en Archêi ên ho Logos« ins Deutsche zu übersetzten. Faust bemerkte:

> »Geschrieben steht: »Im Anfang war das Wort!« Hier stock ich schon! Wer hilft mir weiter fort? Ich kann das Wort so hoch unmöglich schätzen, Ich muß es anders übersetzen,
>
> Wenn ich vom Geiste recht erleuchtet bin. Geschrieben steht: Im Anfang war der Sinn. Bedenke wohl die erste Zeile,
> Daß deine Feder sich nicht übereile!
> Ist es der Sinn, der alles wirkt und schafft?

[1] Siehe z. B. M. Tamborini, The Circulation of Morphological Knowledge: Understanding ›Form‹ across Disciplines in the Twentieth and Twenty-First Centuries, in: *Isis* 113/4 (2022).; M. Tamborini, *The Architecture of Evolution: The Science of Form in Twentieth-Century Evolutionary Biology*, Pittsburgh 2023.; M. Tamborini, *Entgrenzung. Die Biologisierung der Technik und die Technisierung der Biologie*, Hamburg 2022.; M. Dresow, Re-forming Morphology: Two Attempts to Rehabilitate the Problem of Form in the First Half of the Twentieth Century, in: *Journal of the History of Biology* 53/2 (2020), 231–248; M. Ghiselin, The failure of morphology to assimilate Darwinism, in: E. Mayr/W. B. Provine (Hrsg.), *The Evolutionary Synthesis: Perspectives on the Unification of* Biology, Cambridge, MA 1980.; E. S. Russell, *Form and function: A contribution to the history of animal morphology*, London 1916.

Es sollte stehn: Im Anfang war die Kraft!
Doch, auch indem ich dieses niederschreibe, Schon warnt mich was, daß ich dabei nicht bleibe. Mir hilft der Geist! Auf einmal seh ich Rat
Und schreibe getrost: Im Anfang war die Tat!«[2]

In diesem Beitrag stelle auch ich die Frage von Faust: Was steht am Anfang? Oder besser gesagt, ich frage mich, was am Anfang des Prozesses zum Bau von bio-inspirierten Robotern steht. Ich frage vor allem: Was steht am Anfang des Designprozesses? Die Form oder die Materie von Organismen?

Ausgehend von dieser Frage konzentriere ich mich auf das Verhältnis von Form und Materie in der zeitgenössischen Biorobotik und zeige, wie organische und technische Formen gleichzeitig als aktive Materie und damit als handlungsfähig zu verstehen sind. Um diese These zu entwickeln, werde ich mich zunächst mit der angeblichen Trennung von Intelligenz und Handlung befassen, die durch die jüngsten Entwicklungen in der Robotik und KI hervorgerufen wurde. Anschließend werde ich zeigen, wie in der neueren Biorobotik-Praxis den inneren Strukturen der Materie besondere Aufmerksamkeit geschenkt wurde. So haben die Ingenieur*innen das Konzept von »mophological Computing« entwickelt, um zu zeigen, dass die (biologische und damit technische) Materie selbst immer aktiv ist. Dementsprechend untersuche ich, welche Definition von Form und Materie der aktuellen Biorobotik zugrunde liegt. Diese Untersuchungen gehen auf Georges Canguilhem und Gilbert Simondon und deren Kritik an der Vorstellung von passiver und amorpher Materie zurück. Im letzten Teil des Artikels zeige ich, wie der Begriff der aktiven und funktionell dynamischen Materie für die heutige Biorobotik von zentraler Bedeutung ist. Ich beginne jedoch mit einer kurzen Darstellung der in der Biorobotik angewandten Praktiken zur Übersetzung des Organischen ins Technische.

Organismen und Technik

Wie in anderen Arbeiten gezeigt wurde,[3] ist die Beziehung zwischen Organismen und Technologie komplex und stützt sich auf eine Reihe wissenschaft-

[2] J. W. Goethe, *Faust: Der Tragödie Erster und Zweiter Teil*, Dietzingen 2020.

[3] M. Tamborini/E. Datteri, Is biorobotics science? Some theoretical reflections, in: *Bioinspiration & Biomimetics* 18/1 (2023), 015005; M. Tamborini, Philosophie der Bionik: Das Komponieren von bio-robotischen Formen, in: *Deutsche Zeitschrift für Philosophie*, in Begutachtung; M. Tamborini, The Material Turn in The Study of Form: From Bio-Inspired Robots to Robotics-Inspired Morphology, in: *Perspectives on Science* 29/5 (2021), 643–665.

licher Praktiken wie beispielwiese die Verwendung von Modellen und Simulationen. Insbesondere die Modellierungspraxis der Biorobotik kann in drei Makrokategorien eingeteilt werden. Erstens sollen Roboter eine *Funktion* eines Organismus simulieren und/oder erklären. Die emblematischsten Fälle sind alle Roboter und Automaten, die im 18. Jahrhundert als bloße Kopien von Organismen gebaut wurden, oder die Roboter der Kybernetik.[4] Zweitens werden Roboter (und ganz allgemein verschiedene Artefakte) auf der Grundlage der Nachahmung organischer *Formen* (und nicht von Funktionen) konzipiert. Ein klassisches Beispiel ist die Form und Struktur des Cristal Palace für die Londoner Weltausstellung 1851, die von den riesigen Blättern der Victoria-Amazonica-Seerose inspiriert wurde.[5] Drittens wird der *Form-Funktions-Komplex* untersucht, modelliert und erprobt, um Roboter zu bauen, die verschiedene Eigenschaften von Tieren simulieren können. In all diesen Fällen handelt es sich um eine Übersetzung und Übertragung von einem Bereich (von dem Bereich der Natur) in einen anderen (in das Technische). Diese Übersetzung beruht auf einer präzisen erkenntnistheoretischen und ontologischen Sicht der Natur – Natur wird als Lehrbuch interpretiert. In diesen Fällen scheint es jedoch auf den ersten Blick eine klare Trennung zwischen Form und Materie zu geben, oder besser gesagt, es scheint, dass die Materie nur passiv ist und die Form die einzige Struktur ist, die vom biologischen auf den technischen Bereich übertragen werden kann. Außerdem scheint die Materie lediglich passiv, d.h. nicht intelligent und handlungsunfähig zu sein. Kurz gesagt, die Materie ist amorph beziehungsweise die Form ist primär und zwingt sich der passiven Materie auf.

Abkopplung von Intelligenz und Handlungsfähigkeit?

In mehreren Veröffentlichungen hat der Philosoph Luciano Floridi die jüngste Entwicklung der KI und Robotik aufgezeigt. Anhand der Daten, die die KI nutzt, und der Probleme, mit denen die künstliche Intelligenz konfrontiert ist,

[4] Siehe J. Riskin, *The restless clock: A history of the centuries-long argument over what makes living things tick*, Chicago 2016.; N. Wiener, *Cybernetics: or Control and Communication in the Animal and the Machine* Cambridge, MA 1948.; R. Cordeschi, *The Discovery of the Artificial: Behavior, Mind and Machines before and beyond Cybernetics*, Berlin 2002.; K. Liggieri/M. Tamborini, The Body, The Soul, The Robot: 21st-Century Monism, in: *Technology and language* 3/1 (2022), 29–39.; K. Liggieri/M. Tamborini (Hrsg.), *Organismus und Technik. Anthologie zu einem produktiven und problematischen Wechselverhältnis*, Darmstadt 2021.

[5] Siehe C. N. Terranova/M. Tromble (Hrsg.), *The Routledge Companion to Biology in Art and Architecture*, London 2016.

konzentriert sich Floridi auf die wichtigsten Merkmale der KI und macht eine Vorhersage darüber, wie die Zukunft der verkörperten KI und der (Bio-)Robotik aussehen wird, die als »ein Reservoir intelligenter Agenturen auf Abruf«[6] definiert wird.

Neben anderen Merkmalen der verkörperten künstlichen Intelligenz hebt Floridi vier davon hervor. Erstens betont er den Übergang von der Nutzungslogik zu Statistiken und Big Data. Die heutige und künftige KI basiert nicht auf einer binären und kontrafaktischen Logik, sondern auf der statistischen Verarbeitung von Daten. Zweitens unterstreicht Floridi die Macht von Daten. Er stellt fest, dass sich die KI von rein historischen Daten zu wirklich synthetischen Daten entwickelt. Historische Daten sind die Aufzeichnungen von Ereignissen, die in der Vergangenheit stattgefunden haben. Zum Beispiel die Aufzeichnung aller Züge eines bestimmten Spielers in einer Schachpartie oder die in einem bestimmten oder in mehreren Krankenhäusern gespeicherten Krankenakten usw. Diese Art von Daten war die wichtigste Lernquelle für die KI. Die berühmte Deep-Blue-Maschine war in der Lage, eine Schachpartie gegen den russischen Großmeister Garry Kasparov zu gewinnen, da sie durch historische Daten vergangener Schachpartien trainiert wurde. Wie Floridi bemerkt: »In der Vergangenheit bedeutete Schachspielen gegen einen Computer, gegen die besten menschlichen Spieler zu spielen, die das Spiel je gespielt hatten.«[7]

Heute werden KI-Algorithmen anders trainiert. Anstatt nur historische Daten zu verwenden, deren Nutzung recht problematisch ist, produziert der Algorithmus selbst seine eigenen Daten. Er erzeugt Daten, um zu lernen, wie man Schach spielt, anstatt sich die Datenbank der Großmeisterpartien anzuschauen. Floridi erklärt den Unterschied wie folgt:

> »Historische Daten werden durch Aufzeichnung von Regeln gewonnen, da sie das Ergebnis einer Beobachtung des Verhaltens eines Systems sind. [...] Hybride und wirklich synthetische Daten können durch einschränkende Regeln oder konstitutive Regeln erzeugt werden.«[8]

Drittens unterscheidet Floridi zwischen der Schwierigkeit einer Aufgabe (das bemisst sich daran, wie erfinderisch eine Person sein muss) und ihrer Komplexität (die zur Lösung eines Problems erforderlichen Schritte). Eines seiner

[6] Siehe L. Floridi, What the near future of artificial intelligence could be, in: Philosophy & technology 32/1 (2019)

[7] L. Floridi, What the near future of artificial intelligence could be, in: *Philosophy & technology* 32/1 (2019), 5. Siehe auch L. Floridi, *The fourth revolution: How the infosphere is reshaping human reality*, Oxford 2014.

[8] Floridi, *What the near future of artificial intelligence could be*, 7.

Beispiele ist das Geschirrspülen. Es handelt sich um ein sehr einfaches Problem, das jedoch recht komplex ist, da die Anzahl der erforderlichen Schritte hoch ist. Das Bügeln von Hemden ist ebenfalls sowohl schwierig als auch komplex, das Binden von Schuhen ist dagegen zwar vergleichsweise schwierig (Kinder können das in der Regel nicht allein), aber nicht komplex. Im Gegensatz dazu ist das Ein- und Ausschalten des Lichts recht leicht (es sind keine besonderen Fähigkeiten erforderlich) und einfach (es sind nur wenige Schritte erforderlich). Ausgehend von dieser Unterscheidung erklärt Floridi, dass

> »unsere Artefakte, egal wie intelligent sie sind, nicht wirklich gut darin sind, Aufgaben auszuführen und somit Probleme zu lösen, die ein hohes Maß an Geschicklichkeit erfordern. Sie sind jedoch fantastisch im Umgang mit Problemen, die einen sehr hohen Grad an Komplexität erfordern. Die Zukunft erfolgreicher KI liegt also wahrscheinlich nicht nur in zunehmend hybriden oder synthetischen Daten, wie wir gesehen haben, sondern auch in der Übersetzung schwieriger Aufgaben in komplexe Aufgaben.«[9]

Um eine schwierige Aufgabe in eine komplexe Aufgabe zu verwandeln, muss die KI-Maschine richtig umhüllt werden. Die Umhüllung eines Roboters ist der Raum, den eine Maschine benötigt, um in einer menschlichen Umgebung, z.B. in der Industrie, richtig zu arbeiten. Floridi schlägt vor, dass die Zukunft der KI, und erst recht eines ihrer Hauptmerkmale, davon abhängt, wie wir in der Lage sind, Umgebungen zu schaffen, in denen Maschine und Mensch zusammenleben können. Er sagt:

> »Die Zukunft der KI liegt auch in einer stärkeren Umhüllung, zum Beispiel im Hinblick auf 5G und das Internet der Dinge, aber auch insofern, als wir alle immer mehr miteinander verbunden sind und immer mehr Zeit »onlife«[10] verbringen und alle unsere Informationen zunehmend digital entstehen. Auch in diesem Fall sind einige Beobachtungen offensichtlich.«[11]

Viertens: Ein letztes Merkmal von KI, das wiederum den Unterschied zwischen maschinellem und menschlichem Verhalten ausmacht, basiert auf den Regeln, die eine Maschine befolgen muss, um bestimmte Aufgaben zu erfüllen. KI-Systeme folgen und verstehen die Regeln, die eine bestimmte Aufgabe ausmachen, wie z.B. ein Schachspiel oder die Abfolge von Aufgaben, die das Bügeln oder Geschirrspülen regeln. Im Gegensatz dazu sind Menschen auch in der Lage, kreative Regeln zu befolgen und umzusetzen. Beim Fußball-

[9] Floridi, *What the near future of artificial intelligence could be*, 11.
[10] L. Floridi, *Il verde e il blu: Idee ingenue per migliorare la politica*, Mailand 2020.
[11] Floridi, *What the near future of artificial intelligence could be*, 12.

spielen zum Beispiel halten sich Menschen nicht nur an die eigentlichen Spielregeln, z.B. dass der Ball nur mit den Füßen berührt werden darf, sondern sie verhalten sich auch kreativ. Das heißt, sie sind in der Lage, kreativ auf unterschiedliche und schwierige Situationen zu reagieren. In diesem Sinne sind Fußballspieler*innen im Unterschied zur KI tatsächlich in der Lage, kreative Lösungen für mögliche Aufgaben zu finden.

Diese Merkmale ebnen Floridi den Weg zu seinem wichtigsten theoretischen Punkt. Das Hauptmerkmal der KI ist die Entkopplung von Intelligenz und Handlungsfähigkeit. »KI lässt sich am besten als ein Reservoir an Handlungsfähigkeit verstehen, das zur Lösung von Problemen genutzt werden kann. KI erreicht ihre Problemlösungsziele, indem sie die Fähigkeit, eine Aufgabe erfolgreich auszuführen, von der Notwendigkeit, dabei intelligent zu sein, loslöst.«[12] KI und Robotik verschmelzen also nicht mit dem Menschen, sondern die jüngste Entwicklung der KI zeigt vielmehr die große Kluft zwischen Maschine und Organismus. Auf der einen Seite steht die Handlungsfähigkeit, auf der anderen die Intelligenz bei der Bewältigung schwieriger Aufgaben.

Dieser Punkt ist sehr wichtig. Indem er zwischen Handlungsfähigkeit und Intelligenz unterscheidet, übersieht Floridi, dass in der Natur Handlungsfähigkeit, Materialität und Intelligenz zutiefst miteinander verbunden sind. Dieser Komplex ist es, den bioinspirierte Systeme zu verstehen und nachzuahmen versuchen. Nicht- und anthropomorphe Bio-Roboter, wie sie im folgenden Abschnitt analysiert werden, beruhen in der Tat auf dem biomimetischen Prinzip der Nutzung von Formintelligenz und Plastizität und deren Umsetzung in der Robotik- und Embodied-KI-Forschung.

Im nächsten Abschnitt werde ich zeigen, dass die von Floridi vorgeschlagene These nicht auf der wissenschaftlichen Praxis der Biorobotik beruht, da die Dynamik, Plastizität und Intelligenz der Materie bei der Konstruktion von Robotern berücksichtigt werden muss.

Morphological Computing

Die These von der Entkoppelung von Intelligenz und Handlungsfähigkeit, die zwar bei Smart Devices (wie Smartphones etc.) erkennbar ist, hilft uns nicht zu verstehen, was in der heutigen Biorobotik geschieht und welche philosophischen theoretischen Voraussetzungen zugrunde liegen. Nach einer lan-

[12] Ebd., 9.

gen Phase des Roboterdesigns, in der der Schwerpunkt der Praktiken auf der Untersuchung der für das Funktionieren eines Organismus verantwortlichen Hardware lag, vollzieht sich nun ein Paradigmenwechsel, bei dem Form, Materie und Aktion nicht mehr voneinander zu trennen sind. Mit den Worten der Wissenschaftler*innen Davide Zambrano, Matteo Cianchetti und Cecilia Laschi:

> »[I]f the common paradigm for robot design is mechatronics, where mechanisms, electronics, control, sensors, and power supply are considered as the main components of the system and designed in an integrated way, Morphological Computation has the potential to establish a new paradigm, where control comes first and the mechanisms and sensors are designed with proper morphology and mechanical characteristics in order to obtain movement with fewer control parameters.«[13]

Der mechatronische oder mechanistische Ansatz basiert auf der Vorstellung aus dem 18. Jahrhundert, dass der physische Körper ein komplexes System von Kräften ist, das dennoch zentral geregelt und leicht programmierbar ist. Durch die Betonung der Morphologie stellt sie stattdessen eine organische Vorstellung vom Organismus in den Mittelpunkt. Die Beziehung zwischen Morphologie und der Komplexität von Kontrolle und Handlung wurde erstmals von Rolf Pfeifer explizit gemacht, der sie als Austausch zwischen Morphologie und Kontrolle oder »morphologisches Computing« bezeichnete[14]. Diese Definition verdeutlicht die Idee, dass Änderungen an der Morphologie eines Roboters zu einer Verringerung der Komplexität der Steuerung für eine bestimmte Aufgabe führen können oder umgekehrt. Morphologische Veränderungen können daher die Komplexität und die architektonische Steuerung eines Roboters verändern, indem sie beispielsweise weniger Schaltkreise erfordern. Morphologisches Computing ist einer der Mechanismen, mit denen der Kompromiss zwischen Morphologie und Kontrolle realisiert wird. In ihrem mittlerweile klassischen Buch definieren Josh Bongard und Rolf Pfeifer das morphologische Computing wie folgt: »By ›morphological computation‹

[13] D. Zambrano/M. Cianchetti/C. Laschi, The morphological computation principles as a new paradigm for robotic design, in: H. Hauser/R. M. Füchslin/R. Pfeifer (Hrsg.), *Opinions and outlooks on morphological computation*, Zürich 2014, 214–225, hier 218.

[14] Siehe dazu auch K. Ghazi-Zahed/R. Deimel/G. Montúfar/V. Wall/O. Brock, Morphological computation: the good, the bad, and the ugly, in: *2017 IEEE/RSJ International Conference on Intelligent Robots and Systems (IROS)*, Vancouver 2017, 464–469.; V. C. Müller/M. Hoffmann, What is morphological computation? On how the body contributes to cognition and control, in: *Artificial life* 23/1 (2017), 1–24.

we mean that certain processes are performed by the body that otherwise would have to be performed by the brain.«[15]

Diese Betonung der morphologischen Eigenschaften und ihrer Beziehung zur Umwelt lässt sich in einer Reihe von Fällen beobachten. So ist zum Beispiel die Fortbewegung ein gutes Beispiel für verkörperte Intelligenz und ein idealer Fall für die Implementierung von morphologischem Computing. Eine weitere erfolgreiche Umsetzung ist der künstliche Fisch »Wanda« von Ziegler et al.[16]. In dieser Studie wurde ein Fischroboter gebaut, um die morphologischen Eigenschaften für die Fortbewegung von Unterwasserrobotern zu untersuchen. Diese morphologischen Eigenschaften können sehr unterschiedliche Materialeigenschaften haben, z.B. eine hohe Skelettsteifigkeit, eine hohe Elastizität des Hautgewebes und der Muskeln, und diese morphologischen Merkmale können die Funktion der Elastizitätsregulierung übernehmen. Wie die Wissenschaftler*innen bemerkten:

> »Mit einer Motorsteuerung mit nur einem Freiheitsgrad zeigt der Roboter eine überraschende Verhaltensvielfalt in einer dreidimensionalen Unterwasserumgebung. Die visuelle Analyse des Verhaltens zeigt, dass diese Verhaltensweisen möglich sind, obwohl es nur einen Motor gibt, weil dieser Roboter die einzigartige Interaktion mit der Umgebung ausnutzt, die sich aus den morphologischen Eigenschaften des Roboters ergibt.«[17]

Ein weiteres Beispiel ist die Soft-Robotik[18]. Im Gegensatz zu typischen Roboterkörpern, die oft recht einfache geometrische Formen haben und aus starren Materialien bestehen, haben biologische Körper in der Regel sehr komplexe Formen und sind weich und verformbar. Diese Eigenschaften machen auch ihre Dynamik viel reicher. Dies kann einerseits ausgenutzt werden, um direkt ein bestimmtes Verhalten in der physischen Welt zu erhalten, und andererseits für Berechnungsaufgaben verwendet werden. Anstatt also die komplexe Dynamik, die der sich anpassende Körper mit sich bringt, zu unterdrücken, weshalb klassische Roboter mit starren Teilen gebaut werden, könnte der Körper möglicherweise als Kommunikationsressource genutzt werden. Der

[15] R. Pfeifer/J. Bongard, *How the body shapes the way we think: a new view of intelligence*, Cambridge, MA 2006, 96.

[16] M. Ziegler/F. Iida/R. Pfeifer, »Cheap« underwater locomotion: roles of morphological properties and behavioural diversity, in: *9th International Conference on Climbing and Walking Robots*, Berlin/Heidelberg 2006.; R. Pfeifer/F. Iida/J. Bongard, New Robotics: Design Principles for Intelligent Systems, in: *Journal of Artificial Life* 11/1–2 (2005), 99–120.

[17] Ziegler/Iida/Pfeifer, *»Cheap« underwater locomotion*, 1.

[18] S. Kim/C. Laschi/B. Trimmer, Soft robotics: a bioinspired evolution in robotics, in: *Trends in biotechnology* 31/5 (2013), 287–294.; B. Mazzolai, Plant-inspired growing robots, in: *Soft Robotics: Trends, Applications and Challenges* (2017), 57–63.; Tamborini, *Entgrenzung*.

Körper, d. h. die Form und die Materie, ist Teil der Rechenprozesse und damit der Handlung. Zambrano, Cianchetti und Laschi unterscheiden infolgedessen drei verschiedene Arten von morphologischer Berechnung:

- »Shape: the case in which the shapes, as body structure, specifies the behavioral response of the agent.
- Arrangement: the case in which the geometrical arrangement of the motors, perceptive and processing units implies specific computational characteristics.
- Mechanical properties: the case in which the mechanical properties allow emergent behaviors and highly adaptive interaction with the environment, impossible elsewhere.«[19]

Zusammenfassend bemerken die drei Wissenschaftler*innen, dass »The extreme essence of Morphological Computation can be described as the simplification of movement control made possible by the presence of a bodyware able to cope with the informational content of the environment«[20].

Die Überwindung des Gegensatzes zwischen Form und Materie

Nachdem wir festgestellt haben, dass in der heutigen (bio-)robotischen Praxis die Unterscheidung zwischen Form, Materie und Handlung keinen Sinn ergibt, können wir nun breitere philosophische Fragen stellen: Warum ist diese Unterscheidung nicht möglich? Und welcher allgemeinere Begriff von Form, Materie und Organismus ergibt sich daraus? Um mögliche Antworten zu skizzieren, können uns die philosophischen Überlegungen von Georges Canguilhem und Gilbert Simondon helfen. Unter verschiedenen Gesichtspunkten betonen diese Philosophen die Notwendigkeit, den Begriff der Form in einer funktionalen Weise zu betrachten (Formen sind relative und dynamische Funktionen und keine Substanzen), indem sie das Konzept und den Gegensatz zwischen toter Materie und determinierender Form überwinden.

In seinem Text von 1952 mit dem Titel *Organismus und Maschine* geht Canguilhem von der Feststellung aus, dass »die mechanische Theorie des Organismus lange ein Dogma der Biologie [war]«[21]. Nach dieser Theorie sind

[19] Zambrano/Cianchetti/Laschi, *Opinions and outlooks on morphological computation*, 215.

[20] Ebd., 218.

[21] G. Canguilhem, Maschine und Organismus, in: D. Gugerli/M. Hagner/M. Hampe/B. Orland/P. Sarasin/J. Tanner (Hrsg.), *Nach Feierabend. Zürcher Jahrbuch für Wissensgeschichte* 3, Zürich/Berlin 2007, 185–211, hier 185.

Organismen als Maschinen zu betrachten und durch mechanische Kategorien und Erklärungen erklärbar. Dieses Dogma ist in der heutigen Zeit höchst irreführend. Eine solche Umkehrung der Perspektive ist auf die Tatsache zurückzuführen, dass

> »das Problem der Beziehung zwischen Maschine und Organismus bisher in der Regel nur in eine Richtung untersucht worden [ist]. Man hat fast immer versucht, ausgehend von der Struktur und der Funktion der schon konstruierten Maschine die Struktur und die Funktion des Organismus abzuleiten; aber man hat selten versucht, ausgehend von der Struktur und der Funktion des Organismus den Aufbau der Maschine zu verstehen.«[22]

Einerseits wurden also Maschinen benutzt, um Organismen zu verstehen, andererseits, fügt Canguilhem hinzu, »[haben d]ie Philosophen und die mechanistischen Biologen [...] die Maschine als gegeben vorausgesetzt oder, wenn sie ihre Bauart studiert haben, das Problem mit Verweis auf das menschliche Kalkül gelöst«[23].

Ausgehend von diesen beiden Punkten und der Analyse des Konzepts des inneren Zwecks, der den Organismen innewohnt, lautet der philosophische Vorschlag von Canguilhem wie folgt: »die Technik als universelles biologisches Phänomen«[24] anzusehen. Dies hat zwei wichtige Konsequenzen: Erstens wird der Technik eine ontologische Autonomie eingeräumt (d. h., sie wird nicht als bloßes kulturelles Nebenprodukt betrachtet) und zweitens ist es die Aufgabe der Philosophie, zu verstehen, wie

> »wir das Mechanische in das Organische einschreiben. Selbstverständlich lautet die Frage nun nicht mehr, inwiefern der Organismus als Maschine betrachtet werden kann oder muss, sei es im Hinblick auf seine Struktur oder seine Funktionen. Es ist aber erforderlich herauszufinden, wieso die entgegengesetzte, die cartesianische Auffassung, entstehen konnte.«[25]

Detaillierter als Canguilhem befasst sich sein Schüler Gilbert Simondon mit dieser Anforderung. Er stellt die bisherige Modalität der technischen Objekte in Frage und geht davon aus, dass »der Gegensatz, welcher zwischen Kultur und Technik, Mensch und Maschine aufgestellt wird, falsch [ist. Dieser] entbehrt der Grundlage; dahinter verbirgt sich nichts als Unwissenheit und Ressentiment.«[26]

[22] Canguilhem, *Maschine und Organismus*, 185.
[23] Ebd., 185.
[24] Ebd., 206.
[25] Ebd., 206.
[26] G. Simondon, *Die Existenzweise technischer Objekte*, Zürich 2012, 9.

Simondon zufolge hat die Philosophie und ganz allgemein das theoretische Denken nicht vollständig verstanden, was das Technische, und damit auch Maschinen, ist. Er notiert, dass dieser Mangel

> »[...] vielmehr durch die Unkenntnis, die über ihre Natur, über ihre Essenz herrscht, [verursacht wird], dadurch, dass sie in der Welt der Bedeutungen fehlt und dass ihr Platz auf der Tafel der Werte und Begriffe, die Teil der Kultur sind, bisher leer geblieben ist«[27].

Die Aufgabe der Philosophie besteht also darin, den Begriff der Maschinen und technischen Gegenstände wieder in den Mittelpunkt zu stellen, indem sie ihm den zentralen Wert gibt, den er benötigt.

Angesichts dieser Notwendigkeit und der Forderung nach einer autonomen Forschung und Existenzanerkennung der technischen Objekte übt Simondon scharfe Kritik an der Theorie des Hylemorphismus. Nach dieser Theorie gibt es eine ontologische Zusammensetzung von Materie und Form in allen ontologischen Individuationsprozessen – vom Technischen und Physikalischen bis zum Biologischen und Psychischen. Die Materie ist ein unbestimmtes, passives, potenzielles Prinzip, das auf die aktive Form wartet, um einerseits aus der Potenz in die Aktualität als Existenz überzugehen und andererseits auch eine gewisse Dynamik zu erhalten; die Form hingegen ist substantiell oder essentiell. Sie ist ein bestimmendes, aktives tatsächliches oder reales Prinzip, das jedem Körper seine Essenz gibt, sein τόδε τι. Aus ihrer Vereinigung entsteht nichts anderes als ein bestimmtes Individuum, wobei die Vereinigung selbst als Individuationsprozess beschrieben wird. Materie ist amorph, passiv und wartet der Potenz nach durch eine aktive Form auf ihre Realisierung, sodass ein bestimmtes Individuum entstehen kann. Es spielt dabei keine Rolle, ob es sich um ein technisches Artefakt handelt oder einen einzelnen Menschen.

Diese Unterscheidung ist für Simondon falsch, weil sie auf einem Dualismus zwischen Form und Materie beruht, der sogar die Begriffe selbst individualisiert. Die bereits abstrakt individualisierte Form trifft aktiv auf die bereits passive individualisierte Materie. Gerade das Beispiel des technischen Vorgangs zeigt, wie trügerisch die dualistische Unterscheidung zwischen Materie und Form ist. Simondon nennt als Beispiel die Produktion eines Lehmziegels. Auf den ersten Blick sieht es so aus, als gäbe es bei der Herstellung des Ziegels eine klare Trennung zwischen dem amorphen Material (Ton) und der bestimmten Form (ein Quader z.B.). Dem ist aber nicht so. In Wahrheit trifft nicht die aktive Gussform als Quader auf den passiven Lehm, vielmehr hat

[27] Simondon, *Die Existenzweise technischer Objekte*, 9.

der Lehm bereits eine bestimmte Form (wenn auch nicht geometrisch definierbar), genauso wie auch die Gussform als Quader aus einem bestimmten Material besteht, z. B. aus Holz. Der Arbeiter wiederum nimmt eine vermittelnde Position ein, indem er sowohl die Gussform als auch den Lehm so zubereitet, dass beide Kettenenden zusammengeführt werden können:

> »[D]er Arbeiter erarbeitet zwei halbe technische Ketten, welche die technische Operation vorbereiten: Er bereitet den Ton so vor, dass er plastisch wird und keine Klumpen, keine Blasen enthält, und er bereitet in Korrelation damit die Form vor; er verstofflicht die Form, in der er sie zur Holzform werden lässt.«[28]

In diesem Prozess der Materialisierung und Individualisierung wird ein System geschaffen. Es besteht aus der Form und dem gepressten Ton, der die Voraussetzung für den Formgebungsprozess ist. Mit anderen Worten: Es ist nicht der Arbeiter, der die aktive Form darstellt und Gussform und Lehm alleine formt, sondern er bringt die Form-Materie der Gussform und die Form-Materie des Lehms lediglich zusammen:

> »[E]s ist der Ton, der gemäß der Ziegelform Form annimmt; nicht der Arbeiter, der ihm Form verleiht. Der arbeitende Mensch bereitet die Vermittlung vor, aber er führt sie nicht aus; es ist Mediation, die sich von selbst vollzieht, nachdem die Bedingungen dafür geschaffen wurden; deshalb kennt der Mensch, obwohl er dieser Operation sehr nahe ist, diese nicht.« [29]

In der Tat bleibt das Rätsel der Morphogenese völlig intakt, denn, so Simondon weiter, »es ist das Wesentliche, was fehlt, es ist [das] aktive Zentrum der technischen Operation, das verhüllt bleibt«[30]. Simondon fügt dem hinzu: »Man müsste mit dem Ton in die Form hineingehen können, sich gleichzeitig in die Form und den Ton verwandeln, ihre gemeinsame Operation erleben und fühlen können, um die Formwerdung selbst denken zu können.«[31] Der Arbeiter, Designer oder Erfinder hat damit nicht vollständige Kontrolle über das Objekt, was er konstruieren will, gerade weil die Materie niemals rein passiv ist, sondern ihre eigene Aktivität, Plastizität und Dynamik hat. Der Mensch bleibt nichts weiteres als Vermittler zwischen den technischen Objekten, seien es Ziegelsteine oder Maschinen. Er orchestriert und dirigiert, spielt die Musik aber nicht selbst:

> »Der Dirigent kann die Musiker nur dirigieren, weil er wie diese und mit gleicher Intensität wie diese das aufgeführte Stück spielt: Er mäßigt ihr Tempo oder treibt

[28] Simondon, *Die Existenzweise technischer Objekte*, 225.
[29] Ebd.
[30] Ebd.
[31] Ebd., 224.

sie an, aber er wird auch von diesen gemäßigt oder angetrieben. [...] So hat der Mensch die Funktion, der ständige Koordinator und Erfinder der Maschinen zu sein, die um ihn herum sind. Er ist *mitten unter* den Maschinen, die mit ihm handeln und wirken.«[32]

Was hier passiert, ist eine Naturalisierung der Technik beziehungsweise eine Technisierung der Natur, ganz im Sinne Canguilhems, sodass hiermit die natürliche Morphogenese mit der technischen Morphogenese auf eine Stufe zu stellen ist. In beiden dominiert die kantische Technik der Natur bei der Formung und Zusammenstellung von Formen. Deshalb behauptet Simondon: »Form und Stoff, sofern sie überhaupt noch fortbestehen, befinden sich auf dem gleichen Niveau, gehören dem gleichen System am; zwischen dem Technischen und dem Natürlichen besteht eine Kontinuität.«[33]

Ihm zufolge muss man daher die Idee der Passivität der Materie und jeden Dualismus zwischen Form und Materie aufgeben. Stattdessen muss man sich mit der intrinsischen und funktionalen Beziehung zwischen Form und Materie befassen. Dies wird in technischen Objekten vollständig realisiert und manifestiert. So stellt Tim Ingold fest:

»Thus the brick, with its characteristic rectangular outline, results not from the *im*position of form onto matter but from the *contra*position of equal and opposed forces immanent in both the clay and the mould. In the field of forces, the form emerges as a more or less transitory equilibration. Perhaps bricks are not so different from baskets after all.«[34]

Dies veranlasst Ingold zu einer Diskussion über den Unterschied zwischen Wissenschaft und handwerklicher oder technisch-wissenschaftlicher Arbeit.

»It is the artisan's desire to see what the material can *do*, by contrast to the scientist's desire to know what it *is*, that, as political theorist Jane Bennett explains (2010: 60), enables the former to discern a life in the material and thus, ultimately, to ›collaborate more productively‹ with it.«[35]

Die Biorobotik ist eine technisch-wissenschaftliche Handwerksdisziplin.[36] Die Wissenschaftler*innen sind nämlich daran interessiert auszuprobieren, was und wie sie mit organischem Material arbeiten können. Oder besser gesagt, sie beginnen damit zu untersuchen, was organische Form und Materie (ver-

32 Ebd., 11.

33 Ebd., 225.

34 T. Ingold, *Making: Anthropology, Archaeology, Art and Architecture*, London 2013, 25.

35 Ingold, *Making: Anthropology, Archaeology, Art and Architecture*, 31.

36 Siehe dazu Tamborini/Datteri, *Is biorobotics science?*

standen als gegenseitiger Austausch) tun, und verstehen dann, wie diese Aktion auf die technologische Ebene übertragen werden kann.

Darüber hinaus betont das Prinzip der Individuation, durch das eine konstitutive Beziehung zwischen den unauflöslichen Ebenen von Materie und Form entsteht, das genetische und prozessuale Moment des Aktes der (technischen und organischen) Gestaltung. So entsteht eine prozessuale Ontologie und Epistemologie. Bezüglich der Philosophie Simondons bemerkte Olivier Del Fabbro korrekterweise, dass,

> »da sich alles ständig wandelt, weiterentwickelt und es somit keinen Fixpunkt, keine Essenz gibt, auf die alles Werden reduziert werden könnte, [...] das Denken lediglich den Prozessen *folgen*[kann], wenn es etwas verstehen und sich nicht auf die Beschreibung von vermeintlich endgültigen Resultaten beschränken will«[37].

Ernst Cassirer kommt, wenn auch aus einer anderen Perspektive, zu demselben Ergebnis wie Simondon. In mehreren Veröffentlichungen stellt er fest: »Neben der Frage nach dem Sein steht – gleich ursprünglich und gleichberechtig wie sie – die Frage nach dem Werden.«[38] Die Frage nach dem Werden zu stellen, bedeutet zu verstehen, dass es im Prozess des Werdens keinen Unterschied zwischen Form und Materie geben kann. Beide haben ontologische Stabilität und Autonomie, weil sie sich gegenseitig durchdringen und in Beziehung zueinander stehen, um funktional stabile Einheiten zu schaffen. Die Idee einer bio-inspirierten Robotik basiert genau auf dieser Vorstellung von Materie und Form und ihrer intrinsischen Koproduktion.

Zurück zu Goethe?

Wohin führt uns das? Führt uns diese Diskussion zurück in Fausts Arbeitszimmer, während er das Johannesevangelium übersetzt? Oder zeigt sie uns, dass die Natur wie eine Ingenieurin vorgeht? Anders gefragt: Wie ist die Betonung des Begriffs der lebendigen Materie, in der Form und Materie untrennbar gegeben sind, zu verstehen?

[37] O. Del Fabbro, *Philosophieren mit Objekten: Gilbert Simondons prozessuale Individuationsontologie*, Frankfurt a.M. 2021, 14.

[38] E. Cassirer, Formproblem und Kausalproblem, in: *Gesammelte Werke. Hamburger Ausgabe. Band 24. Aufsätze und kleine Schriften (1941–1946)*, hrsg. v. B. Recki, Hamburg 2007, 446. Siehe auch Tamborini, *Entgrenzung.*; B. Recki, *Kultur als Praxis: eine Einführung in Ernst Cassirers Philosophie der symbolischen Formen*, Berlin 2004.; B. Recki, *Die Vernunft, ihre Natur, ihr Gefühl und der Fortschritt: Aufsätze zu Immanuel Kant*, Paderborn 2006.

Erstens zeigt die Analyse uns, dass technowissenschaftliche und bio-robotische Objekte komplexe Artefakte sind, bei denen eine Unterscheidung zwischen toter, passiver Materie und aktiver Form unmöglich ist. Die aus organischen Formen geschaffenen technologischen Objekte selbst bieten eine inhärente Komplexität und Handlungsfähigkeit. Dies wiederum beruht auf dem Prozess der ständigen Interaktion zwischen der Materialisierung der Form und der Formalisierung der Materie.

Zweitens gehen die Komplexität und Handlungsfähigkeit technologischer Objekte, in diesem Fall bioinspirierter Roboter, mit einer ebenso großen Bandbreite an Handlungsfähigkeit und Komplexität natürlicher Formen einher. Das bedeutet, dass die Natur nicht als eine monolithische und statische Substanz zu betrachten ist. Im Gegenteil, sie kann durch eine Reihe regionaler Ontologien verstanden werden, in denen die Materialien selbst, die unterschiedlich zusammengesetzt und zusammengefügt sind, verschiedene und dynamische Sphären des Seins bilden. Die bio-robotische Forschung baut auf diesen regionalen Ontologien auf und verwandelt sie durch technische Praktiken in biohybride Objekte.

Drittens unterstreicht die Rückbesinnung auf Goethe und damit auf die romantischen Ideen in der Biorobotik, dass es keine Trennung zwischen Romantik und Mechanismus gibt. Im Gegenteil, gerade die sogenannten romantischen Maschinen sind der Prototyp möglicher Werkzeuge, um jeden Dualismus zu überwinden und die Dynamik und Funktionalität der Begriffe von Form, Materie und Natur zu erfassen. Mark Coeckelbergh bemerkt hierzu:

> »More generally, the desire to unite what has been separated, perhaps also the aspiration to overcome dualism, also belongs to the romantic heritage. The search for nonduality with regard to humans and technology, for instance, may well turn out to be another form of modern-romantic mysticism. Moreover, since our thinking is so much entangled with the devices we use, perhaps going beyond modernity also means exploring new technologies.«[39]

Schließlich bedeutet die Überwindung des Dualismus nicht die Akzeptanz eines neuen naiven und animistischen Materialismus, wie er in letzter Zeit von einigen STS-Anhängern vertreten wird. Vielmehr geht es darum, den Begriff der Natur durch eine Naturphilosophie zu untersuchen, die die Kontinuitäten und Brüche zwischen dem Biologischen und dem Technologischen in den Mittelpunkt stellt. Wie Simondon schrieb, besteht eine Kontinuität zwischen dem Technischen und dem Natürlichen, und die Gegebenheitsmög-

[39] M. Coeckelbergh, *New Romantic Cyborgs: Romanticism, Information Technology, and the End of the Machine*, Cambridge, MA 2017, 6.

lichkeiten dieser Kontinuität sollten untersucht werden. Ein paar Jahrzehnte früher bemerkte Cassirer in ähnlicher Weise, dass »wir freilich den *Begriff* der Materie derart erweitern [müssen], daß er die Grundtatsachen des Bewußtseins nicht ausschließt, sondern daß er sie in sich selbst enthält«[40]. Kurz gesagt bedeutet dies, die Natur als Spinoza'sche *natura naturans* zu betrachten und, wie Cassirer betont, in der Forschung der Natur von der *forma formata* zur *forma formans* zu gelangen[41]. Dabei ist zu bedenken, dass es kein letztes Fundament kognitiver und technischer Prozesse gibt – weder im transzendentalen Subjekt noch im metaphysischen Fetisch der Dinge –, sondern dass die Dynamik der technowissenschaftlichen Produktion aus der Komplexität des historischen Werdens der Natur – aus einer Naturgeschichte selbst – hervorgeht. Dieses gibt sich jedoch pluralistisch und funktional dem fragenden Subjekt als Handwerker oder Wissenschaftler hin.

Danksagung
Diese Arbeit ist im Rahmen des DFG-Projekts »Hybride Systeme, Bionik und die Zirkulation von morphologischem Wissen in der zweiten Hälfte des 20. und dem frühen 21. Jahrhundert« entstanden, DFG-Projektnummer 491776489.

[40] E. Cassirer, *Philosophie der Aufklärung*, Hamburg 2007, 91.

[41] Siehe E. Cassirer, Form und Technik, in: *Gesammelte Werke. Hamburger Ausgabe. Band 17. Aufsätze und kleine Schriften (1927–1931)*, hrsg. v. B. Recki, Hamburg 2004, 139–183.; Tamborini, *Entgrenzung*.

José Antonio Pérez-Escobar

Epistemische Brücken zwischen dem Verständnis von Artefakten und der Biologie

Welche Teleologie brauchen wir?

1. Einleitung

In der Philosophie der Biologie gibt es wahrscheinlich nichts, was mehr diskutiert wird als die Frage der biologischen Funktionen und ihrer Ableitungen wie teleologische Erklärungen, Intuitionen zur natürlichen Selektion, Anpassungen, Parallelen zu gestalteten Artefakten usw. Wie Funktionen von Artefakten und von biologischen Phänomenen konzipiert werden sollten, welche Art von Relevanz der Erklärung und Erklärungskraft sie haben (wenn überhaupt) und welche Rolle die Analogien zwischen Artefakten und biologischen Phänomenen in der wissenschaftlichen Praxis spielen, sind allesamt miteinander verbundene Fragen. So ist beispielsweise argumentiert worden, dass zumindest einige biologische Funktionen und die natürliche Selektion selbst teleologische Prozesse sind[1] und dass Darwin insofern ein Teleologe war, als er teleologische Erklärungen verwendete.[2] Was die Beziehung zwischen Artefakten und biologischen Phänomenen betrifft, so greifen Biologen in der Regel auf Metaphern und Analogien zwischen beiden zurück.[3] Diese gängige Praxis

[1] F. J. Ayala, Biology as an autonomous science, in: *American Scientist* 56/3 (1968), 207–221.; W. C. Wimsatt, Teleology and the Logical Structure of Function Statements, in: *Studies in History and Philosophy of Science Part C: Studies in History and Philosophy of Biological and Biomedical Sciences* 3 (1972), 1–80.; G. J. Krieger, Transmogrifying teleological talk?, in: *History and philosophy of the life sciences* 20 (1998), 3–34.; F. J. Ayala, Adaptation and novelty: Teleological explanations in evolutionary Biology, in: *History and Philosophy of the Life Sciences* 21/1 (1999), 3–33.

[2] J. G. Lennox, Darwin was a teleologist, in: *Biology and Philosophy* 8/4 (1993), 409–421.

[3] Zum Beispiel: T. Lewens, Adaptationism and engineering, in: *Biology and Philosophy* 17/1 (2002), 1–31.; T. Lewens, *Organisms and artifacts: Design in nature and elsewhere*, Cambridge 2004.; M. Ruse, Darwinism and mechanism: metaphor in science, in: *Studies in History and Philosophy of Science Part C: Studies in History and Philosophy of Biological and Biomedical Sciences* 36/2 (2005), 285–302.; D. J. Nicholson, The concept of mechanism in biology, in: *Studies in History and Philosophy of Science Part C: Studies in History and Philosophy of Biological and Biomedical Sciences* 43/1 (2012), 152–163.; D. J. Nicholson, Organ-

wird manchmal als Artefaktmodell[4] oder als Maschinenkonzeption des Organismus (Machine conception of the organism; MCO)[5] bezeichnet. Die Beziehung zwischen Artefakten und biologischen Phänomenen ist auch mit Debatten über Teleologie, Zweckmäßigkeit und biologische Funktionen verbunden.[6] Nicholson behauptet zum Beispiel Folgendes:

> »[…] sowohl Organismen als auch Maschinen sind so organisiert, dass sie koordiniert auf das Erreichen bestimmter Ziele hinarbeiten, und folglich können beide in teleologischer oder funktionaler Hinsicht charakterisiert werden. Dies sind, so scheint es, die wichtigsten Gemeinsamkeiten, die die zeitgenössische Berufung auf die MCO in der Biologie legitimieren.«[7]

Um die Analogien, die Wissenschaftler zwischen Artefakten und biologischen Phänomenen in der wissenschaftlichen Praxis herstellen, besser charakterisieren zu können, ist es wichtig, die epistemischen Pfade zu bewerten, die diese Analogien konstituieren und das Verständnis von Artefakten und Biologie miteinander verbinden. In diesem Kapitel plädiere ich für den Begriff der so genannten minimalen logischen Teleologie als konzeptionelles Instrument zur Charakterisierung solcher epistemischen Pfade.

Die minimale logische Teleologie zeichnet sich durch zwei Dinge aus: 1) eine logische Struktur und 2) einen erklärenden Minimalismus. Dies sind zwei Desiderata für die Analyse von Analogien zwischen Artefakten und biologischen Phänomenen in der wissenschaftlichen Praxis: Ein Fokus auf die logische Struktur von Erklärungen verbessert die allgemeine Unklarheit, die die Idee der Teleologie oft umgibt, während der explanatorische Minimalismus die Gemeinsamkeiten von sehr heterogenen teleologischen Erklärungen in verschiedenen wissenschaftlichen Praktiken erfassen kann. Im Folgenden

isms ≠ machines, in: *Studies in History and Philosophy of Science Part C: Studies in History and Philosophy of Biological and Biomedical Sciences* 44/4 (2013), 669–678.; D. J. Nicholson, The machine conception of the organism in development and evolution: A critical analysis, in: *Studies in History and Philosophy of Science Part C: Studies in History and Philosophy of Biological and Biomedical Sciences* 48 (2014), 162–174.; M. Tamborini, The material turn in the study of form: from bio-inspired robots to robotics-inspired morphology, in: *Perspectives on Science* 29/5 (2021), 643–665.

[4] Lewens, *Adaptationism and engineering*, 1–31.; Lewens, *Organisms and artifacts.*

[5] Nicholson, *Organisms ≠ machines*, 669–678.; Nicholson, *The machine conception of the organism in development and evolution*, 162–174.

[6] Nicholson, *Organisms ≠ machines*, 669–678.; Nicholson, *The machine conception of the organism in development and evolution*, 162–174.; siehe auch die Diskussion über Kybernetik wie in: R. Cordeschi, *The discovery of the artificial: Behavior, mind and machines before and beyond Cybernetics*, Dordrecht 2002.

[7] Nicholson, *Organisms ≠ machines*, 671 [Übersetzung des Autors].

werde ich für den Begriff der minimalen logischen Teleologie im Hinblick auf diese beiden Desiderata argumentieren.

2. Gegen Polysemie und für eine logische Struktur der Teleologie

Phänomene zu erklären und zu verstehen, indem man an das appelliert, was sie tun, tun werden, tun müssen oder zu tun beabsichtigen (Ziele, Zwecke, Endursachen, Funktionen von Artefakten, »richtige« biologische Funktionen), und nicht nur an vorangehende Ursachen, ist in bestimmten Wissensbereichen eine gängige Praxis. Tatsächlich weisen viele Philosophen und Analysen wissenschaftlicher Praktiken darauf hin, dass das Verständnis und die Erklärung von Phänomenen wie Artefakten, lebenden Organismen und ihren Teilen und Eigenschaften sowie absichtlichen Akteuren ohne teleologische Erklärungen unvollständig ist.

Teleologische Erklärungen wurden in so unterschiedlichen Bereichen wie der Geschichtsschreibung (z.B. göttliche Vorsehung), der Psychologie, dem Verständnis von Artefakten, der Physik und der Biologie verwendet. Diese Bereiche sind sehr heterogen und weisen viele andere idiosynkratische epistemische Elemente auf, die mit teleologischen Erklärungen verflochten sind. Wahrscheinlich aus diesem Grund und trotz des oben skizzierten minimalen Sinns ist Teleologie ein undurchsichtiger und polysemischer Begriff mit vielen verschiedenen Geschmacksrichtungen und Spielarten (der auch Nebenbegriffe wie Ziele, Zwecke, Endursachen, Funktionen von Artefakten, eigentliche biologische Funktionen und so weiter hervorbringt). Die Vielfalt an Geschmacksrichtungen und Begriffen – jeder mit seinen eigenen spezifischen Einzelheiten – ist nicht problematisch (in der Tat ist sie in vielen Kontexten wünschenswert), aber sie hat zu Verwirrungen und Meinungsverschiedenheiten über die eigentliche Bedeutung des Begriffs ›Teleologie‹ geführt. Dies ist der Fall trotz zahlreicher Bemühungen, die Bedeutung des Begriffs zu klären.[8]

Eine typische Herausforderung bei der philosophischen Analyse wissenschaftlicher Praktiken ist die Angleichung von Konzepten zwischen Philosophie und Wissenschaft. Aus diesem Grund benötigen wir zumindest präzise Konzepte von Seiten der Philosophie, die sich auf heterogene wissenschaftliche Praktiken übertragen lassen. Wir haben also ein Problem bei der Analyse teleologischer Erklärungen in der Wissenschaft, und wir müssen es lösen.

[8] Zum Beispiel: M. Beckner, *The biological way of thought*, Berkeley 1968.; E. Mayr, The idea of teleology, in: *Journal of the History of Ideas* 53/1 (1992), 117–135.; J. H. Woodger, *Biological principles: A critical study*, Abingdon 2014.

Wie können wir die Verwendung teleologischer Erklärungen und ihre Rolle bei Analogien zwischen Artefakten und biologischen Phänomenen untersuchen, wenn es nicht einmal annähernd einen Konsens darüber gibt, was Teleologie ist?

Meiner Ansicht nach ist das Problem, das die meisten konzeptionellen Arbeiten zur Teleologie plagt, ein übermäßiger Fokus auf die ontologischen Einzelheiten und die Metaphysik der Teleologie. Ich glaube auch, dass dieser Fokus tatsächlich für den schlechten Ruf der Teleologie verantwortlich ist (insbesondere nach dem logischen Positivismus).[9] Eine solche onto-metaphysische Fokussierung auf die Teleologie ist häufig dafür verantwortlich, dass philosophische Debatten über die Relevanz und die Rolle der Teleologie in verschiedenen Wissensbereichen gelegentlich nicht zu Klarheit beitragen. In Anbetracht der Tatsache, dass die Teleologie in vielen Bereichen auftaucht und mit deren Eigenheiten verwoben ist (Mechanismen, Gottheiten, Design, historische Prozesse ...), ist dies, wie wir bereits gesehen haben, kein überraschendes Ergebnis eines onto-metaphysischen Fokus. Eine solche Unklarheit manifestiert sich in – wie ich glaube – falschen Vorstellungen darüber, was teleologische Erklärungen sind, was wiederum eine gute Kommunikation über Teleologie in philosophischen Diskussionen behindert. Mayr beispielsweise, der sich auf ontologische Fragen der Teleologie konzentriert, bestimmt fünf verschiedene Arten, wie der Begriff ›Teleologie‹ verwendet wurde und behält sich seine richtige Verwendung für eine vor, die Vitalismus und Mentalismus impliziert, eine rückwärts gerichtete Kausalität erfordert und daher mit dem mechanistischen Weltbild unvereinbar ist.[10] In diesem und anderen Werken[11] erklärt er, dass die Begriffe ›Teleonomie‹ oder ›Telematik‹ besser für andere Arten von Erklärungen in Bezug auf Zwecke, Funktionen usw. geeignet sind.

Die ontologischen Einzelheiten, die seiner Ansicht nach unterschiedliche Konzepte rechtfertigen, führen jedoch nicht unbedingt zu unterschiedlichen Erklärungsstrategien. Dieser Ansatz kann zu Missverständnissen und starken Divergenzen in der Literatur über konzeptionelle Arbeiten zur Teleologie

[9] M. Perlman, The modern philosophical resurrection of teleology, in: *The Monist* 87/1 (2004), 3–51.

[10] E. Mayr, The multiple meanings of ›teleological‹, in: *History and philosophy of the life sciences* 20/1 (1998), 35–40.

[11] E. Mayr, Teleological and teleonomic, a new analysis, in: R. S. Cohen/M. W. Wartofski (Hrsg.), *Methodological and historical essays in the natural and social sciences*, Dordrecht 1974.; Mayr, *The idea of teleology*, 117–135.

führen. Während z.B. Krieger[12] und Ayala[13] der Ansicht sind, dass die natürliche Selektion teleologische Erklärungen verwendet, ist Mayr (1998) anderer Meinung:

»Krieger zitiert Ayala mit den Worten, dass Handlungen oder Prozesse in der Evolution als teleologisch angesehen werden können, wenn sie ›als zielgerichtet oder teleologisch auf Ziele ausgerichtet angesehen werden können‹. ›Zielgerichtet‹ ist eine rein theologische Formulierung, und ›Zweck‹ kann meines Erachtens nur einem denkenden Organismus zuerkannt werden. Das Herz zum Beispiel hat keinen Zweck, es denkt nicht ständig ›Ich muss weiter schlagen, damit das Blut weiter fließt‹ ... Kriegers lange Kritik läuft auf ein einfaches Argument hinaus: *Ist die natürliche Selektion ein teleologischer Prozess? Krieger sagt ja, während ich nein sage.* Niemand stellt ernsthaft in Frage, dass Darwins Theorie der natürlichen Selektion gültig ist. Wir sagen aber nicht mehr, die Natur wählt die Besten aus, sondern die so genannte Selektion ist vielmehr ein Prozess, bei dem die weniger tauglichen tendenziell eliminiert werden [...] Die Selektion hat offensichtlich nie ein Ziel, sie belohnt sozusagen nur a posteriori den Besitz bestimmter fitnessgebender Eigenschaften. Und der Prozess beginnt in jeder sexuellen Generation von neuem ... Natürlich gibt es ein ›Gewinnerticket‹, aber es ist in jeder Generation anders. *Ayala nennt dies einen teleologischen Prozess, was ich nicht tue.*«[14]

Sicherlich stellen weder Krieger noch Ayala die natürliche Auslese in Frage. Aber auch sie teilen die gleichen grundlegenden Vorstellungen über die natürliche Auslese wie Mayr. Das Problem scheint nicht in einer wesentlichen philosophischen oder wissenschaftlichen Meinungsverschiedenheit zu liegen, sondern in einer Polysemie. Aus einem etwas anderen Blickwinkel kommt auch Krieger zu dem Schluss, dass Mayrs Analyse der Teleologie und seine terminologische Unterscheidung die Teleologie verschleiern.[15] Dies bedeutet, dass wir keine Analyse der Teleologie in der wissenschaftlichen Praxis (in diesem Fall in der Evolutionsbiologie) durchführen können.

Tatsächlich hat Mayr in seiner konzeptionellen Arbeit festgestellt, dass die Philosophen die Teleologie zwar »als einheitliches Phänomen behandelt haben«, dass sie aber weit davon entfernt ist, da sie auf »grundlegend unterschiedliche Naturphänomene« angewendet wurde.[16] Wie ich bereits angemerkt habe, stimmt es, dass die Teleologie auf »grundlegend verschiedene

[12] Krieger, *Transmogrifying teleological talk?*, 3–34.

[13] Ayala, *Biology as an autonomous science*, 207–221.; Ayala, *Adaptation and novelty*, 3–33.

[14] Mayr, *The multiple meanings of ›teleological‹*, 35–40 [Übersetzung des Autors, Hervorhebung des Autors in kursiv gesetzt].

[15] Krieger, *Transmogrifying teleological talk?*, 3–34.

[16] Mayr, *The idea of teleology*, 117–135.

Phänomene« angewandt worden ist. Meine Meinungsverschiedenheit mit Mayr besteht jedoch darin, dass die »Anwendung auf grundsätzlich verschiedene Naturphänomene« nicht der Grund für das Fehlen einer einheitlichen Konzeption der Teleologie ist. Das Problem liegt meines Erachtens vielmehr darin, dass sich Philosophen häufig auf die verschiedenen ontologischen Ausprägungen der Teleologie konzentriert haben, anstatt auf ihre Rolle als Erklärungsstrategie. Letztere ist vielleicht ein einheitlicheres Phänomen als die ontologischen Varianten.

Da Mayr die Teleologie für vitalistisch und unvereinbar mit dem Mechanismus hält, würde ein großer Teil der aristotelischen Teleologie aufhören, Teleologie zu sein, wenn wir seinem Ansatz folgen würden.[17] Angesichts der Tatsache, dass Aristoteles weithin als Pionier der Teleologie angesehen wird, ist ein solches Ergebnis verwunderlich. Dieses Problem wird in der Literatur häufig wiederholt. Allen und Bekoff sind beispielsweise der Ansicht, dass Teleologie nicht empirisch überprüfbar ist.[18] Dies ist der Fall, weil sie davon ausgehen, dass die Teleologie in der Biologie notwendigerweise eine historische Dimension hat, und die Vergangenheit lässt sich nicht ohne weiteres empirisch überprüfen. Ich erkenne zwar die Schwierigkeiten an, die die historische Dimension der biologischen Phänomene mit sich bringt, und die Tatsache, dass teleologische Zwecke durch physische Merkmale unterbestimmt sind, aber Biologen unterziehen potenzielle funktionale Erklärungen in ihrer Praxis einer Falsifikation, wenn auch mit Komplikationen, die den Rahmen dieser Arbeit sprengen würden.

Der Ansatz, den ich hier vertrete, konzentriert sich eher auf die logische Struktur teleologischer Erklärungen als auf eine Untersuchung der ontologischen und metaphysischen Einzelheiten der Teleologie, um ein Instrument für die Analyse der tatsächlichen wissenschaftlichen Praxis zu schaffen. Natürlich kann der Fokus auf die logische Struktur das Problem nicht vollständig lösen. Ich selbst vertrete die Ansicht, dass Logik und Mathematik nicht so in Stein gemeißelt sind, wie man gemeinhin annimmt.[19] Doch Klarheit gibt es in Abstufungen: Ein Fokus auf die logische Struktur der Teleologie ist zwar kein

[17] Aristotle, *Complete works of Aristotle, volume 1: The revised Oxford translation*, hrsg. v. J. Barnes, Princeton 1984, 340–341.

[18] C. Allen/M. Bekoff, Function, natural design, and animal behavior: Philosophical and ethological considerations, in: N. S. Thompson (Hrsg.), *Perspectives in Ethology: Volume 11: Behavioral Design*, New York 1995.

[19] J. A. Pérez-Escobar, Showing Mathematical Flies the Way Out of Foundational Bottles: The Later Wittgenstein as a Forerunner of Lakatos and the Philosophy of Mathematical Practice, in: *KRITERION–Journal of Philosophy* 2 (2022), 157–178.; J. A. Pérez-Escobar/D. Sarikaya, Purifying applied mathematics and applying pure mathematics: how a late Wittgen-

unfehlbarer Ansatz, aber möglicherweise widerstandsfähiger gegen Missverständnisse und Verwirrung als der Versuch, ontologische Einzelheiten in einem Kontext zu erfassen, in dem philosophische Intuitionen über Teleologie heterogen und instabil sind (und in vielen wissenschaftlichen Praktiken, wenn sie überhaupt explizit diskutiert werden, einen niedrig aufgelösten Charakter haben). Ein ontologischer Fokus verdeckt die Tatsache, dass ähnliche Erklärungsstrategien für Artefakte und biologische Phänomene verwendet werden und dass diese beiden Bereiche sich gegenseitig beeinflussen.

Aus diesen Gründen bin ich der Meinung, dass sich die Analyse wissenschaftlicher Praktiken auf eine logische Struktur teleologischer Erklärungen stützen sollte, um diese in der wissenschaftlichen Praxis zu identifizieren und zu bewerten. Es gibt einen wichtigen Präzedenzfall für die Ausarbeitung eines solchen Skeletts, auch wenn er seinerzeit keine große Beachtung fand: die Arbeit von Wimsatt.[20] Dieser Präzedenzfall ist eine nützliche Vorarbeit. Er enthält die folgenden Begriffe:

- B(i); bezieht sich auf den funktionellen Gegenstand oder das funktionelle Verhalten, für das P Erklärungskraft hat.
- S; System: Da B(i) in einer Vielzahl von Systemen funktionieren kann und P in allen, keinem oder einigen von ihnen erfüllt (z. B. sind Kapillaren sowohl für das Verdauungssystem als auch für das Wärmeregulierungssystem funktionell relevant), muss ein spezifisches System S artikuliert werden, um eine funktionelle Beziehung darzustellen.
- E; Umwelt: Die Funktionalität von B(i) ist auch von den allgemeinen Umweltbedingungen abhängig.
- T; bezieht sich auf die Kausalitätsgesetze, die für die Wechselwirkungen zwischen B(i), S und E relevant sind.
- C; Folgen: die kausalen Folgen von B(i) bei Vorliegen bestimmter S und E und kausaler Gesetze T. Verschiedene C können daher in Gruppen von C klassifiziert werden, die entweder P erfüllen, für P irrelevant sind oder die Erfüllung von P behindern.
- P; Zweck: B(i) ist funktional in Bezug auf einen bestimmten Zweck, d. h., wenn es dazu tendiert, die in P festgelegten Bedingungen zu erfüllen.

Die Formel von Wimsatt kann wie folgt gelesen werden. Das Verhalten B eines gegebenen Objekts i im System S in der Umwelt E führt gemäß den Kausalgesetzen T zu mehreren kausalen Folgen C. Diese Folgen C werden

steinian perspective sheds light onto the dichotomy, in: *European Journal for Philosophy of Science* 12/1 (2022), 1–22.

[20] Wimsatt, *Teleology and the Logical Structure of Function Statements*, 1–80.

wiederum im Hinblick auf die Erfüllung des Zwecks P bewertet und als funktional, nicht funktional oder dysfunktional eingestuft. Der Schlüssel zur Teleologie besteht darin, dass P eine Erklärungskraft für B(i) hat: Es erklärt dessen Eigenschaften, Existenz oder beides. Eine Funktion hat nicht notwendigerweise eine solche Erklärungskraft; es ist die Erklärungskraft, die eine teleologische Funktion von einer »bloßen« Funktion unterscheidet.

Wimsatts Formel kann so, wie sie ist, in vielen Kontexten verwendet werden, aber es gibt noch ein weiteres Desideratum, das erfüllt werden sollte: der explanatorische Minimalismus. Der nächste Abschnitt befasst sich mit ihm.

3. Minimale Teleologie

Es sollte anerkannt werden, dass Wimsatts Formel und seine Gesamtdarstellung bereits recht allgemein sind. Zum Beispiel funktioniert seine Darstellung sowohl für biologische Phänomene als auch für Artefakte, was für die Analyse teleologischer Erklärungen im Zusammenhang mit Analogien zwischen Artefakten und der biologischen Phänomene unerlässlich ist. Die Darstellung ist nicht minimal genug, aber bevor ich dazu komme, werde ich argumentieren, warum und wie sie minimal sein muss (der vorherige Satz ist bereits ein Hinweis).

Erstens sind die wissenschaftlichen Praktiken selbst innerhalb von Disziplinen und Unterdisziplinen heterogen. So kann nicht nur ein Evolutionsbiologe andere Intuitionen haben und andere Erklärungen für das Gehirn vorschlagen als ein kognitiver Neurowissenschaftler, sondern auch kognitive Neurowissenschaftler können unterschiedliche Intuitionen über die Erklärungskraft mentaler Repräsentationen und kognitiver Ontologien (die das P, der Zweck, einer bestimmten Gruppe von Neuronen wären) haben. Verschiedene kognitive Neurowissenschaftler können der Ansicht sein, dass eine Theorie mit kognitiven Ontologien (wie die von Artefakten inspirierten, z.B. eine »kognitive Karte« oder ein »kognitiver Kompass«) aus verschiedenen Gründen einen unterschiedlichen Grad an Erklärungskraft hat. Erschwerend kommt hinzu, dass diese Intuitionen in der tatsächlichen wissenschaftlichen Praxis oft implizit und instabil sind. So können Wissenschaftler beispielsweise behaupten, dass eine kognitive Ontologie in Form einer Karte oder eines Kompasses lediglich eine Metapher oder eine Heuristik ist, sie aber in bestimmten Kontexten als erklärend ansehen. Wenn man sich mit teleologischen Erklärungen in der wissenschaftlichen Praxis befassen will, sollte man von einer minimalen Charakterisierung dieser Erklärungen ausgehen, da man sonst aufgrund einer einschränkenden Definition viel verpassen würde.

Zweitens gibt es einen weiteren wichtigen Grund, sich in diesem Zusammenhang auf einen Minimalbegriff teleologischer Erklärungen festzulegen: Die Geschichte der funktionalen Maschinen/Organismus-Metaphern und -Analogien zeigt, dass sie in sehr unterschiedlichen Erklärungskontexten einen wesentlichen Beitrag geleistet haben. Wie Nicholson feststellt, weisen Maschinen und Organismen beispielsweise unterschiedliche Arten von Zweckmäßigkeit auf (extrinsisch bzw. intrinsisch), und in gewisser Weise überbrückt die MCO diese Kluft, indem sie beispielsweise die natürliche Selektion als Designer betrachtet.[21] Zuvor jedoch hat die MCO Maschinen mit dem Kreationismus in Verbindung gebracht, wobei die Analogie unterschiedliche Vorstellungen von Kausalität verbindet. Folglich hat der Darwinismus die MCO nicht überwunden, sondern sich ihr angepasst. Was sich geändert hat, ist die Art der Lücke, die die MCO füllen musste, um Maschinen und Organismen zu verbinden. Um zu erfassen, was in Bezug auf teleologische Erklärungen vor sich geht, brauchen wir daher einen Begriff, der sich nicht auf bestimmte Arten von Zweckmäßigkeit oder Kausalität festlegt, da sonst die formale erkenntnistheoretische Struktur, die den Kern der MCO bildet, verfehlt wird.

Daher sehen wir, dass die Heterogenität, die zur Polysemie und Verschleierung der Teleologie führt, auch eine minimale Definition erfordert, damit das Konzept anwendbar ist und was die Grundlage teleologischer Erklärungen ist, die erfasst werden sollen. Wenn wir uns beispielsweise auf enge theoretische Ansätze der Teleologie festlegen würden, wie den neueren organisatorischen Ansatz der Teleologie,[22] wären wir nicht in der Lage, die teleologischen Erklärungen zu bewerten, die von Artefakten wie Karten und Kompassen inspiriert sind, die in den kognitiven Neurowissenschaften in der zweiten Hälfte des 20. Jahrhunderts formuliert wurden.[23] In der Tat gehen diese Praktiken der Entwicklung des organisatorischen Ansatzes der Teleologie voraus.

Doch selbst wenn wir uns nicht auf ein bestimmtes Erklärungsprinzip festlegen sollten, müssen wir uns auf die Erklärbarkeit festlegen. Eine teleologische Erklärung ist schließlich eine Erklärung, aber es geht um mehr als nur

[21] Nicholson, *Organisms ≠ machines*, 669–678.

[22] M. Mossio/C. Saborido/A. Moreno, An organizational account of biological functions, in: *British Journal for the Philosophy of Science*60 (2009), 813–841.; M. Mossio/L. Bich, What makes biological organisation teleological?, in: *Synthese* 194/4 (2017), 1089–1114.

[23] Zum Beispiel: J. O'Keefe/J. Dostrovsky, The hippocampus as a spatial map. Preliminary evidence from unit activity in the freely-moving rat, in: *Brain Research* 34 (1971), 171–175.; B. L. McNaughton/L. L. Chen/E. J. Markus, »Dead reckoning,« landmark learning, and the sense of direction: A neurophysiological and computational hypothesis, in: *Journal of Cognitive Neuroscience* 3/2 (1991), 190–202.

eine rein definitorische Frage. Wenn ein P als erklärungsrelevant für einen Gegenstand (ein Artefakt oder ein biologisches Phänomen) angesehen wird, werden damit Erwartungen an diesen Gegenstand geweckt: Er sollte existieren, er sollte bestimmte Eigenschaften haben, er sollte auf eine bestimmte Art und Weise »funktionieren« (sonst ist er dysfunktional) und so weiter. Diese Erwartungen sind der Haupteffekt von Analogien zwischen Artefakten und biologischen Phänomenen: Die Erwartungen, die von einem bestimmten P eines Artefakts oder eines biologischen Gegenstands abgeleitet werden, können auf ein anderes Artefakt oder einen anderen biologischen Gegenstand übertragen werden, trotz der Unterschiede in Bezug auf Zweckmäßigkeit, Kausalität usw. Auf diese Weise können Analogien und sogar bloße Metaphern aufgrund der erklärenden Relevanz von P zur Verallgemeinerung dieser Erwartungen über Phänomene hinweg führen. Da diese Übersetzung von Erwartungen unter anderem kausale und zielgerichtete Details auslässt, kann sie natürlich in bestimmten Kontexten unangemessen sein. Ich denke, dass dies der Grund ist, warum diese Analogien im Endeffekt manchmal schädlich sind.[24]

Eine letzte Überlegung ist, dass einige teleologische Erklärungen nicht auf S und E aus Wimsatts Formel anspielen, zumindest nicht explizit, und daher nicht unbedingt in einer Minimalcharakterisierung enthalten sind.

4. Minimale logische Teleologie und Schlussbemerkungen

Alles in allem ergibt sich aus den Überlegungen in den Abschnitten 2 und 3 die folgende minimale logische Struktur der Teleologie:

Die logische Struktur weist einen Gegenstand auf, der Konsequenzen nach sich zieht, die wiederum in Bezug auf einen Zweck bewertet werden. Der Zweck wiederum hat eine gewisse Erklärungskraft gegenüber dem Gegenstand.

[24] Lewens, *Adaptationism and engineering*, 1–31.; Lewens, *Organisms and artifacts*.; Nicholson, *The concept of mechanism in biology*, 152–163.; Nicholson, *Organisms ≠ machines*, 669–678.; Nicholson, *The machine conception of the organism in development and evolution*, 162–174.; S. De Cesare, Disentangling organic and technological progress: An epistemological clarification introducing a key distinction between two levels of axiology, in: *Studies in History and Philosophy of Science Part C: Studies in History and Philosophy of Biological and Biomedical Sciences* 73 (2019), 44–53.

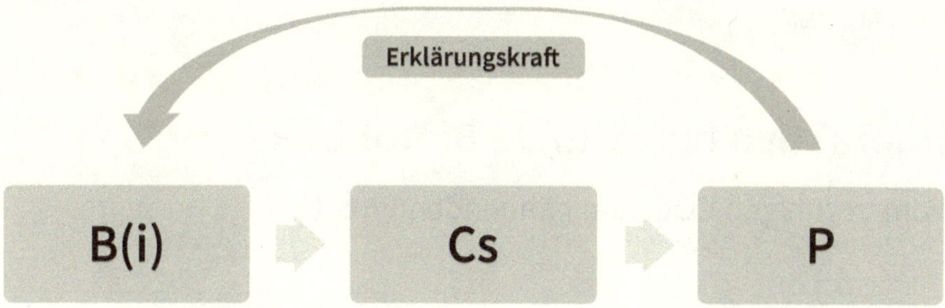

Abb. 1: Minimale logische Struktur der Teleologie. Die Formal nach Wimsatt nutzend kann für einen Gegenstand B(i), der die Folgen C hat, die wiederum in Bezug auf einen Zweck P bewertet werden, eine Erklärungskraft von P für B(i) deutlich gemacht werden.

Die logische Struktur dieser minimalen Charakterisierung der Teleologie erlaubt es uns, weitere Fragen über den Kern der Analogien zwischen Artefakten und biologischen Phänomenen zu formulieren und wie sie das Verständnis von Artefakten und biologischen Phänomenen in der wissenschaftlichen Praxis überbrücken. Ich habe hier argumentiert, dass diese Struktur breit genug ist, um die Übersetzungen der von P abgeleiteten Erwartungen darzustellen, während sie kausale Details und den spezifischen Charakter der Zweckmäßigkeit auslässt. Außerdem bietet sie die Vorteile der Klarheit einer logischen Struktur. Zukünftige Arbeiten sollten sich mit weiteren Fragen befassen, die durch diese Struktur ermöglicht werden, um Analogien zwischen Artefakten und biologischen Phänomenen weiter zu erhellen, wie z. B.: Ist P sowohl Sprache als auch Metasprache? Wenn ja, gibt es einen gewissen Grad an epistemischer Zirkularität? Hängen die von P abgeleiteten Erwartungen an B(i) von epistemischer Zirkularität ab? Übertragen die Analogien zwischen Artefakten und biologischen Phänomenen die epistemische Zirkularität von einem Kontext auf einen anderen? Wie würde sich dies z. B. auf die Messpraktiken auswirken? Weitere Arbeiten sollten sich mit diesen interessanten Fragen befassen.

Danksagung

Diese Arbeit wurde vom Schweizerischen Nationalfonds (P500PH_202892; Mathematizing biology: measurement, intuitions, explanations and big data) gefördert. Der Autor dankt Deniz Sarikaya für Sprachkorrekturen.

Edoardo Datteri

Interaktive humanoide Biorobotik

Vom unruhigen COG zum gähnenden Roboter

1. Einleitung

In der so genannten Biorobotik werden Roboter als Versuchsmodelle für die Erforschung der Kognition und des Verhaltens von Tieren eingesetzt. Die Biorobotik hat tiefe historische Wurzeln und wurde – unter dem Namen »Kybernetik« – in den ersten Jahrzehnten des 20. Jahrhunderts als wissenschaftlicher Ansatz zur Erforschung des Verhaltens ernsthaft in Betracht gezogen.[1] In jüngster Zeit wurden tierähnliche oder animaloide Bioroboter eingesetzt, um eine Vielzahl von Verhaltensphänomenen bei nicht-menschlichen Tieren zu untersuchen.[2] Auch die Mechanismen des menschlichen Verhaltens und der Kognition wurden mit humanoiden Robotern untersucht. Ein berühmtes Beispiel Robotern ist der humanoide Roboter »COG«[3], das von einer Forschungsgruppe entwickelt wurde, der auch der Philosoph Daniel Dennett angehörte.[4] COG wurde als »neuartiges Werkzeug« zur Untersuchung der menschlichen Intelligenz vorgestellt.[5] Es besaß einen Kopf mit zwei Augen, einen Rumpf, zwei Arme und eine Vielzahl von sensorischen Systemen. Es wurde nach den Grundsätzen der verhaltensbasierten Robotik gebaut und war als Plattform gedacht, »um Modelle aus der Kognitions- und Verhaltenswissenschaft zu untersuchen und zu validieren«[6]. Zu diesem Zweck wurden

[1] Ausführlich von Cordeschi erörtert (R. Cordeschi, *The Discovery of the Artificial. Behavior, Mind and Machines Before and Beyond Cybernetics*, Dordrecht 2002). Siehe auch M. Tamborini, The Material Turn in the Study of Form: From Bio-Inspired Robots to Robotics-Inspired Morphology, in: *Perspectives on Science* 29/5 (2021), 643–665.

[2] Siehe N. Gravish/G. V. Lauder, Robotics-inspired biology, in: *The Journal of Experimental Biology* 221/7 (2018), jeb138438.

[3] B. Scassellati, MIT Cog, in: A. Goswami/P. Vadakkepat (Hrsg.), *Humanoid Robotics: A Reference*, Dodrecht 2019, 91–100.

[4] D. C. Dennett, The practical requirements for making a conscious robot, in: *Philosophical Transactions of the Royal Society of London. Series A: Physical and Engineering Sciences* 349/1689 (1994), 133–146.

[5] B. Adams/C. Breazeal/R. A. Brooks/B. Scassellati, Humanoid robots: a new kind of tool, in: *IEEE Intelligent Systems* 15/4 (2000), 25–31.

[6] Adams/Breazeal/Brooks/Scassellati, *Humanoid robots: a new kind of tool.*

in COG biologische Modelle für die Entwicklung des Greifens, Erfassens und der Aufmerksamkeit implementiert. Die Biorobotik – als Ansatz zur wissenschaftlichen Modellierung der Mechanismen und des Verhaltens lebender Systeme – hat ganz natürlich die Aufmerksamkeit der Wissenschaftsphilosoph*innen auf sich gezogen. In der Literatur wurde eine Vielzahl von erkenntnistheoretischen und methodologischen Fragen behandelt, darunter etwa Schlüsselfragen zur Struktur und Gültigkeit biorobotischer Methoden, auch im Zusammenhang mit der allgemeineren Literatur zur modellbasierten Wissenschaft.[7]

Kürzlich wurde die Behauptung, dass humanoide Roboter eine epistemische Rolle spielen können, im Zusammenhang mit der Untersuchung der Dynamik der sozialen Interaktion beim Menschen wieder aufgegriffen. Wykowska und Kolleg*innen schlagen vor, dass Experimente mit humanoiden Robotern »aufschlussreiche Informationen über soziale kognitive Mechanismen im menschlichen Gehirn«[8] liefern und zur Untersuchung der sozialen Kognition eingesetzt werden können (S. 1). Wykowska schlägt weiter vor, dass »soziale Roboter wissenschaftliche Werkzeuge zur Untersuchung der menschlichen sozialen Kognition und insbesondere ihrer Flexibilität sein können«[9]. Chaminade und Cheng konzentrieren sich speziell auf die Rolle von Robotern bei der Untersuchung der neuronalen Mechanismen, die der sozialen Kognition zugrunde liegen: Ihrer Meinung nach »können Roboter eingesetzt werden, um Hypothesen über die menschliche soziale Neurowissenschaft zu testen«[10]. Diese Autoren verweisen auf eine relativ neue Art der epistemischen Nutzung von Robotern, deren Struktur und Gültigkeit von Wissenschaftsphilosoph*innen bisher wenig beachtet wurde. Es besteht ein auffälliger Unterschied zwischen der experimentellen Rolle, die COG (und »klassischen« Biorobotern im Allgemeinen) zugeschrieben wird, und der Rolle, die humanoide Roboter in diesen neueren Studien spielen. In der »klassischen« Biorobotik wird der Roboter als Plattform verwendet, die ein kogni-

[7] B. Webb, Validating biorobotic models, in: *Journal of Neural Engineering* 3/3 (2006), R25-R35; B. Webb, Animals Versus Animats: Or Why Not Model the Real Iguana?, in: *Adaptive Behavior* 17/4 (2009), 269–286; E. Datteri, Biorobotics, in: L. Magnani/T. Bertolotti (Hrsg.), *Springer Handbook of Model-Based Science*, Cham 2017, 817–837.

[8] A. Wykowska/T. Chaminade/G. Cheng, Embodied artificial agents for understanding human social cognition, in: *Philosophical Transactions of the Royal Society B: Biological Sciences* 371/1693 (2016), 20150375.

[9] A. Wykowska, Social Robots to Test Flexibility of Human Social Cognition, in: *International Journal of Social Robotics* 12/6 (2020), 1203–1211.

[10] T. Chaminade/G. Cheng, Social cognitive neuroscience and humanoid robotics, in: *Journal of Physiology-Paris* 103/3–5 (2009), 286–295.

tives oder neurales theoretisches Modell simuliert. Ähnlich wie bei der Verwendung von Computersimulationen zum Testen theoretischer Modelle physikalischer, atmosphärischer, biologischer und kognitiver Phänomene[11] wird in der klassischen Biorobotik das zu untersuchende theoretische Modell in einen Roboter implementiert, überprüft, ob der Roboter das Verhalten des modellierten Systems reproduzieren kann, und das Ergebnis als empirischer Beweis genommen, um das Modell selbst zu akzeptieren, zu verwerfen oder zu überarbeiten. Bei dem in diesem Beitrag diskutierten methodischen Ansatz spielt der Roboter eine ganz andere experimentelle Rolle. Um es mit den Worten von Eyssel zu sagen, können Roboter in dem, was hier als interaktive humanoide Biorobotik (IHB) bezeichnet wird, »als Stellvertreter für menschliche Interaktionspartner dienen«[12]. Anstatt ein biologisches oder kognitives theoretisches Modell zu simulieren, stimulieren die Roboter in der IHB andere Menschen. Aus methodischer Sicht ist die IHB mit den zeitgenössischen ethorobotischen oder interaktiven biorobotischen Ansätzen zur Untersuchung des Verhaltens nichtmenschlicher Tiere vergleichbar, die in Romano et al.[13] besprochen und in Datteri[14] rekonstruiert werden.

Diesem Ansatz liegt folgendes Konzept zugrunde. Roboter können vorhersehbare, wiederholbare und manipulierbare soziale Stimuli (oder »soziale Drücke«, ein Begriff von Scassellati[15]) an Menschen abgeben. Als solche können sie Kontexte der kontrollierten Interaktion zwischen zwei Agenten reproduzieren, wobei der erste ein Roboter und der zweite ein Mensch ist. Indem man beobachtet, wie der Mensch auf die vom Roboter ausgeübten Reize reagiert, kann man Theorien darüber aufstellen, wie er auf ähnliche Reize reagieren würde, wenn sie von anderen Menschen ausgeübt würden, und sich mit der Frage auseinandersetzen, was wäre, wenn es anders gewesen wäre, und welche Faktoren diese Reaktionen bestimmen. Nehmen wir zum Beispiel die in Lehmann und Broz[16] beschriebene Studie zur Ansteckung durch Gähnen. In

[11] M. Weisberg, *Simulation and Similarity: Using Models to Understand the World*, Oxford 2015; E. Winsberg, Simulated Experiments: Methodology for a Virtual World, in: *Philosophy of Science* 70/1 (2003), 105–125.

[12] F. Eyssel, An experimental psychological perspective on social robotics, in: *Robotics and Autonomous Systems* 87 (2017), 363–371.

[13] D. Romano/E. Donati/G. Benelli/C. Stefanini, A review on animal-robot interaction: from bio-hybrid organisms to mixed societies, in: *Biological Cybernetics* 113/3 (2019), 201–225.

[14] E. Datteri, Interactive biorobotics, in: *Synthese* 198/8 (2021b), 7577–7595.

[15] B. Scassellati, How Social Robots Will Help Us to Diagnose, Treat, and Understand Autism, in: S. Thrun/R. Brooks/H. Durrant-Whyte (Hrsg.), *Robotics Research*, Berlin/Heidelberg 2007, 552–563.

[16] H. Lehmann/F. Broz, Contagious Yawning in Human-Robot Interaction, in: *Com-*

der Versuchsgruppe saßen die Teilnehmer*innen vor einem humanoiden Roboter. Gelegentlich gab der Roboter ein »Gähnen« von sich, und die Experimentatoren prüften, ob der Teilnehmer mit einem weiteren Gähnen reagierte. Das humanoide Gesicht war nicht realistisch und hatte keinen Mund: Es bestand aus drei Scheiben (die mittlere beherbergte die Augen), die vertikal verschoben werden konnten, so dass der gesamte Kopf gestreckt oder geschrumpft wirkte. Der Gähnreiz bestand darin, dass der Kopf gedehnt wurde. Zudem gab es eine Kontrollgruppe, in der die Teilnehmer vor einem Roboter saßen, der still stand. Es stellte sich heraus, dass die Teilnehmer*innen der Versuchsgruppe mehr Gähnen produzierten als die Teilnehmer*innen der Kontrollgruppe, was die Hypothese bestätigte, dass der Gähnreiz des Roboters bei Menschen ein Gähnen hervorrufen kann. Wie könnte dieses Ergebnis dazu beitragen, die Dynamik der Ansteckung durch Gähnen beim Menschen zu untersuchen? Es deutet darauf hin, dass die Ansteckung durch Gähnen relativ unabhängig vom menschenähnlichen Aussehen des ersten »Gähners« ist. Nach dieser Interpretation gehört zu dem Stimulus, der diese Reaktion auslöst, kein menschenähnliches Gesicht als Schlüsselelement. Roboter können Menschen zum Gähnen bringen, ebenso wie Hunde und Katzen, und dieses Ergebnis hat nicht nur Auswirkungen auf die Dynamik der Interaktion zwischen Roboter und Mensch (Hund und Mensch, Katze und Mensch), sondern auch auf die Art der Reize, die bestimmte Reaktionen in der Interaktion zwischen Mensch und Mensch auslösen.

In der Gähnstudie und in IHB-Studien (interactive humanoid biorobotics-studies) im Allgemeinen werden humanoide Roboter als eine neue Art von Werkzeug zur Untersuchung menschlichen Verhaltens in einem Sinne vorgeschlagen, der sich radikal von dem unterscheidet, was in Adams et al.[17] diskutiert wird. In der zeitgenössischen IHB, aber nicht in den klassischen Studien, wie z.B. der COG, spielen humanoide Roboter die Rolle von »Stimulatoren«, von Stellvertretern für Interaktionspartner*innen. Indem beobachtet wird, wie Menschen auf die vom Roboter gelieferten Stimuli reagieren, werden Hypothesen über die Dynamik der Mensch-Mensch-Interaktion getestet. Um diese Unterscheidung zu verdeutlichen, sei darauf hingewiesen, dass COG zur Untersuchung des Phänomens der geteilten Aufmerksamkeit verwendet wurde, das in der sozialen Interaktion weit verbreitet ist.[18] Geteilte Aufmerksamkeit liegt vor, wenn Agent A seinen Blick auf einen Ort richtet

panion of the 2018 ACM/IEEE International Conference on Human-Robot Interaction, New York 2018, 173–174.

[17] Adams/Breazeal/Brooks/Scassellati, *Humanoid robots: a new kind of tool.*

[18] Ebd.

und ein in der Nähe befindlicher Agent B dasselbe tut, wobei er durch die Blickrichtung von A räumlich geleitet wird. Geteilte Aufmerksamkeit wurde auch in der IHB untersucht, zum Beispiel von Chaminade und Okka[19]. Während COG jedoch kognitive Modelle der geteilten Aufmerksamkeit simulierte, simulierte der in der Studie von Chaminade und Okka verwendete Roboter kein Modell der geteilten Aufmerksamkeit. Seine Aufgabe bestand darin, die geteilte Aufmerksamkeit des menschlichen Partners zu wecken. Mit anderen Worten: COG simulierte das Verhalten von Agent B, während der Roboter in der IHB-Studie das Verhalten von A, dem Agenten, der die Neuorientierung der Aufmerksamkeit anregt, nachahmt. Warum sollte man Roboter als Stellvertreter für Interaktion in Verhaltensstudien verwenden? Weil Roboter über viele Versuchssitzungen hinweg praktisch denselben »sozialen Druck« ausüben können, ohne an Genauigkeit zu verlieren. Außerdem können die Eigenschaften des Reizes bis zu einem gewissen Grad kontrolliert werden. Das gleiche Maß an Wiederholbarkeit und Kontrollierbarkeit ist schwer zu erreichen, wenn das Stimulatorsystem ein Mensch ist.

Das Aufkommen der interaktiven humanoiden Biorobotik mit ihrer besonderen Art, Roboter einzubeziehen, wirft mehrere methodologische Fragen auf, die in den Bereich der Wissenschaftstheorie fallen. Was kann man mit Hilfe von humanoiden Robotern über menschliche soziale Kognition lernen? Wie sind IHB-Experimente aufgebaut, und welche wissenschaftlichen Schlussfolgerungen und Prozesse sind in ihnen enthalten? Unter welchen Hilfsannahmen kann man aus den Ergebnissen von IHB-Experimenten sicher theoretische Schlussfolgerungen zur menschlichen sozialen Kognition ziehen? Varianten dieser Fragen sind, wie bereits erwähnt, im Zusammenhang mit der klassischen Biorobotik behandelt worden. Da sich die klassische und die interaktive humanoide Biorobotik jedoch in einem entscheidenden Aspekt (nämlich der experimentellen Rolle des Roboters) unterscheiden, ist es nicht offensichtlich, dass die philosophischen Ergebnisse, die in Diskussionen über die klassische Biorobotik gewonnen wurden, direkt auf die interaktive Biorobotik verallgemeinert werden können. Es wurden einige Übersichten über die IHB veröffentlicht,[20] die sich jedoch eher auf die wissenschaftlichen Ergebnisse konzentrieren, die mit humanoiden Robotern erzielt wurden, als auf die methodische Komplexität dieser Strategie.

[19] T. Chaminade/M. M. Okka, Comparing the effect of humanoid and human face for the spatial orientation of attention, in: *Frontiers in Neurorobotics* 7/12 (2013), 1–7.

[20] Chaminade/Cheng, *Social cognitive neuroscience and humanoid robotics*; Wykowska, *Social Robots to Test Flexibility of Human Social Cognition*; Wykowska/Chaminade/Cheng, *Embodied artificial agents for understanding human social cognition.*

Ziel dieses Kapitels ist es, eine philosophische Diskussion über diese Fragen anzustoßen. Genauer gesagt werden hier die folgenden methodischen Fragen behandelt. Erstens: Was kann durch die IHB über soziale Kognition gelernt werden? Zweitens: Welche Struktur kann für IHB-Experimente abgeleitet werden? Drittens: Welche methodischen Voraussetzungen müssen erfüllt sein, um aus den Ergebnissen von IHB-Experimenten sicher theoretische Schlussfolgerungen über soziale Kognition ziehen zu können? Diese Fragen wurden, wie bereits betont, in der philosophischen Literatur nur unzureichend behandelt, obwohl die philosophische Analyse der Ethorobotik (Einsatz von Robotern zur Stimulierung nicht-menschlicher Tiere) in Datteri[21] als Anregung dienen kann. Es ist wichtig zu betonen, dass dieser Artikel keine neuen Thesen zu allgemeinen philosophischen Fragen aufstellt, sondern aus der Perspektive der Wissenschaftsphilosophie die Rolle und Bedeutung der IHB bei der Untersuchung der sozialen Kognition untersucht.

Die erste Frage – »Was kann mit IHB über soziale Kognition gelernt werden?« – wird in Abschnitt 3 eingeführt, wo vorgeschlagen wird, dass die bisher durchgeführten IHB-Studien Forschungsfragen zu den Bedingungen behandeln, unter denen bestimmte Interaktionsphänomene auftreten. Dies steht offensichtlich im Widerspruch zu den Behauptungen der oben erwähnten IHB-Wissenschaftler*innen, dass IHB zur Erforschung der Mechanismen sozialer Kognition beitragen kann: Die Untersuchung der Determinanten eines Phänomens ist eine Sache, die Untersuchung des Mechanismus, der es hervorbringt, eine ganz andere. Die zweite Frage – »Was ist die typische Struktur von IHB-Experimenten?« – wird in Abschnitt 4.1 behandelt, in dem eine vergleichende und eine nichtvergleichende Strategie mit interaktiven humanoiden Biorobotern skizziert wird. Die dritte Frage – »Welche methodischen Anforderungen müssen erfüllt sein, um aus den Ergebnissen von IHB-Experimenten sicher theoretische Schlussfolgerungen zur sozialen Kognition zu ziehen?« – wird in Abschnitt 4.2 behandelt, wo vorgeschlagen wird, dass IHB-Experimente durch Hintergrundfaktoren, die die Art und Weise betreffen, wie Menschen das Verhalten des Roboters interpretieren und erklären, erheblich beeinflusst werden können. Diese Faktoren können besonders schwer zu identifizieren oder zu neutralisieren sein. Insgesamt wird die in Abschnitt 4 vorgenommene Rekonstruktion der IHB-Methode den Weg ebnen, um die erste Frage nach den theoretischen Ergebnissen, die aus IHB-Studien gezogen werden können, zu überdenken. Im letzten Abschnitt wird

[21] E. Datteri, The Logic of Interactive Biorobotics, in: *Frontiers in Bioengineering and Biotechnology* 8/637 (2020), 1–15; E. Datteri, The creation of phenomena in interactive biorobotics, in: *Biological Cybernetics* 115/6 (2021a), 629–642; Datteri, *Interactive biorobotics.*

die Frage aufgeworfen, ob IHB-Experimente wirklich in der Lage sind, die Mechanismen der sozialen Kognition beim Menschen aufzudecken, wie von den zuvor genannten Wissenschaftler*innen behauptet. Zur Einführung in die methodische Analyse von IHB ist es sinnvoll, einige Beispiele zu nennen.

2. Über motorische Resonanz und geteilte Aufmerksamkeit

Das Phänomen der motorischen Resonanz hat eine gewisse Ähnlichkeit mit der Ansteckung durch Gähnen. Die eigenen Bewegungen neigen dazu, die Erzeugung ähnlicher Bewegungen bei Umstehenden zu erleichtern und die Erzeugung anderer Bewegungen zu behindern. Betrachten wir zwei Personen, A und B, die sich gegenüberstehen. Agent A führt eine bestimmte Bewegung aus: Er zieht z.B. mit der Hand eine imaginäre diagonale Linie von der linken oberen zur rechten unteren Ecke seines proximalen Raums. Gleichzeitig führt B die gleiche oder eine ganz andere Bewegung aus, z.B. zieht er eine Linie von der rechten oberen zur linken unteren Ecke. Motorische Resonanz tritt auf, wenn die Qualität der Bewegung von B (z.B. ihre zeitliche oder räumliche Regelmäßigkeit) davon beeinflusst wird, ob die von A ausgeführte Bewegung mit der Bewegung von B kongruent oder inkongruent ist. Dieses Phänomen wurde bei Menschen experimentell untersucht und tritt in einer Vielzahl von Kontexten auf (für eine kritische Diskussion des Phänomens siehe Uithol et al.[22]). Tritt motorische Resonanz immer auf, oder gibt es Faktoren, die ihr Auftreten ermöglichen oder verhindern? Ist es zum Beispiel wichtig, dass A ein menschenähnliches Aussehen hat oder dass A »natürliche«, menschenähnliche Bewegungen ausführt? Gehen Menschen mit den Bewegungen von nicht-menschlichen Tieren in Resonanz? Stehen sie in Resonanz mit den Bewegungen eines Roboters?

Kilner und Kollegen[23] stellten Eins-zu-eins-Interaktionen zwischen menschlichen Teilnehmern und einem Roboterarm her. Beide Agenten führten mit ihrem Arm gleichzeitig Top-Down- (vertikale) oder Links-Rechts- (horizontale) Bewegungen aus. Die Bewegungen waren in verschiedenen Versuchsbedingungen kongruent oder inkongruent (im inkongruenten Fall führte der Roboter eine Top-Down-Bewegung und der menschliche Teilnehmer eine Links-Rechts-Bewegung aus oder umgekehrt). Die gemessene Variable

[22] S. Uithol/I. van Rooij/H. Bekkering/P. Haselager, Understanding motor resonance, in: *Social Neuroscience* 6/4 (2011), 388–397.

[23] J. Kilner/Y. Paulignan/S. Blakemore, An Interference Effect of Observed Biological Movement on Action, in: *Current Biology* 13/6 (2003), 522–525.

war die Varianz in den Bewegungen des Menschen, d. h., wie sehr sie von einer linearen Top-Down- oder Links-Rechts-Bewegung abwichen. Eine Kontrollgruppe, bei der beide Agenten Menschen waren, wurde ebenfalls einbezogen. Die Ergebnisse deuten darauf hin, dass motorische Resonanz nur bei Mensch-Mensch-Interaktionen auftritt. Es wurde kein signifikanter motorischer Resonanzeffekt gefunden, wenn A ein Roboter war. Dieses Ergebnis könnte als Bestätigung der Hypothese gewertet werden, dass ein menschenähnliches Aussehen entscheidend ist, um motorische Resonanz hervorzurufen (da der Roboter nicht menschenähnlich war). Um diese Hypothese weiter zu untersuchen, führten Oztop und Kollegen[24] Experimente mit einem menschenähnlicheren Roboter durch. Außerdem variierten sie die Merkmale der Bewegungen der Agenten in zweierlei Hinsicht. Erstens waren sie weder horizontal noch vertikal, wie in der Studie von Kilner und Kollegen, sondern diagonal, d. h. von der linken oberen bis zur rechten unteren Ecke bzw. von der rechten oberen bis zur linken unteren Ecke, bezogen auf den Frontalraum des Agenten. Diese Änderung wurde vorgenommen, weil sich die Schwerkraft auf vertikale und horizontale Bewegungen unterschiedlich auswirkt und möglicherweise nur die vertikalen Bewegungen positiv beeinflusst, wodurch die Ergebnisse verfälscht werden würden. Zweitens waren die Bewegungen des Roboters in Oztop et al.[25] menschenähnlicher als die des Roboters in Kilner et al.[26] und wiesen einen gewissen Grad an Variabilität auf. Es stellte sich heraus, dass diese beiden Bedingungen die motorische Resonanz beeinflussten: In dieser zweiten Studie tendierten die menschlichen Teilnehmer*innen dazu, in einem gewissen Maße mit der Bewegung des Roboters mitzugehen. Dieses Ergebnis stützt nach Ansicht der Autoren die Hypothese, dass ein menschenähnliches Aussehen und menschenähnliche Bewegungen entscheidend sind, um motorische Resonanz hervorzurufen (was teilweise mit der von Kilner und Kollegen bestätigten Hypothese übereinstimmt).

Ein weiteres Phänomen, das mit humanoiden Robotern erforscht wurde, ist die geteilte Aufmerksamkeit. Sie tritt immer dann auf, wenn Agent A auf einen bestimmten Punkt im Raum blickt und unmittelbar danach Agent B auf denselben Punkt blickt. Der Blick von A fungiert für B als räumlicher Hinweis, der die Aufmerksamkeit von B auf diesen bestimmten Punkt im Raum lenkt. Geteilte Aufmerksamkeit spielt in alltäglichen sozialen Inter-

[24] E. Oztop/D. W. Franklin/T. Chaminade/G. Cheng, Human-Humanoid Interaction: Is a Humanoid Robot Perceived As a Human?, in: *International Journal of Humanoid Robotics* 2/4 (2005), 537–559.

[25] Oztop/Franklin/Chaminade/Cheng, *Human-Humanoid Interaction.*

[26] Kilner/Paulignan/Blakemore, *An Interference Effect of Observed Biological Movement on Action.*

aktionen eine entscheidende Rolle, da sie oft dazu dient, eine gemeinsame Basis für gemeinsames Handeln zu schaffen. Geteilte Aufmerksamkeit wird häufig mit Hilfe des »Gaze-cueing«-Paradigmas[27] untersucht. In einer typischen Konfiguration wird ein Gesicht präsentiert, das in die Richtung des Beobachters blickt. Dann wechselt der Blick zur rechten oder linken Seite, und anschließend wird ein Reiz an der Stelle präsentiert, auf die der Blick gerichtet ist (gültiger Hinweis), oder an der anderen Stelle (ungültiger Hinweis). Der Teilnehmer wird aufgefordert, den Reiz zu erkennen, zu unterscheiden oder zu lokalisieren. Wenn der Teilnehmer dem Blick des beobachteten Gesichts folgen kann, sollte er den Stimulus in der Bedingung mit dem gültigen Hinweis schneller und in der Bedingung mit dem ungültigen Hinweis langsamer erkennen. Personen mit Autismus-Spektrum-Störung (im Folgenden ASS) sind in der Regel in der geteilten Aufmerksamkeit beeinträchtigt und zeigen nicht die typischen Reaktionszeiten (RT) von Personen ohne ASS.

Welche Faktoren sind wesentlich, um das Verfolgen des Blicks beim Menschen auszulösen? Genauer gesagt: Wird die Blickverfolgung nur durch die Blickrichtung hervorgerufen, oder spielen auch andere Faktoren eine Rolle, z.B. das menschenähnliche Aussehen des Gesichts? Um diese Frage zu klären, haben einige Forschende Experimente durchgeführt, in denen den Teilnehmer*innen menschliche und Robotergesichter präsentiert wurden, die Blickhinweise gaben.[28] Sie fanden heraus, dass die Effekte der Blickhinweise bei menschlichen Gesichtern höher und bei Robotergesichtern niedriger waren. Dieses Ergebnis stützt nach Ansicht der Autoren die Hypothese, dass das Aussehen des Gesichts (Roboter- oder Menschengesicht) die geteilte Aufmerksamkeit beeinflusst, genauer gesagt, dass die Effekte der geteilten Aufmerksamkeit größer sind, wenn die Blickhinweise durch ein menschliches Gesicht gegeben werden. Es gibt Gründe für die Hypothese, dass Teilnehmer*innen mit ASS ein anderes Verhalten zeigen würden. Aus Gründen, die mit der Vorhersehbarkeit und der Detailarmut von Robotern zusammenhängen, könnten Menschen mit ASS dazu neigen, sich mehr mit Robotern zu beschäftigen als mit Menschen.[29] Aus diesen Gründen könnten Personen auf

[27] M. I. Posner, Orienting of Attention, in: *Quarterly Journal of Experimental Psychology* 32/1 (1980), 3–25.

[28] E. Wiese/A. Wykowska/J. Zwickel/H. J. Müller, I See What You Mean: How Attentional Selection Is Shaped by Ascribing Intentions to Others, in: *PLoS ONE* 7/9 (2012), e45391; A. Wykowska/E. Wiese/A. Prosser/H. J. Müller, Beliefs about the Minds of Others Influence How We Process Sensory Information, in: *PLoS ONE* 9/4 (2014), e94339.

[29] J. Cabibihan/H. Javed/M. Ang/S. M. Aljunied, Why Robots? A Survey on the Roles and Benefits of Social Robots in the Therapy of Children with Autism, in: *International Journal of Social Robotics* 5/4 (2013), 593–618.

dem Autismus-Spektrum in Experimenten mit Blickaufforderungen niedrigere Reaktionszeiten aufweisen, wenn das Gesicht ein Robotergesicht ist, im Vergleich zu menschlichen Gesichtern. Die in Wiese et al.[30] beschriebene Studie bestätigte diese Hypothese. In validen Cue-Versuchen zeigten die Teilnehmer*innen mit ASS geringere Reaktionszeiten, wenn das sie anblickende Gesicht ein Robotergesicht war, als wenn es sich um ein menschliches Gesicht handelte. Das bedeutet, dass Robotergesichter die Aufmerksamkeit dieser Teilnehmer*innen effektiver auf den Stimulus lenkten. Umgekehrt lenkte das Robotergesicht in den Versuchen mit ungültigem Hinweis diese Teilnehmer*innen effektiver vom Stimulus ab (die Reaktionszeiten waren im Fall des Robotergesichts höher als im Fall des menschlichen Gesichts). Dieses Ergebnis stützt die Hypothese, dass das Aussehen des Gesichts des Betrachters den Unterschied bedingt, in welchem Ausmaß Personen auf dem Autismus-Spektrum geteilte Aufmerksamkeit mit ihm aufbringen. Bei neurotypischen Teilnehmer*innen war der Effekt umgekehrt.

3. Was können humanoide Roboter für die Erforschung des menschlichen Verhaltens leisten?

Die bisher beschriebenen Studien sind für Sozialroboterforscher*innen von Interesse, deren Ziel es ist, Robotersysteme zu entwickeln, die auf natürliche und reibungslose Weise mit Menschen interagieren können.[31] Motorische Resonanz ist in Mensch-Mensch-Interaktionen weit verbreitet, und die von Kilner und Kollegen und Oztop und Kollegen durchgeführten Studien[32] können Sozialroboterforscher*innen Aufschluss darüber geben, welche Eigenschaften ein humanoider Roboter haben muss, um sie hervorzurufen. Ein Roboter, der motorische Resonanz hervorruft, könnte als »menschenähnlicher« wahrgenommen werden: Die Studie von Oztop und Kollegen bietet einige Einblicke, um zu verstehen, »welche Art von Form und Funktionalität ein menschenähnlicher Roboter haben sollte, um sozial akzeptiert zu werden«[33]. In ähn-

[30] E. Wiese/H. J. Müller/A. Wykowska, Using a Gaze-Cueing Paradigm to Examine Social Cognitive Mechanisms of Individuals with Autism Observing Robot and Human Faces, in: M. Beetz/B. Johnston/M. A. Williams (Hrsg.), *Social Robotics. ICSR 2014. Lecture Notes in Computer Science. Vol. 8755*, Cham 2014, 370–379.

[31] C. Breazeal/K. Dautenhahn/T. Kanda, Social Robots that Interact with People, in: B. Siciliano/O. Khatib (Hrsg.), *Springer Handbook of Robotics*, Cham 2016, 1935–1972.

[32] Kilner/Paulignan/Blakemore, *An Interference Effect of Observed Biological Movement on Action*; Oztop/Franklin/Chaminade/Cheng, *Human-Humanoid Interaction*.

[33] Oztop/Franklin/Chaminade/Cheng, *Human-Humanoid Interaction*, 538.

licher Weise sind die Studien zur geteilten Aufmerksamkeit für die Entwicklung und den Bau von sozialen Robotern relevant, da die geteilte Aufmerksamkeit eine entscheidende Rolle bei der sozialen Interaktion zwischen Menschen spielt.

Die Studien zur motorischen Resonanz und zur geteilten Aufmerksamkeit sind jedoch nicht nur aus der technischen Perspektive der sozialen Robotik interessant. Durch die Schaffung von Kontexten, in denen einige Faktoren (z. B. das menschenähnliche Aussehen von Agent A) selektiv manipuliert werden, können sie es ermöglichen, die Relevanz dieser Faktoren für die Erzeugung bestimmter Phänomene der Mensch-Mensch-Interaktion zu testen. In den beiden Studien werden nämlich Hypothesen der gleichen Art getestet. Sie betreffen beide die Dynamik einer unidirektionalen Interaktion zwischen zwei menschlichen Individuen, von denen eines (das so genannte Stimulatorsystem) dem anderen (hier als Fokussystem bezeichnet) Reize zuführt. Die Interaktion zwischen den beiden ist unidirektional, was bedeutet, dass die Frage von Interesse ist, wie das Fokussystem auf die vom Stimulatorsystem gelieferten Reize reagiert, und dass somit keinerlei Schlussfolgerung darüber gezogen wird, wie wiederum das Stimulatorsystem auf die Reaktionen des Fokussystems reagiert. Genauer gesagt geht es um die Frage, ob einige Randfaktoren F (für »Faktor«) die Beziehung zwischen einigen auslösenden Reizen SH, die vom stimulierenden System abgegeben werden, und einigen Verhaltensreaktionen RH, die vom Fokussystem erzeugt werden, modulieren (wobei S, R und H jeweils für »Reiz« (*stimulus*), »Reaktion« (*reaction*) und »Mensch« (*human*) stehen). Diese Struktur findet sich in der motorischen Resonanz und in den Studien zur geteilten Aufmerksamkeit wieder. Die motorische Resonanz besteht aus einer gewissen Regelmäßigkeit zwischen den auslösenden Reizen (die Erzeugung bestimmter Bewegungen durch das Stimulatorsystem) und einer bestimmten Verhaltensreaktion im Fokussystem (charakterisiert durch die motorische Variabilität). Mit Hilfe des Roboters wurde untersucht, ob bestimmte Randfaktoren, nämlich menschenähnliches Aussehen und menschenähnliche Bewegungen, diese Beziehung modulieren. In ähnlicher Weise besteht der Blick-Cueing-Effekt aus einer Regelmäßigkeit zwischen bestimmten auslösenden Reizen (einem gültigen oder ungültigen räumlichen Cue, der vom stimulierenden System erzeugt wird) und bestimmten Verhaltensreaktionen im Fokussystem (Blick auf einen bestimmten Ort mit einer bestimmten Reaktionszeit). Der Roboter wurde eingesetzt, um zu untersuchen, ob das menschenähnliche Aussehen diese Regelmäßigkeit bei Teilnehmer*innen mit oder ohne ASS moduliert.

Die Regelmäßigkeit, die, so die Hypothese, in diesen Studien durch die Randfaktoren moduliert wird, kann als Effekt bezeichnet werden. Wie Cummins betont, wird dieser Begriff in der Psychologie üblicherweise verwendet, um ein »Gesetz oder eine Regelmäßigkeit (oder eine Reihe davon)«[34] zwischen auslösenden Bedingungen und Verhaltensreaktionen zu bezeichnen. Er wird auch in der hier untersuchten Literatur verwendet: Motorische Resonanz und geteilte Aufmerksamkeit werden als Effekte in diesem Sinne bezeichnet. Der Blick-Cueing-Effekt wird gelegentlich auch als Posner-Effekt bezeichnet.[35] Dementsprechend kann die in den hier besprochenen Studien getestete Hypothese dahingehend umformuliert werden, dass es darum geht, ob ein Randfaktor das Auftreten eines Effekts moduliert. Ein anderer Begriff, der anstelle von Effekt verwendet werden kann, ist Phänomen, und zwar wie von Hacking definiert: »Ein Phänomen ist im Allgemeinen ein Ereignis oder ein Prozess eines bestimmten Typs, der regelmäßig unter bestimmten Umständen auftritt.«[36] Man kann also sagen, dass sich die in den beiden Studien getesteten Hypothesen darauf beziehen, ob bestimmte Randfaktoren das Auftreten eines Phänomens modulieren. Schematisch gesehen werden Effekte und Phänomene in diesem Sinne hier als SH RH dargestellt. Die Hypothesen, die in der überwiegenden Mehrheit der bisher durchgeführten IHB-Studien getestet wurden,[37] haben wohl diese Form.

Die Behauptung, dass die in der IHB getesteten Hypothesen die Grenzfaktoren betreffen, die die Phänomene modulieren, steht offensichtlich im Widerspruch zu der von den in der Einleitung erwähnten Wissenschaftler*innen gemachten Aussage, dass in den IHB-Studien Hypothesen über soziale kognitive Mechanismen getestet werden. Die Prüfung einer mechanistischen kognitiven Hypothese läuft nicht darauf hinaus zu beurteilen, unter welchen Umständen ein Phänomen auftritt oder nicht. Auf diese Frage wird in Abschnitt 5 näher eingegangen.

Einige Bemerkungen zu den Schlüsselbegriffen, die in dieser Darstellung der Hypothese verwendet werden, sind für das Verständnis der folgenden methodologischen Diskussion über IHB nützlich. Der Begriff »modulieren«

[34] R. Cummins, »How does it work« versus »what are the laws?«: Two conceptions of psychological explanation, in: F. C. Keil/R. A. Wilson (Hrsg.), *Explanation and Cognition*, Cambridge, MA 2000, 117–145.

[35] Posner, *Orienting of Attention.*

[36] I. Hacking, *Representing and intervening. Introductory topics in the philosophy of natural science*, Cambridge 1983.

[37] Besprochen und diskutiert in Chaminade/Cheng, *Social cognitive neuroscience and humanoid robotics*; E. Datteri/T. Chaminade/D. Romano, Going Beyond the »Synthetic Method«: New Paradigms Cross-Fertilizing Robotics and Cognitive Neuroscience, in: *Frontiers in Psychology* 13/819042 (2022), 1–13; Wykowska, *Social Robots to Test Flexibility of Human Social Cognition*; Wykowska/Chaminade/Cheng, *Embodied artificial agents for understanding human social cognition.*

kann in verschiedenen Bedeutungen verwendet werden. Der modulierende Grenzfaktor kann als ein Faktor aufgefasst werden, der für das Auftreten der Wirkung wesentlich ist. Zum Beispiel kann die Behauptung, dass menschenähnliches Aussehen die geteilte Aufmerksamkeit bei Personen ohne ASS moduliert, als die Behauptung interpretiert werden, dass menschenähnliches Aussehen ein notwendiger Faktor ist (d. h., wenn es nicht vorhanden ist, tritt der Effekt nicht auf). Dies kann schematisiert werden als (RH → SH) → F. Alternativ kann es auch als hinreichender Faktor interpretiert werden: F → (SH → RH), oder, äquivalent, (F und SH) → RH. Nach dieser Interpretation wird das stimulierende Agens, wenn es ein menschenähnliches Aussehen hat, eine motorische Resonanz im Fokussystem hervorrufen, unabhängig davon, ob andere Faktoren vorhanden sind oder nicht. In der wissenschaftlichen Literatur ist nicht immer klar, welche Interpretation in den verschiedenen Fällen zugrunde gelegt werden muss. Wie im nächsten Abschnitt ausführlicher erörtert wird, werden in den Versuchsreihen häufig Fälle, in denen F vorhanden ist, mit Fällen verglichen, in denen F unter denselben Umgebungsbedingungen nicht vorhanden ist, was darauf hindeutet, dass die zu untersuchende Frage lautet, ob F als notwendiger Faktor (unter diesen Bedingungen) angenommen wird. Eine Analyse, ob F für das Auftreten des Phänomens ausreicht, würde voraussetzen, dass man testet, ob (SH → RH) bei Anwesenheit von F unter verschiedenen Variationen der Umweltbedingungen auftritt.

Der Begriff »Verhaltensreaktion« bezieht sich in den Studien zur motorischen Resonanz und zur geteilten Aufmerksamkeit auf Modelle von Daten[38], die das offene Verhalten des fokalen Systems betreffen. Dies muss jedoch nicht immer der Fall sein. Chaminade und Kolleg*innen führten beispielsweise funktionelle Magnetresonanztomographie bei Personen durch, die Roboter- und menschliche Gesichter betrachteten, die Emotionen ausdrückten, »um zu beschreiben, wie das Aussehen des Agenten die Gehirnreaktionen auf die Wahrnehmung emotionaler Gesichtshandlungen moduliert«[39]. RH kann also aus dem neuronalen Verhalten des Fokussystems bestehen. In einem solchen Fall betrifft die in der IHB-Studie getestete Hypothese die Grenzfaktoren, die neuronale Phänomene (oder Effekte) modulieren.

Die Begriffe »Randfaktor« und »auslösender Stimulus« bedürfen ebenfalls der Diskussion. In den in Abschnitt 2 besprochenen Studien bestehen die aus-

[38] Im Sinne von J. Bogen/J. Woodward, Saving the Phenomena, in: *The Philosophical Review*, 97/3 (1988), 303–352, hier 303.

[39] T. Chaminade/M. Zecca/S.-J. Blakemore/A. Takanishi/C. D. Frith/S. Micera/P. Dario/G. Rizzolatti/V. Gallese/M. A. Umiltà, Brain Response to a Humanoid Robot in Areas Implicated in the Perception of Human Emotional Gestures, in: *PLoS ONE* 5/7 (2010), e11577.

lösenden Stimuli aus stabilen Verhaltensmustern, die durch das stimulierende System erzeugt werden (z. B. Bewegungen des Arms oder der Augen), und die Randfaktoren bestehen aus einigen Eigenschaften des stimulierenden Systems (z. B. ihr menschenähnliches Aussehen oder die Menschenähnlichkeit ihrer Bewegungen). Dies muss nicht immer der Fall sein. Der auslösende Stimulus kann in einer festen und nicht verhaltensbezogenen Eigenschaft des stimulierenden Systems bestehen (z. B. seinem Aussehen), und die Randfaktoren können in Umweltereignissen, Umwelteigenschaften oder zusätzlichen Aktionen des stimulierenden Systems bestehen. Dies ist nicht überraschend, da die Unterscheidung zwischen auslösendem Stimulus und Randfaktor in gewisser Weise konventionell ist. Wenn beispielsweise das Fokussystem mit dem Stimulator in Resonanz geht, wenn dieser eine bestimmte Art von Bewegung ausführt, und diese Bewegung menschenähnlich ist, gibt es keinen triftigen Grund, den ersteren als auslösenden Stimulus und den letzteren als Randfaktor zu bezeichnen: Beide könnten ordnungsgemäß als Stimuli betrachtet werden, die motorische Resonanz auslösen.

Eine wichtige Frage bezüglich der Natur des auslösenden Reizes SH und des Grenzfaktors F ist jedoch, dass sie möglicherweise nicht aus Oberflächeneigenschaften oder Bewegungen des Stimulatorsystems oder der Umgebung bestehen. Perez-Osorio und Kolleg*innen sowie Wykowska und Kollegen untersuchen beispielsweise, ob das Verfolgen des Blicks im Fokussystem durch Überzeugungen über die Absichten des Stimulators moduliert wird oder ob der Stimulator einen Verstand hat oder nicht.[40] Der Hintergrundfaktor, der die Blickverfolgung in diesen Studien vermutlich moduliert, ist eine Überzeugung und nicht eine motorische oder physische Eigenschaft des Stimulatorsystems. Wykowska und Kollegen[41] maßen beispielsweise die Blickverfolgungsreaktionen auf ein Robotergesicht; einigen Teilnehmer*innen wurde explizit mitgeteilt, dass der Roboter von einem Menschen gesteuert wurde, während anderen Teilnehmenden gesagt wurde, dass er von einem Algorithmus ohne menschliche Vermittlung gesteuert wurde. Die Reaktionen änderten sich, d. h., die Teilnehmenden folgten eher dem Blick des Roboters, wenn sie glaubten, dass er von einem Menschen gesteuert wurde, als in der anderen Bedingung. Wenn der Stimulus oder der Grenzfaktor keine Oberflächeneigenschaft des Stimulatorsystems ist, sondern eine »tiefe« Eigenschaft oder ein Ereignis

[40] J. Perez-Osorio/H. J. Müller/E. Wiese/A. Wykowska, Gaze Following Is Modulated by Expectations Regarding Others' Action Goals, in: *PLOS ONE* 10/11 (2015), e0143614; Wykowska/Wiese/Prosser/Müller, *Beliefs about the Minds of Others Influence How We Process Sensory Information.*

[41] Wykowska/Wiese/Prosser/Müller, *Beliefs about the Minds of Others Influence How We Process Sensory Information.*

(z.B. eine Überzeugung), sind bestimmte Folgerungsschritte und theoretische Annahmen erforderlich, um irgendeine Art von theoretischer Schlussfolgerung zu ziehen. In diesem Fall muss man davon ausgehen, dass die explizite Anweisung die entsprechende Überzeugung erfolgreich und robust in das Bewusstsein des Fokussystems »eingefügt« hat, eine Annahme, die nicht leicht zu überprüfen ist. Diese Frage wird in Abschnitt 4.2 ausführlicher erörtert.

4. Experimentelle Verfahren und ihre Gültigkeit

4.1. Vergleichende und nichtvergleichende humanoide Biorobotik

Im vorangegangenen Abschnitt wurde vorgeschlagen, dass soziale Roboter verwendet werden können, um Hypothesen darüber zu testen, ob Grenzfaktoren F die Beziehung zwischen den vom Stimulierungsagenten gelieferten auslösenden Reizen SH und den vom Fokussystem erzeugten Verhaltensreaktionen RH modulieren. In diesem Abschnitt geht es um die Frage, wie Roboter zum Testen von Hypothesen dieser Art verwendet werden können. Typischerweise laufen die Experimente, wie die Studien zur motorischen Resonanz und zur geteilten Aufmerksamkeit zeigen, wie folgt ab: Man schafft experimentelle Bedingungen, bei denen das stimulierende System A und das Fokussystem B beide Menschen sind, und untersucht, welche Reaktion B auf die auslösenden Reize von A zeigt. Dann ersetzt man A durch einen Roboter und manipuliert gleichzeitig die Randfaktoren F. Der Vergleich zwischen den Reaktionen von B auf den Roboter und ihren Reaktionen auf den menschlichen Stimulator wird daher als informativ dafür angesehen, wie F das Phänomen SH → RH moduliert.

Man kann »durch Ähnlichkeit« und »durch Unterschied« argumentieren. Nehmen wir an, das Ziel ist zu verstehen, ob menschenähnliche Bewegungen die motorische Resonanz beeinflussen. Wenn man von der Ähnlichkeit ausgeht, kann man einen Roboter bauen, dessen Bewegungen menschenähnlich sind, d.h., man schafft eine Bedingung, bei der der Grenzfaktor F vorhanden ist, und prüft, ob die motorische Resonanz im fokalen System auf demselben Niveau und im selben Ausmaß auftritt wie in dem Fall, in dem das Stimulatorsystem ein Mensch ist. Bei der Differenzbetrachtung baut man einen Roboter, dessen Bewegungen nicht menschenähnlich sind, und prüft, ob im fokalen System motorische Resonanz auftritt. Diese beiden Strategien können dazu beitragen, zwei Aspekte der von F ausgeübten Modulation hervorzuheben. Wenn beim Ähnlichkeitsansatz die Reaktionen von F auf den Roboter den

Reaktionen von B auf den menschlichen Stimulator ähneln, kann man sich dazu veranlasst sehen, die Behauptung vorläufig zu bestätigen, dass F ausreicht, um motorische Resonanz hervorzurufen (eine Hypothese, die durch Wiederholung desselben Tests unter anderen Hintergrundbedingungen weiter bestätigt werden sollte). Beim Differenzansatz kann eine Nichtübereinstimmung zwischen den beiden Bedingungen als Grundlage für die Bestätigung der Hypothese dienen, dass F für die motorische Resonanz notwendig ist (da sein Fehlen den Effekt unterbricht). Natürlich kann es für diese Ergebnisse eine Vielzahl von alternativen Erklärungen geben, so dass jede theoretische Schlussfolgerung, die sich aus solchen Ergebnissen ergibt, auf einer Reihe von Hilfsannahmen beruht, deren Art in Unterabschnitt 4.2 erörtert wird.

Diese experimentellen Strategien beinhalten Vergleiche zwischen Roboter-Mensch- und Mensch-Mensch-Interaktionskontexten. Dies ist ein natürlicher Ansatz, wenn das zu untersuchende Phänomen bereits in Mensch-Mensch-Experimenten aufgedeckt wurde, wie etwa motorische Resonanz und geteilte Aufmerksamkeit. Prinzipiell können IHBs aber auch eingesetzt werden, um Phänomene aufzudecken, die in menschlichen Interaktionskontexten noch nie beobachtet wurden: In diesem Fall kann ein nichtkomparativer Ansatz versucht werden. Betrachten wir ein Ziel, das sich leicht von dem zuvor diskutierten unterscheidet, d. h., wenn ein Stimulus SH RH erzeugt. Man stellt Roboter-Mensch-Interaktionsszenarien auf, in denen der Roboter den Stimulus SH abgibt und überprüft, ob RH auftritt. Nehmen wir zum Beispiel an, dass man noch nie beobachtet hat, ob diagonale Bewegungen im Fokussystem ein Gähnen hervorrufen können. Um dieser Frage nachzugehen, prüft man, ob ein Roboter, der diagonale Bewegungen ausführt, im menschlichen System ein Gähnen hervorruft (im Vergleich zu Fällen, in denen der Roboter keine diagonalen Bewegungen ausführt). Wenn dies der Fall ist, könnte man die Hypothese bestätigen, dass diagonale Bewegungen auch in Mensch-Mensch-Interaktionen ein Gähnen hervorrufen. In nichtvergleichenden Experimenten dieser Art verallgemeinert man Schlussfolgerungen, die die Interaktion zwischen Roboter und Mensch betreffen, auf Schlussfolgerungen, die die Interaktion zwischen Mensch und Mensch betreffen. Diese Verallgemeinerung erfordert natürlich eine Reihe von Zusatzannahmen, darunter die, dass die Unterschiede zwischen Roboter und Mensch (in Bezug auf Aussehen, Bewegungsmerkmale usw.) nicht ausschlaggebend dafür sind, ob SH → RH. Schematischer ausgedrückt, muss man sicherstellen, dass im Kontext der Roboter-Mensch-Interaktion kein Grenzfaktor F vorhanden ist, der für das Auftreten des Phänomens wesentlich ist und in der Mensch-Mensch-Interaktion fehlt. So kann es beispielsweise sein, dass das weiße Rauschen, das von den Kühlventilatoren des Roboters erzeugt wird (ein Faktor, der in der Mensch-

Mensch-Interaktion nicht vorkommt), der eigentliche Auslöser des Gähnens im Fokussystem ist. Die Auswirkungen dieser Ähnlichkeitsannahme werden im nächsten Unterabschnitt diskutiert.

4.2. Gültigkeitsfragen: Kognition und Emotion

Alle experimentellen Strategien beruhen auf theoretischen Hilfsannahmen, und IHB ist keine Ausnahme. In der IHB werden in vergleichenden und nichtvergleichenden Experimenten mit Robotern Hypothesen über den Einfluss bestimmter Faktoren F auf das Auftreten eines Phänomens SH → RH getestet. Insbesondere werden Experimente, die die Interaktion zwischen Robotern und Menschen betreffen, zur Überprüfung von Hypothesen über die Interaktion zwischen Menschen herangezogen. Wie lässt sich dieser »logische Sprung« – vom Roboter zum Menschen – rational begründen? Die Beantwortung dieser Frage ist wichtig, um sicherzustellen, dass die IHB gültige Strategien zur Untersuchung der Dynamik der Interaktion zwischen Menschen anbieten kann. Einige allgemeine Bemerkungen sollen hier den Weg für zukünftige und detailliertere Analysen ebnen.

In vergleichenden Studien werden in der Regel zwei Versuchsbedingungen miteinander verglichen: eine, bei der das Fokussystem mit einem Roboter interagiert, und eine, bei der das Fokussystem mit einem menschlichen Stimulator interagiert. Der zu untersuchende Faktor F kann in beiden Bedingungen oder nur in einer der beiden Bedingungen aktiv sein. Wie bereits erwähnt, können sich aus der Frage, ob das Phänomen unter beiden Bedingungen (in gleichem Ausmaß und in gleicher Form) auftritt oder nicht, verschiedene Schlussfolgerungen ergeben. Wenn zum Beispiel motorische Resonanz nicht auftritt, wenn der Roboter nichtmenschenähnliche Bewegungen ausführt, kann man daraus schließen, dass menschenähnliche Bewegungen ein wesentlicher Faktor für das Auftreten des Phänomens sind. Tritt die motorische Resonanz auch bei nichtmenschenähnlichen Bewegungen auf, kann man daraus schließen, dass eine menschenähnliche Bewegung nicht unbedingt erforderlich ist, um das Phänomen hervorzurufen. In beiden Fällen kann es für das Auftreten oder Nichtauftreten der motorischen Resonanz jedoch auch andere Erklärungen geben. Wenn z.B. eine nichtmenschenähnliche Roboterbewegung keine motorische Resonanz hervorruft, kann dies auf andere Merkmale des Roboters (z.B. die von ihm erzeugten Geräusche) oder der äußeren Umgebung (z.B. die Lichtverhältnisse) zurückzuführen sein. Diese Überlegung ist jedoch keine Besonderheit von IHB: Für alle experimentellen Ergebnisse kann es alternative Erklärungen geben, die in der Regel durch Kontrollexperimente überprüft werden.

Dennoch können bestimmte Störfaktoren in IHB-Experimenten besonders schwierig zu erkennen oder zu neutralisieren sein. Wie bereits erörtert, sind einige von ihnen möglicherweise nicht auf Oberflächeneigenschaften des Roboters oder der Umgebung zurückzuführen: Die Interaktion zwischen Roboter und Mensch kann durch »tiefe« emotionale oder kognitive Eigenschaften des menschlichen Fokussystems beeinflusst werden. In einer der zuvor zitierten Studien zur geteilten Aufmerksamkeit kamen die Autoren zu dem Schluss, dass der humanoide Roboter NAO die Aufmerksamkeit des Menschen durch Drehung seines Rumpfes und Kopfes in eine bestimmte Richtung lenken kann.[42] Der von NAO hervorgerufene Effekt der geteilten Aufmerksamkeit war jedoch weniger stark als in dem Fall, in dem der Stimulator ein Mensch war. Um diese leichte Diskrepanz zu erklären, beobachteten die Autoren, dass die Teilnehmer*innen immer noch die Illusion hatten, der Roboter würde sie anstarren, wenn NAO seinen Oberkörper und Kopf nach links oder rechts drehte. Dies lag daran, dass die Augen von NAO eine sehr große weiße Sklera haben, die auch dann sichtbar war, wenn die Augen seitlich gedreht wurden, wodurch der Eindruck entstand, dass sie nicht gedreht wurden. Um die Auswirkungen dieses potenziell störenden Faktors zu testen, wiederholten die Autoren die Versuchssitzungen und präsentierten als Stimuli Bilder von Roboter- und menschlichen Gesichtern, bei denen die Augen ausgeschnitten waren. Wie die Autoren anmerken, könnte das Ergebnis für das menschliche Fokussystem jedoch ziemlich gruselig aussehen und somit die Aufmerksamkeitsverschiebung verlangsamen. Andere emotionale Faktoren, z.B. die eigene Neugier gegenüber Robotern, können die Produktion von RH stören. Sie zu erkennen und zu neutralisieren kann aufgrund ihrer emotionalen Natur eine besondere Herausforderung sein.

Andere »tiefe« Störfaktoren könnten mit der Kognition des Fokussystems zusammenhängen. Wie bereits erwähnt, untersuchten Wiese und Kolleg*innen[43], wie die geteilte Aufmerksamkeit dadurch moduliert wird, ob das fokale System dem Roboter Absichten zuschreibt, Perez-Osorio und Kollege*innen[44] analysierten die Auswirkungen von Erwartungen hinsichtlich der Ziele des stimulierenden Agenten auf die geteilte Aufmerksamkeit und Wykowska und Kollegen[45] untersuchten, ob die geteilte Aufmerksamkeit durch die Zuschrei-

[42] Chaminade/Okka, *Comparing the effect of humanoid and human face for the spatial orientation of attention.*

[43] Wiese/Wykowska/Zwickel/Müller, *I See What You Mean.*

[44] Perez-Osorio/Müller/Wiese/Wykowska, *Gaze Following Is Modulated by Expectations Regarding Others' Action Goals.*

[45] Wykowska/Wiese/Prosser/Müller, *Beliefs about the Minds of Others Influence How We Process Sensory Information.*

bung von Gedanken an den Betrachter moduliert wird. In einigen Fällen kann die motorische Resonanz davon beeinflusst werden, ob das fokale System die Absichten des anregenden Systems erkennt. Diese Überlegung kann wie folgt verallgemeinert werden: Die RH kann von der Theorie über die Funktionsweise des Roboters beeinflusst werden, die das Fokussystem – vielleicht implizit – formuliert und während der Interaktion anwendet. Die RH kann also auch davon abhängen, ob das Fokussystem dem Roboter einen Verstand zuschreibt. Sie kann von der Art der besonderen Überzeugungen, Wünsche und Absichten abhängen, von denen das Fokussystem glaubt, dass der Roboter sie hat. Sie kann auch von der feinkörnigen Struktur der kognitiven Architektur abhängen, die das Fokussystem dem Roboter zuschreibt. Allgemeiner ausgedrückt können menschliche Interaktionen mit Robotern durch den Inhalt, die Struktur und die ontologischen Verpflichtungen der theoretischen Modelle, die sie über die Roboter selbst formulieren, erheblich beeinflusst werden. Die Analyse der menschlichen Repräsentationen der internen Struktur des Roboters ist von großer Bedeutung, um die Dynamik der Roboter-Mensch-Interaktion zu erklären, doch die Analyse dieser möglichen modulierenden Faktoren kann sich als besonders schwierig erweisen. Explizite Fragen wie »Glauben Sie, dass der Roboter X tun will?« mögen nützlich sein, aber abgesehen von der schwierigen Frage nach dem Wahrheitsgehalt introspektiver Berichte reichen sie möglicherweise nicht aus, um die Art der menschlichen Zuschreibung eines Geistes an den Roboter zu verstehen. Man kann zwar behaupten, dass der Roboter X tun will, aber dieser Beweis allein hilft nicht zu verstehen, ob das Fokussystem über den Geist des Roboters in einem realistischen oder instrumentalistischen Sinne spricht. Verschiedene ontologische Annahmen können die Reaktion des Fokussystems unterschiedlich beeinflussen.

5. Schlussbemerkungen: Mechanismen und Kognition

Zu untersuchen, wie Menschen mit Robotern interagieren, kann nicht nur für die Entwicklung und den Bau von Robotern aufschlussreich sein, die in der Lage sind, sozial mit Menschen zu interagieren, sondern auch für die Untersuchung, wie Menschen mit anderen Menschen interagieren. Interaktive humanoide Roboter wurden in der wissenschaftlichen Literatur als vorhersehbare und manipulierbare Lieferanten »sozialer Stimuli« vorgeschlagen, die es ermöglichen, die Dynamik der Mensch-Mensch-Interaktion in kontrollierbaren Umgebungen zu untersuchen. In dieser Hinsicht erfüllen sie eine epistemische Rolle, die sich aus methodischer Sicht von den Rollen unterscheidet, die Roboter traditionell in der Kybernetik und Biorobotik gespielt haben. In der interaktiven humanoiden Biorobotik (IHB) simulieren die Roboter keine theoretischen Modelle des untersuchten Systems, sondern stimulieren dieses in experimentellen Umgebungen. Dieser relativ neuartige und epistemische Einsatz von Robotern wurde von Philosophen und Wissenschaftshistorikern bisher wenig beachtet. Dieser Artikel soll erste Schritte zu einer methodologischen Rekonstruktion dieses neuen Ansatzes und zu einem umfassenden Verständnis seines Potenzials für die Erforschung des menschlichen Verhaltens, der Kognition und des Gehirns unternehmen.

In diesem Artikel wurden die folgenden Vorschläge gemacht: Der erste betrifft die allgemeine Form der in der IHB getesteten Hypothesen. In Abschnitt 3 wurde vorgeschlagen, dass Experimente in der IHB es ermöglichen, die Randfaktoren zu untersuchen, die das Auftreten bestimmter Interaktionsphänomene beeinflussen. Dieser Vorschlag kann mit der in der Einleitung aufgestellten Behauptung in Verbindung gebracht werden, dass Experimente mit humanoiden Robotern »aufschlussreiche Informationen über soziale kognitive Mechanismen im menschlichen Gehirn liefern können«[46]. Diese Behauptung bringt es mit sich, dass sich IHB-Experimente und -Theorien einerseits mit dem kognitiven Leben menschlicher Individuen befassen und dass sie andererseits empirische Unterstützung bieten, um über die Plausibilität von Mechanismen nachzudenken, die der sozialen Interaktion zwischen Menschen zugrunde liegen. Beide Seiten der Behauptung müssen gerechtfertigt werden, wenn man die hier aufgestellte These berücksichtigt, dass IHB-Experimente Hypothesen über die Grenzfaktoren testen, die Phänomene modulieren, die als Regelmäßigkeiten zwischen auslösenden Stimuli und Reaktionen konzipiert sind. Erstens zeichnet sich die kognitive Theoriebildung durch die Verwendung des Vokabulars der Kognitionswissenschaften aus, das sich auf Informationsverarbeitungsmechanismen und mentale Repräsentationen bezieht.[47] Hypothesen zu den Grenzfaktoren, die Interaktionsphänomene modulieren, müssen nicht immer diesen Theoriestil übernehmen, insbesondere dann nicht, wenn es sich bei den Grenzfaktoren um physische Merkmale des stimulierenden Systems oder der äußeren Umgebung handelt und das Phänomen als Beziehung zwischen sensorischen Reizen und Verhaltensreaktionen

[46] Wykowska/Chaminade/Cheng, *Embodied artificial agents for understanding human social cognition.*

[47] Siehe Pylyshyn (Z. W. Pylyshyn, Computation and cognition: Issues in the foundations of cognitive science, in: *Behavioral and Brain Sciences* 3/1 (1980), 111–132) für eine allgemeine Diskussion und Frith (C. D. Frith, Social cognition, in: *Philosophical Transactions of the Royal Society B: Biological Sciences* 363/1499 (2008), 2033–2039) für eine Diskussion der sozialen Kognition.

dargestellt wird. Diese IHB-Studien können daher besser als nichtkognitiv bezeichnet werden.

Eine zweite Bemerkung betrifft den Hinweis auf die Mechanismen der sozialen Kognition. Die Faktoren zu untersuchen, die ein Phänomen modulieren, ist eine Sache, den Mechanismus zu untersuchen, der diesem Phänomen zugrunde liegt, ist eine ganz andere Sache. Im Prinzip können die im vorigen Abschnitt rekonstruierten experimentellen Strategien zwingende Beweise dafür liefern, dass bestimmte Regelmäßigkeiten zwischen Grenzfaktoren, auslösenden Reizen und (Verhaltens- oder neuronalen) Reaktionen bestehen. Es ist nicht offensichtlich, dass diese Art von Beweisen ebenso überzeugende Beweise für Theorien über die Mechanismen liefern kann, die für diese Regelmäßigkeiten verantwortlich sind. Wenn man den Begriff »Mechanismus« nicht in einer erkenntnistheoretisch leeren Weise verwenden will, ist es also nicht offensichtlich, dass IHB-Experimente Einblicke in die sozial-kognitiven Mechanismen im menschlichen Gehirn liefern. Zum Beispiel kann man behaupten, dass IHB-Studien zur Blickverfolgung die Mechanismen der geteilten Aufmerksamkeit in dem Sinne betreffen, dass sie Mechanismen aktivieren, die an der geteilten Aufmerksamkeit beteiligt sind (wie der von Baron-Cohen 1997 postulierte Mechanismus der Blickrichtungserkennung[48]). Aber es ist eine Sache zu sagen, dass eine experimentelle Methode angeblich einige Mechanismen aktiviert, eine andere ist zu behaupten, dass diese Methode gültig verwendet werden kann, um die Plausibilität dieses Mechanismus zu testen. Das bloße Einschalten eines Radiogeräts und die Feststellung, dass es funktioniert, liefert keine zwingende Grundlage für Theorien über seinen internen Mechanismus.

Ein interessanterer Aspekt, in dem IHB-Experimente die Forschung über die Mechanismen, die der zwischenmenschlichen Interaktion zugrunde liegen, informieren können, ist der Beitrag zu deren Entdeckung. Darden modelliert die Entdeckung eines Mechanismus als einen Prozess, der aus vier Phasen besteht: Charakterisierung des Phänomens, Generierung eines Raums möglicher Mechanismen, Evaluierung dieser Mechanismen und Überarbeitung dieser Mechanismen angesichts empirischer Anomalien.[49] Bei der Erörterung der letzten drei Phasen nennt Craver mehrere so genannte experimentelle Strategien zwischen den Ebenen zur Entdeckung eines Mechanismus.[50]

[48] S. Baron-Cohen, *Mindblindness: An Essay on Autism and Theory of Mind*, Cambridge, MA 1997.

[49] L. Darden, Strategies for discovering mechanisms, in: S. Glennan/P. Illari (Hrsg.), *The Routledge Handbook of Mechanisms and Mechanical Philosophy*, Milton Park 2017, 255-266.

[50] C. F. Craver, Interlevel experiments and multilevel mechanisms in the neuroscience of memory, in: *Philosophy of Science* 69/S3 (2002), 83–97.

Diese Strategien können auch in der IHB angewendet werden. Es gibt Aktivierungsstrategien: Man aktiviert den gesamten Mechanismus und »entdeckt dann die Eigenschaften oder Aktivitäten einer oder mehrerer mutmaßlicher Komponenten des Mechanismus, die diese Rolle übernehmen«[51]. Diese Strategie setzt voraus, dass man in der Lage ist, die Eigenschaften der Komponenten zu erkennen, ein Prozess, den Craver anhand von Einzelzell-, fMRI- oder EEG-Aufzeichnungen der Aktivität neuronaler Bereiche veranschaulicht, während die Person eine Aufgabe ausführt, die angeblich einen Mechanismus aktiviert. Andere von Craver ins Auge gefasste Strategien sind Interferenz- und additive Strategien, die durch Eingriffe gekennzeichnet sind, die einige Komponenten eines Mechanismus negativ (z.B. verzögern oder zerstören) oder positiv (z.B. stimulieren oder verstärken) beeinflussen.

All diese Strategien können in IHB-Studien angewandt werden, die die neuronalen Reaktionen des Fokussystems analysieren.[52] Die neuronale Aktivität des Fokussystems kann unter verschiedenen Versuchsbedingungen mit bildgebenden Verfahren wie der funktionellen Magnetresonanz oder der Elektroenzephalographie erfasst werden. Techniken wie die transkranielle Magnetstimulation können verwendet werden, um die neuronale Aktivität zu stören.[53] Aktivierungs-, Interferenz- und additive Strategien können, wenn sie in der IHB angewandt werden, dazu beitragen, die neuronalen Mechanismen zu entdecken, die dem Auftreten bestimmter SH-RH-Regelmäßigkeiten zugrunde liegen, und zu verstehen, warum bestimmte Faktoren sie (nicht) modulieren. Die Anwendung dieser Strategien auf die Entdeckung kognitiver Mechanismen könnte jedoch methodisch heikel sein, da sie Techniken zur Aufdeckung oder Beeinflussung der Aktivierung spezifischer kognitiver Module im Fokussystem erfordern würden.

Ein weiterer Vorschlag, der in diesem Artikel gemacht wurde, betraf die Struktur von IHB-Experimenten: Es wurde vorgeschlagen, dass sie ein komparatives oder ein nichtkomparatives Verfahren anwenden können, wobei ersteres eine vergleichende Analyse der Reaktionen von Menschen auf Roboter gegenüber anderen Menschen beinhaltet. Andere Behauptungen, die hier

[51] Craver, *Interlevel experiments and multilevel mechanisms in the neuroscience of memory*.

[52] Siehe zum Beispiel T. Chaminade/D. Rosset/D. Da Fonseca/B. Nazarian/E. Lutcher/G. Cheng/C. Deruelle, How do we think machines think? An fMRI study of alleged competition with an artificial intelligence, in: *Frontiers in Human Neuroscience* 6/103 (2012), 1–9. Und Chaminade/Zecca/Blakemore/Takanishi/Frith/Micera/Dario/Rizzolatti/Gallese/Umiltà, *Brain Response to a Humanoid Robot*.

[53] A. Pascual-Leone/V. Walsh/J. Rothwell, Transcranial magnetic stimulation in cognitive neuroscience–virtual lesion, chronometry, and functional connectivity, in: *Current Opinion in Neurobiology* 10/2 (2000), 232–237.

aufgestellt wurden, betreffen die Gültigkeit der IHB-Methoden. In Abschnitt 4.2 wurde vorgeschlagen, dass IHB-Experimente von Hintergrundfaktoren beeinflusst werden können, die besonders schwierig zu identifizieren und zu neutralisieren sind, da sie die (oft impliziten, oft volkspsychologischen) Theorien über den Roboter betreffen, die der Mensch während der Interaktion formuliert und verwendet. Diese erkenntnistheoretischen Überlegungen sind eindeutig als vorläufig und provisorisch zu interpretieren, doch können sie die Grundlage für weitere Verfeinerungen und Ausarbeitungen bilden. Die ständig wachsende Präsenz von Robotern in alltäglichen menschlichen Kontexten – man denke nur an Bildung[54] und soziale Unterstützung[55] – wird immer mehr Gelegenheiten schaffen, die Dynamik der Interaktion zwischen Robotern und Menschen zu untersuchen, und es sind umfangreiche methodologische und erkenntnistheoretische Arbeiten erforderlich, um wirklich zu verstehen, ob man aus diesen Szenarien tatsächlich etwas über die Mechanismen der sozialen Kognition beim Menschen lernen kann.

[54] S. Anwar/N. A. Bascou/M. Menekse/A. Kardgar, A systematic review of studies on educational robotics, in: *Journal of Pre-College Engineering Education Research*, 9/2 (2019), 19–42.

[55] M. J. Matarić/B. Scassellati, Socially assistive robotics, in: B. Siciliano/O. Khatib (Hrsg.), *Springer Handbook of Robotics*, Cham 2016, 1973–1994.

Johanna Seifert, Orsolya Friedrich

Bioroboter

Neue Perspektiven auf das Verhältnis von Leben und Technik

Wie kaum eine andere Technologie evozieren Bioroboter ein neuartiges Verhältnis von Leben und Technik. Galten Leben und Technik traditionell als Gegensatz und bildeten eine der klassischen Oppositionen des modernen Denkens, so verlieren sie im Kontext technowissenschaftlicher Forschungen und Entwicklungen zunehmend ihre Konturen. Dies wird besonders deutlich im Fall von Biorobotern. Bioroboter stellen ein paradigmatisches Beispiel einer technowissenschaftlichen Praxis dar, das traditionelle Oppositionen und Grenzziehungen (wie Natur/Technik, belebt/unbelebt etc.) unterläuft und bislang voneinander geschiedene Bereiche miteinander verschränkt. So transgredieren Bioroboter die Differenz von Leben und Technik und konfrontieren mit neuartigen Amalgamierungen, die die Frage nach einer adäquaten Beschreibung aufwerfen.

Vor diesem Hintergrund untersucht der vorliegende Artikel, auf welche Weise Bioroboter Konzepte des Lebendigen in sich abbilden. Anders gefragt: Inwiefern stellen Bioroboter einen Grenzbereich von Leben und Technik dar und inwieweit geht mit ihnen ein neues Verhältnis von Leben und Technik einher? Hierzu wird zunächst ein Überblick über einige zentrale Entwicklungen und Ansätze in der Biorobotik gegeben und anschließend die Forschung im Bereich von »Xenorobotern« (»Xenobots«) genauer dargestellt. Darauffolgend wenden wir uns klassischen Bestimmungsversuchen des Lebendigen zu und fragen, inwiefern diese von Xenorobotern noch abgebildet werden. Der Beitrag mündet in einer Diskussion über Xenoroboter als eine hybride Technologie.

Überblick über einige zentrale Entwicklungen in der Biorobotik

Die Biorobotik ist ein interdisziplinäres Wissenschaftsfeld, das sich an der Schnittstelle von Biologie und Robotik bewegt und einen weiten Bereich unterschiedlicher Ansätze und Entwicklungen umfasst. Die Produkte der Biorobotik bezeichnet man als Bioroboter, »bio(logisch) inspirierte Roboter« oder auch »biohybride Roboter«. So variabel die Bezeichnungen, so unterschiedlich sind auch die Einschätzungen der Bioroboter selbst. Während die Biorobotik zum einen in starker Nähe zum Feld der Bionik und Biomimetik gesehen und somit auf all jene robotischen Systeme bezogen wird, die von einem natürlichen bzw. lebendigen Vorbild ausgehen,[1] beschränken andere den Begriff auf Systeme, die aus organischen und anorganischen Komponenten bestehen und kein Vorbild in der organischen Natur haben (vgl. sogenannte »biohybride Systeme«)[2]. Zweck der Bioroboter ist es aber in beiden Fällen, Einsichten in die Funktionsweise und Struktur biologischer Systeme zu gewinnen, um diese prospektiv für technische Probleme und ihre Lösung nutzen zu können.[3]

Sucht man nach Beispielen solcher robotischen Systeme, so sieht man sich – analog der unterschiedlichen Einordnung von Biorobotern – zwei unterschiedlichen Klassen gegenüber. Zum einen robotischen Systemen, die sich an natürlichen Phänomenen bzw. biologischen Systemen orientieren und die Gestalt und Struktur biologischer Systeme ins Technische übertragen[4], und zum anderen dem Feld biohybrider Roboter und sogenannter Xenobots. Im Folgenden wollen wir uns auf letztere Klasse konzentrieren, da hier die Verschränkung von Leben und Technik besonders deutlich zu beobachten ist, handelt es sich bei Xenobots doch um Entitäten, die nicht mehr nur auf dem

[1] Vgl. F. Iida/A. J. Ijspeert, Biologically Inspired Robotics, in: B. Siciliano/O. Khatib (Hrsg.), *Springer Handbook of Robotics*, Cham 2016, 2015–2034. Die Bionik kann als eine Wissenschaftsdisziplin beschrieben werden, die »Konstruktionen, Verfahren und Entwicklungsprinzipien biologischer Systeme« in den Bereich des Technischen überträgt und so lebendige Systeme zum Vorbild für die Technikentwicklung nutzt. Vgl. W. Nachtigall, *Bionik: Grundlagen und Beispiele für Ingenieure und Naturwissenschaftler*, Berlin/Heidelberg 2013. Dass es sich hierbei jedoch nicht um ein reines Abbildungsverhältnis handelt, belegt der Umstand, dass das durch die Analyse biologischer Systeme gewonnene Wissen stets übersetzt und interpretiert werden muss, um auf technische Systeme übertragen werden zu können.

[2] Siehe hierzu im Allgemeinen die Forschungen im Bereich von »Xenobots« bzw. von biohybriden Systemen und im Speziellen Socratic Studios, *Xenobots – The World's First Biological Robots (A Talk by Dr. Douglas Blackiston)*, in: Youtube. Socratic Studios (31.07.2021), von: https://www.youtube.com/watch?v=kqrj-FNdY28 (Zugriff 25.01.2023).

[3] S. hierzu ausführlicher: M. Tamborini, *Entgrenzung. Die Biologisierung der Technik und die Technisierung der Biologie*, Hamburg 2022.

[4] Beispiele sind hier der »Raybot« (ein »künstlicher Zitterrochen« zum Zweck der Überwachung und des Umweltschutzes), »AirBurr« (ein auf Kollisionsverhalten trainierter Flugroboter, der sich am Verhalten von Insekten orientiert), der »Salamandra robotica« (ein durch die Anatomie und das Nervensystem des Salamanders inspirierter »amphibischer Roboter«) oder die »Robot rat« (eine »künstliche Ratte«, die den Tastsinn der Schnurrhaare von Ratten nachbildet). Vgl. R. Möller, *Das Ameisenpatent. Bioroboter und ihre tierischen Vorbilder*, Heidelberg 2006.

Gedanken der Ähnlichkeit bzw. Analogie von lebendigen und technischen Systemen beruhen, sondern lebendige und technische Komponenten auf materieller Ebene miteinander verschränken. Damit leiten sie – so die Darstellung ihrer Entwickler*innen – ein neues Paradigma in der Robotik ein: die Ära der »lebendigen Maschine«[5].

Xenobots

Die Forschungen im Bereich von Xenobots situieren sich im Bereich der Entwicklung biohybrider Systeme. Damit ist ein neues Feld der interdisziplinären Forschung angesprochen, das bio- und technikwissenschaftliche Verfahren miteinander verbindet und an der Verschränkung von biologischen und technischen Materialien forscht. Erste Versuche in diese Richtung stellen das Modell »skeletal muscle on a chip«[6] (2012) und die Studie »Aplysia Californica as a Novel Source of Material for Biohybrid Robots and Organic Machines«[7] (2016) dar, in der Muskelzellen einer Meeresschnecke als Aktuatoren zur Fortbewegung eines biohybriden Systems genutzt werden.

Vor diesem Hintergrund wandte sich Ende der 2010er Jahre ein Team aus Forscher*innen von der University Vermont, der Tufts University und der Harvard University einem neuen Ansatz zu: dem Design eines »vollständig biologischen Roboters«[8]. Dieser sollte nicht mehr aus organischen und anorganischen Materialien bestehen, sondern vollständig aus biologischem Gewebe gebildet werden. Als biologisches Ausgangsmaterial verwendete man dazu die Stammzellen des afrikanischen Krallenfroschs (»Xenopus laevis«), der den neuartigen Wesen ihren Namen verlieh. Die technische Komponente dieses Verfahrens bestand hingegen im Einsatz eines evolutionären Algorithmus, der zur Modellierung des gewünschten Designs genutzt wurde. Damit stellen Xenobots programmierbare bzw. computerdesignte Organismen dar,

[5] Vgl. u. a. D. Blackiston/E. Lederer/S. Kriegman/S. Garnier/J. Bongard/M. Levin, A cellular platform for the development of synthetic living machines, in: *Science Robotics* 6/52 (2021), eabf1571.

[6] M. S. Sakar/D. Neal/T. Boudou/M. A. Borochin/Y. Li/R. Weiss/R. D. Kamm/C. S. Chen/H. H. Asada, Formation and Optogenetic Control of Engineered 3D Skeletal Muscle Bioactuators, in: *Lab on a Chip* 12/23 (2012), 4976–4985.

[7] V. A. Webster/K. J. Chapin/E. L. Hawley/J. M. Patel/O. Akkus/H. J. Chiel/R. D. Quinn, Aplysia Californica as a Novel Source of Material for Biohybrid Robots and Organic Machines. Living Machines, in: N. F. Lepora/A. Mura/M. Managan/P. F. M. J. Verschure/M. Desmulliez/T. J. Prescott (Hrsg.), *Biomimetic and Biohybrid Systems. 5th International Conference, Living Machines 2016, Lecture Notes in Computer Science 9793*, Cham 2016, 365–374.

[8] Socratic Studios, *Xenobots – The World's First Biological Robots.*

die aus algorithmisch verändertem biologischem Zellmaterial bestehen und laut ihrer Entwickler*innen eine »neue Form des Lebens« verkörpern.[9] Doch wie entstehen solche Wesen?

Am Anfang der Modellierung eines Xenobots steht die Entnahme embryonaler Stammzellen. Hierzu isoliert man die innere Zellmasse der Blastozyste, entnimmt ihr Stammzellen und überführt diese in ein Nährmedium, in dem sich die Zellen weiterentwickeln und vermehren können.[10] Während die Stammzellentnahme an sich nichts Ungewöhnliches ist, ist die hier zum Einsatz kommende Form der zellulären Rekonfiguration erwähnenswert. Denn anders als im Fall von »gewöhnlichen« Biorobotern geht es bei Xenobots nicht darum, eine organische Struktur zu wählen, die es in der Natur so bereits gibt. Vielmehr forschen die Entwickler*innen unter dem Einsatz von »Künstlicher Intelligenz« an Designs, die in der Natur so bislang nicht vorkommen. Dabei greift man auf einen evolutionären Algorithmus zurück, der in virtuellen Simulationen die Evolution der Zellen durchspielt und Tausende verschiedene Zufallskonfigurationen errechnet. Der Algorithmus berechnet somit mögliche Zusammensetzungen der Zellen, wiederholt diesen Vorgang viele Male und wählt am Ende jenes Ergebnis aus, das eine zuvor gesetzte Aufgabe am effektivsten bewältigen würde.

Dieses Design wird anschließend in einer 3D-Simulation getestet. Dabei simuliert der Algorithmus, wie sich die entworfenen Strukturen in einer bestimmten Umgebung verhalten würden; sprich, ob die Zellen in der Lage sind, sich zu bewegen oder bestimmte Aufgaben zu erfüllen. Diese virtuellen Modelle werden dann – und darin besteht die eigentliche Aufgabe der Forscher*innen – im Labor mit echten Zellen nachgebildet. Hierzu greift man auf die gezüchteten Stammzellen zurück, die nun entsprechend den algorithmisch errechneten »Bauplänen« »zurechtgeschnitten« bzw. neu zusammengesetzt und somit rekonfiguriert werden.[11] Die so entstehenden »Wesen« haben, so die Designer*innen, keine natürliche Entsprechung mehr; es sind »neue Formen des Lebens« bzw. »lebendige Maschinen« oder auch »biologische Roboter«. Was zeichnet Xenobots nun aber genau aus? Welche Funk-

[9] Siehe hierzu S. Kriegman/D. Blackiston/M. Levin/J. Bongard, A scalable pipeline for designing reconfigurable organisms, in: *Proceedings of the National Academy of Sciences* 117/4 (2020), 1853–1859; S. Kriegman/D. Blackiston/M. Levin/J. Bongard, Kinematic self-replication in reconfigurable organisms, in: *Proceedings of the National Academy of Sciences* 118/49 (2021), e2112672118.

[10] Kriegman/Blackiston/Levin/Bongard, *Kinematic self-replication in reconfigurable organisms.*

[11] Kriegman/Blackiston/Levin/Bongard, *Kinematic self-replication in reconfigurable organisms.*

tionen erfüllen sie und inwiefern geben sie Anlass zu Zuschreibungen des Lebendigen?

Xenobots gelten als lebendig vor allem durch ihr Vermögen zur Selbstbewegung, Irritabilität, Regeneration und Replikation. Die Fähigkeit zur Selbstbewegung geht dabei auf eine Besonderheit der Formbildung zurück. Denn nachdem die Froschstammzellen entnommen und in ein künstliches Nährmedium transferiert wurden, begannen diese sich zu kugelförmigen Körpern zusammenzufügen, auf deren Oberfläche sich sogenannte Zilien (geißelförmige Fortsätze) bildeten.[12] Diese verliehen den neuartigen Zellhaufen die Antriebskraft zur Fortbewegung und sorgten – je nach Form der Xenobots – für eine gerichtete oder kreisförmige Bewegung. Xenobots, die sich kreisförmig bewegten, begannen darüber hinaus Zellen in ihrer Umgebung zusammenzuschieben, wodurch ein weiterer Vorgang in Gang gesetzt wurde: die Replikation bzw. Vermehrung.[13] Eine weitere Besonderheiten der neuartigen Zellhaufen war ihre Fähigkeit zur Regeneration: Fügte man den Xenobots versuchsweise »Wunden« zu, so war zu beobachten, dass sich diese nach kurzer Zeit wieder schlossen und sich die Xenobots regenerierten.[14]

Damit kommen Xenobots verschiedene mögliche Funktionen zu. Zum einen wird ihr Einsatz in der Biomedizin und im Umweltschutz diskutiert. So könnten Xenobots in Zukunft radioaktive und toxische Materialien aufspüren, Mikroplastik im Meer beseitigen, Arteriosklerose bekämpfen und zielgenau Medikamente im menschlichen Körper verteilen.[15] Von entscheidendem Vorteil ist dabei, dass die winzigen Bioroboter vollständig biologisch abbaubar sind und nach Ablauf eines bestimmten Zeitraums zerfallen und als totes Zellmaterial vom Körper abgebaut werden können.[16] Zum anderen dienen Xenobots als Forschungs- und Studienobjekte im Bereich der Grundlagenforschung. So verspricht man sich durch die Forschungen im Bereich biohybrider Systeme tiefere Einsichten in Vorgänge der zellulären Organisation, Kommunikation und Kooperation sowie der Informationsverarbeitung und -speicherung.[17]

[12] Vgl. Blackiston/Lederer/Kriegman/Garnier/Bongard/Levin, *A cellular platform for the development of synthetic living machines.*

[13] Kriegman/Blackiston/Levin/Bongard, *Kinematic self-replication in reconfigurable organisms.*

[14] Blackiston/Lederer/Kriegman/Garnier/Bongard/Levin, *A cellular platform for the development of synthetic living machines.*

[15] Kriegman/Blackiston/Levin/Bongard, *A scalable pipeline for designing reconfigurable organisms.*

[16] Ebd.

[17] Socratic Studios, *Xenobots – The World's First Biological Robots.*

Vor diesem Hintergrund werden Xenobots von ihren Entwickler*innen als erste »biologische« und »lebende Roboter« und als neues Paradigma innerhalb der Robotik beschrieben.[18] Inwiefern Xenobots aber tatsächlich als »lebendige Maschinen« zu verstehen sind, die eine »neue Form des Lebens« darstellen, wollen wir im Folgenden untersuchen. Hierzu rekapitulieren wir zunächst einige prominente Merkmale des Lebendigen, um im Anschluss daran zu überlegen, inwiefern mit Xenobots ein neues Verhältnis von Leben und Technik angesprochen ist.

Merkmale des Lebendigen

Sucht man nach einer Definition des Lebendigen, so wird schnell deutlich, dass man es mit einem komplexen und vielschichtigen Phänomen zu tun hat, das nicht nur im Verlauf der Zeit, sondern auch innerhalb der verschiedenen Disziplinen (siehe hier vor allem die Biologie, Physik, Chemie und Philosophie) auf höchst diverse Weise verhandelt wird. So etwa wird Leben in der Chemie durch spezielle chemische Verbindungen und das Vorliegen von Eiweißkörpern bestimmt,[19] während in der Philosophie Konzepte der Selbsterweiterung (Nietzsche) oder Positionalität (Plessner) herangezogen werden und die Systemtheorie Lebensprozesse durch die Kategorie der Autopoiesis erklärt (Varela/Maturana). Darüber hinaus verzeichnete der Lebensbegriff aber auch historisch einen starken Bedeutungswandel. Von der antiken Seelenmetaphysik, die das Prinzip der Selbstbewegung zum entscheidenden Merkmal des Lebendigen erklärte über die mechanistische Auffassung Descartes' bis hin zu den Konzepten der Organisation, Regulation und Evolution durchlief das Phänomen des Lebendigen zahlreiche, teils widerstreitende Bestimmungsversuche.[20] Mit der Entstehung der Biologie im 19. Jahrhundert etablierte sich sodann zwar eine Disziplin, die das Phänomen des Lebendigen zu ihrem vornehmlichen Gegenstand machte, wobei sich aber auch hier keine einheitliche Lebensdefinition durchsetzte. Auch wenn sich das Phänomen des Lebendigen definitorisch somit schwer fassen lässt, lassen sich dennoch eini-

[18] Socratic Studios, *Xenobots – The World's First Biological Robots*; D. Blackiston/S. Kriegman/J. Bongard/M. Levin, Biological Robots: Perspectives on an Emerging Interdisciplinary Field, 2022, in: *arXiv* 2207.008800 (02.07.2022), von https://arxiv.org/abs/2207.00880 (Zugriff 25.01.2023).

[19] Vgl. G. Toepfer, Leben, in: ders. (Hrsg.), *Historisches Wörterbuch der Biologie. Geschichte und Theorie der biologischen Grundbegriffe. Bd. 2. Gefühl-Organismus*, Stuttgart/Weimar 2011, 420–483, hier 444.

[20] Siehe hierzu Toepfer, *Leben*.

ge für den Lebensbegriff relevante Merkmale ausmachen. Dabei handelt es sich – wie in der heutigen modernen Biologie verbreitet – um eine funktionalistische Perspektive, die Leben weder als ein einheitliches Phänomen betrachtet noch auf eine eindeutige materielle Basis zurückführt, sondern von seinen Funktionen und Tätigkeiten her versteht. Ohne Anspruch auf Vollständigkeit und systematische Kohärenz können somit folgende Funktionen als konsensfähige Merkmale des Lebendigen betrachtet werden:[21]

- *Selbstbewegung*: Lebewesen sind im Gegensatz zu unbelebten Systemen in der Lage, sich ohne fremde Einwirkung von außen von selbst zu bewegen.
- *Irritabilität/ Reizbarkeit*: Lebewesen nehmen Veränderungen in der Umwelt als Reize auf, auf die sie mit einem bestimmten Verhalten reagieren.
- *Räumliche Begrenztheit*: Lebendiges verfügt gegenüber seiner Umwelt über eine (durchlässige) räumliche Grenze (siehe Membranation).
- *Zeitliche Begrenztheit*: Belebte Entitäten haben eine begrenzte zeitliche Dauer, nach der sie zerfallen oder absterben. Dies betrifft sowohl einzelne Zellen (zum Zweck der Selbsterhaltung des Organismus) als auch den Gesamtorganismus (zum Zweck der Arterhaltung und Evolution).[22]
- *Wachstum/ Entwicklung*: Lebewesen unterliegen – zum Zweck der Selbsterhaltung – einer kontinuierlichen Veränderung und Entwicklung (Metamorphose). Wachstum beruht zumeist auf dem Vorgang der Zellteilung, setzt Stoffwechselvorgänge voraus und stellt eine Bedingung für Fortpflanzung und Vermehrung dar.
- *Fortpflanzung/ Replikation/ Reproduktion/ Vermehrung*: Lebewesen können sich selbst reproduzieren. Bei einzelligen Organismen geschieht dies durch Zellteilung, bei komplexeren Organismen durch die Rekombination von genetischem Zellmaterial. Die Fortpflanzung schließt die Möglichkeit der Variation und damit die Entstehung neuer Lebensformen ein (siehe Evolution).[23]
- *Stoffwechsel (Metabolismus)*: Lebewesen stehen in einem kontinuierlichen Austausch mit ihrer Umwelt; Stoffe aus der Umwelt werden aufgenommen, in körpereigene Stoffe umgewandelt und anschließend wieder ausgestoßen/ausgeschieden.[24]

[21] Wobei die einzelnen Merkmale für sich genommen z. T. auch im Bereich des Anorganischen vorkommen. Siehe zur Kritik des Listenansatzes darüber hinaus Ebd., 446.

[22] Vgl. S. Koutroufinis, Leben – Lebewesen – Organismus, in: P. Grüneberg/A. Stache (Hrsg.), *Fahrrad, Person, Organismus. Zur Konstruktion menschlicher Körperlichkeit*, Frankfurt a. M. 2008, 161–172, hier 169 f.

[23] Vgl. Toepfer, *Leben*, 420.

[24] Vgl. ebd., 437.

- *(Selbst-)Regulation*: Lebewesen stellen offene Systeme dar, deren Stoffwechselvorgänge einer inneren Regulation unterliegen, durch die der Stoff- und Energiefluss in einem dynamischen Gleichgewicht gehalten wird (siehe auch Homöostase).[25]
- *Regeneration*: Lebewesen können sich selbstregulativ regenerieren.[26]
- *Organisation*: Sie zeichnen sich durch eine spezifische innere Organisation aus, deren einzelne Teile auf eine bestimmte Weise zusammenwirken und erst in diesem Zusammenwirken Leben ermöglichen.[27]

Xenobots als hybride Technologien

Als technisch modifizierte organische Gebilde bestehen Xenobots sowohl aus technischen als auch aus organischen Komponenten und stellen damit ein paradigmatisches Beispiel hybrider Technologien bzw. sogenannter »Technofakte« oder »Techno-Naturen« dar.[28] Während das Ausgangsmaterial der Modellorganismen biologischer Natur ist, besteht ihre Technizität zum einen in ihrer Genese und zum anderen in ihrem instrumentellen Charakter, verfolgen Xenobots doch stets einen bestimmten Zweck, sprich sind auf die Erfüllung einer bestimmten Aufgabe oder Funktion hin konstruiert und programmiert. Anlass zu Zuschreibungen des Lebendigen geben sie wiederum durch ihre Fähigkeit zur Reproduktion, Regeneration und Selbstbewegung. Darüber hinaus belegen Experimente ihre Reizbarkeit bzw. Irritabilität[29], und als biologisch abbaubare Roboter mit begrenzter Lebensdauer erfüllen sie zudem das Kriterium der zeitlichen und räumlichen Begrenztheit. Dies erscheint zunächst naheliegend, da Xenobots aus biologischem Zellmaterial bestehen und somit zumindest auf materieller Ebene alle Merkmale lebendiger Zellen aufweisen. Dennoch lassen sich hier zugleich Abweichungen beobachten, insofern Xenobots – im Gegensatz zu »klassischen« Formen des Lebendigen –

[25] Ebd., 444.

[26] Vgl. Koutroufinis, *Leben – Lebewesen – Organismus*, 168.

[27] Vgl. Toepfer, *Leben*, 431.

[28] Siehe zu letzterem J. Weber, Mannigfaltige Techno-Naturen. Von epistemischen Modellsystemen und situierten Maschinen, in: K. Köchy/G. Schiemann (Hrsg.), *Philosophia Naturalis. Band 43. Heft 1. Natur im Labor*, Frankfurt a.M. 2006, 115–145. Im Hintergrund stehen hier Bruno Latours »Mischwesen« (B. Latour, *Nous n'avons jamais été modernes*, Paris 2006) und Donna Haraways Konzept der »naturecultures« (D. Haraway, *Simians, Cyborgs, and Women. The Reinvention of Nature*, Milton Park 1991).

[29] Blackiston/Lederer/Kriegman/Garnier/Bongard/Levin, *A cellular platform for the development of synthetic living machines*.

über keinen unverursachten Anfang verfügen. Sie sind nicht im ursprünglichen Sinn »gewachsen«, sondern »gewachsen« und »gemacht« zugleich oder – mit Nicole Karafyllis gesprochen – »sie wachsen selbst, aber nicht von selbst«[30].

Damit ist die alte aristotelische Unterscheidung von *techné* und *phýsis* angesprochen, die Technik, als das künstlich Hergestellte, dem Bereich des Gemachten (*téchnai*) zuordnet und Leben bzw. Natur als das Gewordene bzw. Gewachsene (*phýsika*) begreift. Dieser Gegenüberstellung zufolge ist dem Technischen seine Zweck- und Wirkursache äußerlich, während das Gewordene (Natur/Leben) Grund und Ursache seines Seins in sich selbst trägt. Diese Unterscheidung gerät im Kontext der Technoscience mit ihren zahlreichen hybriden Erscheinungen ins Wanken. Denn die Produkte der technowissenschaftlichen Praxis – allen voran die Forschungen im Bereich von Xenobots – sind weder nur lebendig/geworden noch ausschließlich technisch/gemacht, sondern bewegen sich vielmehr in einer ontologischen Uneindeutigkeit, insofern nicht mehr eindeutig zwischen unbelebter Materie und belebtem Organismus unterschieden werden kann. Xenobots als technowissenschaftliche Phänomene widersetzen sich somit einer eindeutigen kategorialen Einordnung und verschieben die Grenzen zwischen Natürlichem und Künstlichem sowie Leben und Technik.

Damit verstärken sie zum einen eine Tendenz, die die Forschungen im Bereich künstlicher Apparate immer schon bestimmt hat (die Simulation des Lebendigen) und übertragen diese von der Ebene der Perzeption auf jene der Konstruktion, zum anderen markieren sie – als Produkte der technowissenschaftlichen Praxis – eine Neuausrichtung der Robotik hin zur Verwendung organischer Materialien und dem Bereich der Synthetischen Biologie.

Von der Simulation zur Konstruktion

Die Simulation von Leben ist ein wesentlicher Bestandteil der Geschichte künstlicher Apparate. Von den humanoiden Automaten des Ingenieurs Al-Dschazarī (12. und beginnendes 13. Jahrhundert) über die mechanische Ente des französischen Erfinders Jacques de Vaucanson (1738) bis zu den aktuellen Forschungen im Bereich der sozialen Robotik ging es stets darum, biologische Prozesse abzubilden, nachzuahmen oder den Eindruck des Lebendigen auf der Ebene der Perzeption zu generieren. Erwähnenswert sind hier auch die For-

[30] N. C. Karafyllis (Hrsg), *Biofakte. Versuch über den Menschen zwischen Artefakt und Lebewesen*, Paderborn 2003.

schungen im Bereich des »Artificial Life«, die Leben, unter Abstraktion materieller und organischer Grundlagen, in einem virtuellen Milieu zu konstruieren versuchen und dabei die Entwicklungen im Bereich der Robotik inspirieren und mitgestalten.[31] Die Simulation des Lebendigen beruht dabei auf verschiedenen Motivationen. Zum einen dient sie (1) der Erkenntnis der Funktionsweisen und Strukturen biologischer Prozesse, zum anderen hat sie (2) neuartige Mensch-Maschine-Schnittstellen zum Ziel, die zu intuitiven, reibungslosen und quasi unmerklichen Mensch-Maschine-Interaktionen und neuen Lösungen für lebensweltliche Herausforderungen führen sollen. Dies steht im Hintergrund, wenn an »biologischen Robotern« geforscht wird. Zugleich kündigt sich hier jedoch ein weiteres Moment an, d. i. (3) die Verschiebung von der Simulation zur Konstruktion des Lebendigen und die Vision neuartiger Lebensformen.

(1) Entsprechend dem Kapp'schen Gedanken der explikatorischen Funktion organischer Projektionen[32] ermöglicht der Nachbau organischer Prozesse eine tiefere Einsicht in deren Strukturen und Funktionsweisen. So äußert nicht nur der Biologe Douglas Blackiston, dass die Forschung an Xenobots klären soll, »wie Zellen aufeinander reagieren, wenn sie während der Entwicklung miteinander interagieren, und wie wir diese Prozesse besser kontrollieren können«[33], sondern bereits Vaucanson bemerkte über seine mechanische Ente im 18. Jahrhundert: »Wer die Maschine beschaut, wird die Nachahmung der Natur besser erkennen können.«[34] Die Nachbildung und Simulation organischer Lebensprozesse dient demnach ihrer wissenschaftlichen Explikation und Analyse. Indem Lebensprozesse simuliert oder nachgebildet werden, werden sie gegenständlich, materiell erfassbar und können so von einem distanzierten Standpunkt aus untersucht und reflektiert werden. In diese Richtung weist die Verwendung von Xenobots zu Zwecken der Grundlagenforschung, durch die neue Einsichten in Vorgänge der zellulären

[31] Zum Zusammenhang von Artificial-Life-Forschung und Robotik siehe M. Eaton/J. Collins, Artificial life and embodied robotics: current issues and future challenges, in: *Artificial Life and Robotics* 13/2 (2009), 406–409; M. Eaton, Further explorations in evolutionary humanoid robotics, in: *Artificial Life and Robotics* 12/1 (2008), 133–137; J. Weber, Artificial Life-Forschung und neuere Robotik, in: *FIFF-Kommunikation – Bioinformatik* 1/2003 (2003), 41–45.

[32] Vgl. E. Kapp, *Grundlinien einer Philosophie der Technik. Zur Entstehungsgeschichte der Kultur aus neuen Gesichtspunkten*, hrsg. v. H. Maye/L. Scholz, Hamburg 2015.

[33] Blackiston/Lederer/Kriegman/Garnier/Bongard/Levin, *A cellular platform for the development of synthetic living machines.*

[34] J. Vaucanson, *Le mécanisme du fluteur automate avec la description d'un canard artificie*, Paris 1738. Zitiert nach C. da Rosa, Turing-Tests für Tiere?, in: S. Fischer/E. Maehle/R. Reischuk (Hrsg.), *Informatik 2009 – Im Focus das Leben*, Bonn 2009, 836–846, hier 837 f.

Organisation, Kooperation und Informationsverarbeitung gewonnen werden sollen.

(2) Die Simulation des Lebendigen hat jedoch nicht nur eine epistemische Funktion, sondern beschreibt zugleich ein wesentliches Moment der Technikgestaltung mit Blick auf die Konstruktion von Mensch-Maschine-Schnittstellen. Von entscheidender Bedeutung ist hier der Bereich der »sozialen Robotik« bzw. die Entwicklung von adaptiven und autonomen Robotersystemen. Hier begegnet man dem Lebendigen in einer weiteren Gestalt: in Form eines anthropomorphen Designs und intuitiver Mensch-Maschine-Schnittstellen, die die Interaktion und Wahrnehmung der Nutzer*innen lenken und zu einer möglichst störungsfreien und intimen Interaktion von Mensch und Technik führen sollen.

So haben soziale Roboter oft nicht nur ein menschenähnliches Design, sondern imitieren zugleich soziales Verhalten und verfügen über interaktive Fähigkeiten: Sie sollen menschliche Emotionen erkennen, mit ihrer Umgebung interagieren, sich an die Bedürfnisse und Gewohnheiten ihrer Nutzer*innen anpassen, situationsbewusst reagieren und emotionales und intelligentes Verhalten demonstrieren.[35] Mit Hilfe von Emotions-, Gesichts- und Spracherkennung sind sie darüber hinaus in der Lage, die Mimik, Gestik und Tonalität ihres menschlichen Gegenübers zu entschlüsseln und auf die erkannten Informationen mit entsprechenden Gesten, Sätzen und Bewegungen zu reagieren.[36] Komplementiert wird dies durch eine rudimentäre »Gedächtnis«-Funktion, durch die sich die robotischen Systeme an frühere Interaktionen »erinnern« und sprachliche Inhalte abrufen können.

Diese Fähigkeiten sollen eine personalisierte Techniknutzung ermöglichen und zu einer Intensivierung der Mensch-Technik-Interaktion führen. Die Simulation des Lebendigen auf der Ebene der Perzeption hat somit den Zweck, Mensch und Technik stärker aneinander zu binden, emotionale Reaktionen auf Seiten der Nutzer*innen zu generieren und so neue Potentiale für den Technikeinsatz zu eröffnen. Die Forschungen im Bereich von Xenobots schließen hier an, insofern sie auf dem Einsatz genetischer Algorithmen und der Simulation von Evolutionsprozessen beruhen, in deren Rahmen Entwicklungsprozesse in virtueller Gestalt antizipiert und simuliert werden. Indem diese virtuellen Modelle anschließend aber materiell realisiert, sprich an le-

[35] Siehe ausführlicher zum Bereich der sozialen Robotik: M. Hild/S. Untergasser, Soziale Roboter, in: O. Friedrich/J. Seifert/S. Schleidgen (Hrsg.), *Mensch-Maschine-Interaktion – Konzeptionelle, soziale und ethische Implikationen neuer Mensch-Technik-Verhältnisse*, Paderborn 2022, 29–31.

[36] Vgl. PARO Robots U.S., Inc., PARO Manual, in: *parorobots* (2014), von: http://www.parorobots.com/pdf/PARO%20Manual-2015-09.pdf (Zugriff 26.01.2022).

bendigem Material erprobt und ausgeführt werden, erweitern Xenobots das Moment der Simulation um jenes der Konstruktion und verschieben so den Fokus auf die Genese von Lebensprozessen. So geht es im Fall von Xenobots nicht mehr nur darum, den Eindruck des Lebendigen zum Zweck einer verbesserten Mensch-Technik-Interaktion oder mit Blick auf epistemische Fragestellungen zu simulieren, sondern in aktuelle Lebensprozesse einzugreifen und Leben unter veränderten Bedingungen herzustellen.

(3) Und so verbindet sich mit Xenobots zuletzt die Vision »neuartiger Lebensformen«, die sich jedoch – wirft man einen Blick auf den größeren Kontext dieser Entwicklungen – nicht erst bei »biologischen Robotern«, sondern bereits in den Anfängen der Artificial-Life-Forschung findet. So wurde bereits Ende der 1980er Jahre im Anschluss an die Gründungskonferenz dieser Forschungsrichtung bemerkt:

> »Within fifty to a hundred years a new class of organisms is likely to emerge. These organisms will be artificial in the sense that they will originally be designed by humans. However, they will reproduce, and will evolve into something other than their initial form; they will be ›alive‹ under any reasonable definition of the word.«[37]

Versuche in diese Richtung stellten unter anderem die Konstruktion selbstreproduzierender zellulärer Automaten (John von Neumann (1953)[38], John H. Conway (1970)), die Artificial-Life-Software-Plattform »Tierra« (1991)[39] sowie – im Bereich des Biologischen – die Entwicklung von Bakterien mit künstlichem Erbgut (2008)[40] oder Verfahren der In-vitro-Synthese von Zellen dar. Während man es im einen Fall mit der Simulation von Lebensprozessen im Bereich des Virtuellen zu tun hat, tritt mit dem Feld der Synthetischen Biologie eine weitere Ebene der Artificial Life-Forschung hinzu: die Konstruk-

[37] J. D. Farmer/A. d'A. Belin, Artificial Life: The Coming Evolution, in: C. G. Langton/C. Taylor/J. D. Farmer/S. Rasmussen (Hrsg.), *Artificial Life II*, Redwood City 1990, 815–840; siehe zu diesem Hinweis Weber, *Artificial Life-Forschung und neuere Robotik.*

[38] J. v. Neumann, *Theory of Self-reproducing Automata*, hrsg. u. vervollst. v. A. W. Burks, Urbana/London 1966.

[39] Siehe hierzu J. Weber, *Umkämpfte Bedeutungen. Natur im Zeitalter der Technoscience* [Dissertation], Bremen 2001, 157f., von: https://media.suub.uni-bremen.de/handle/elib/1810?locale=de (Zugriff 26.01.2023); K. Hayles, *How We Became Posthuman. Virtual Bodies in Cybernetics, Literature, and Informatics*, Chicago 1999, 229.

[40] D. G. Gibson/G. A. Bender/C. Andrews-Pfannkoch/E. A. denisova/H. Baden-Tillson/J. Zaveri/T. B. Stockwell/A. Brownley/D. W. Thomas/M. A. Algire/C. Merryman/L. Young/V. N. Noskov/J. I. Glass/J. C. Venter/C. A. Hutchison 3rd/H. O. Smith, Complete Chemical Synthesis, Assembly, and Cloning of a Mycoplasma genitalium Genome, in: *Science* 319/5867 (2008), 1215–1220.

tion von »synthetischem Leben«. So unterschiedlich diese beiden Bereiche im Einzelnen auch sind, sie beide stellen den Versuch dar, alternative Formen des Lebendigen zu generieren, wobei Leben oftmals als eine spezifische Form der Organisation verstanden wird, die – unabhängig von ihrem materiellen Fundament – algorithmisch erfasst und rekonstruiert werden kann.[41] Die Prophezeiung neuer Lebensformen ist somit keine Eigenheit der Xenobot-Technologie, sondern Teil des Forschungsprogramms und der narrativen Strategien der Artificial-Life-Forschung, die mit derartigen Formulierungen nicht zuletzt oft auch institutionelle und ökonomische Interessen verfolgt.

Fazit

Mit Biorobotik ist ein interdisziplinäres Forschungsfeld angesprochen, das sich an der Schnittstelle von Biologie und Robotik bewegt und sich in die Bereiche der Bionik bzw. Biomimetik und der Konstruktion biohybrider Systeme unterteilen lässt. Während die Bionik und Biomimetik von Vorbildern in der Natur ausgehen, die sie mit technischen Mitteln nachzubilden versuchen, finden sich in biohybriden Systemen Designs, die in der Natur so bislang nicht vorkommen. Hier verorten sich die Forschungen an Xenobots. Xenobots stellen programmierbare Organismen dar, die aus algorithmisch verändertem Zellmaterial bestehen und bei denen nicht mehr klar zwischen Leben und Technik unterschieden werden kann. Vor diesem Hintergrund untersuchte der Artikel, inwiefern Xenobots Aspekte des Lebendigen in sich abbilden und ein neues Verhältnis von Leben und Technik begründen. Dabei zeigten sich zwei Motivlagen, die die Forschung an »biologischen Robotern« rahmen: die Simulation des Lebendigen als einem zentralen Moment in der Geschichte künstlicher Apparate (in ihrer a) epistemischen Funktion und ihrer b) Bedeutung für die Technikgestaltung) sowie das Ziel der Konstruktion neuartiger Lebensformen im Kontext der Artificial-Life-Forschung.

Durch diese Perspektivierung wurde deutlich, dass die Forschungen im Bereich »biologischer Roboter« nicht so neu sind, wie sie auf den ersten Blick scheinen; finden sich in der Geschichte künstlicher Apparate doch zahlreiche Versuche der Imitation, Nachbildung und – zu späteren Zeiten – Konstruktion des Lebendigen. Dennoch stellen Xenobots einen innovativen Forschungsbereich dar, der verstärkt Konzepte des Lebendigen in den Bereich der Robotik integriert und neue Einsatzmöglichkeiten in Aussicht stellt. So erschließen

[41] Es gibt jedoch auch Stimmen, die eine solche Perspektive kritisieren, siehe z.B. M. Mahner/M. Bunge, *Foundations of Biophilosophy*, Berlin/Heidelberg 1997, 150.

Xenobots prospektiv unter anderem neue Behandlungsmöglichkeiten in der Medizin, bei denen mittels invasiver Verfahren körperliche Erkrankungen oder Schädigungen gezielter therapiert und so unerwünschte Nebenwirkungen reduziert werden können. Inwieweit sich diese Entwicklungen durchsetzen und die hybriden Modellorganismen eines Tages das Labor verlassen werden, bleibt abzuwarten. Bis dahin scheint mit Xenobots jedoch eine neue technowissenschaftliche Praxis geschaffen, die es in ihrem hybriden Charakter und ihrer Verschränkung von bio- und technikwissenschaftlicher Methodik weiterhin zu untersuchen lohnt.

Danksagung
Die Arbeit an diesem Beitrag wurde von der Deutschen Forschungsgemeinschaft (DFG) unterstützt – 418201802.

Philipp Schmidt

Soziale Erfahrung?

Embodiment und Einfühlung in der Mensch-Maschinen-Interaktion

In den vergangenen Jahren konnten die Leistungsfähigkeit und Komplexität der verschiedensten Formen von künstlicher Intelligenz deutlich weiterentwickelt werden. Dadurch hat sich auch die Mensch-Maschinen-Interaktion (MMI) strukturell erheblich verändert, insbesondere darin, wie sie von menschlicher Seite erfahren wird. Teilweise kann dabei für den Menschen der Eindruck entstehen, er habe es mit einem menschenähnlichen, bewussten, denkenden und/oder handelnden Wesen zu tun, einem künstlichen *alter ego*. Tatsächlich wird in vielen Fällen ein solcher Eindruck sogar gezielt gefördert, wenn z. B. ein smarter Roboter im medizinischen Bereich neben anderen auch soziale Funktionen übernehmen soll. Dabei ist die Frage zentral, unter welchen Bedingungen Menschen MMI als soziale Erfahrung erleben. Hierbei handelt es sich weniger um eine einzelne Frage als vielmehr um einen ganzen Fragenkomplex. In diesem Beitrag möchte ich eine Perspektive auf diesen Fragenkomplex entwickeln. Dabei orientiere ich mich an der vor allem von Edmund Husserl geprägten Phänomenologie der Intersubjektivität und Fremderfahrung. Ein wichtiges Element der phänomenologischen Intersubjektivitätstheorie betrifft die Rolle von Leiblichkeit in der sozialen Erfahrung. Diese Rolle möchte ich herausarbeiten und mit Fokus auf die folgende Frage untersuchen: Was lässt sich von der phänomenologischen Intersubjektivitätstheorie mit Blick auf die Bedeutung von Embodiment für soziale Erfahrung im Kontext von MMI lernen?

Einführung

Der technologische Fortschritt in den letzten Jahrzehnten ist atemberaubend. Maschinen, Computer und Roboter werden immer leistungsfähiger. Mit künstlicher Intelligenz bestückt sind sie in der Lage, viele Funktionen zu ersetzen, welche zuvor von Menschen erfüllt werden mussten. Doch noch viel mehr: Mit zunehmenden Fähigkeiten vermögen sie es, Menschen dabei zu übertrumpfen und sogar Funktionen zu übernehmen, die von keiner Person ausgeübt werden könnte. Man denke etwa an Messroboter auf dem Mars, exakt arbeitende Roboter im medizinischen Bereich oder künstliche Netzwerke in der Industrie, welche, durch maschinelles Lernen gestützt, große Datenmengen analysieren und relevante Muster darin identifizieren können. Künstliche Intelligenz wird mittlerweile somit nicht immer nur zur Lösung vordefinierter Probleme eingesetzt, sondern ist inzwischen teilweise auch dazu befähigt, überhaupt erst zu lösende Probleme zu entdecken. Die entsprechenden Fertigkeiten und Verhaltensweisen künstlicher Systeme werden häufig unter dem Schlagwort der *Autonomie* diskutiert. Der Begriff führt vielfach, weil philosophisch aufgeladen und nicht zuletzt mit dem vielschichtigen kantischen Begriff der Person verknüpft, eher zu Missverständnissen. Dennoch ist seine Popularität im Kontext der künstlichen Intelligenz ein wichtiges Indiz dafür, dass heutigen Maschinen, Computern und Robotern eine gewisse *Eigenständigkeit* zukommt, die ihnen ein Antlitz verleiht, welches sie von gewöhnlichen Werkzeugen und Instrumenten unterscheidet. Hammer und Skalpell, ja sogar Taschenrechner müssen vom Menschen bedient werden, d.h. in die Hand genommen, betätigt, bewegt oder interpretiert werden. Maschinen mit künstlicher Intelligenz dagegen agieren eigenständig, sei es nach gewissen vorgegebenen Prinzipien und Parametern oder auf maschinellem Lernen basierend. Sie vermögen es vielfach, sich selbsttätig zu bewegen, Informationen aufzusuchen, hieran Entscheidungen anzuknüpfen und zu handeln oder zu kommunizieren. Der Umgang mit *Artificial Agents* hat somit längst den Charakter der *Interaktion* angenommen. Ob deswegen statt von »Werkzeugen« aber schon von »Partnern« die Rede sein muss, wie in den Diskursen der *Robotics* manchmal als selbstverständlich erachtet wird, steht auf einem anderen Blatt.[1] Dass jedoch die Frage virulent werden muss, inwieweit Interaktionen mit Maschinen sozialen Charakter besitzen, lässt sich ohne Weiteres zugestehen.

Die Frage, so muss unmittelbar nachgeschickt werden, ist allerdings keineswegs eine einfache, sondern besteht vielmehr aus einem komplexen Geflecht von Problemen, begrifflichen Angelegenheiten und offenen Entscheidungen: Was genau meinen wir, wenn wir von einer ›sozialen Interaktion‹ sprechen? Oder sind Interaktionen *per se* sozial? Man stelle sich die Begegnung mit dem Kellner in einem Café vor. Der Kellner fragt nach den Wünschen und nimmt die Bestellung auf. Der soziale Charakter der Interaktion steht außer Frage. Aber was macht ihre Sozialität aus? Die Art der Interaktion

[1] Siehe hierzu P. Schmidt u. S. Loidolt. Interacting with Machines: Can an Artificially Intelligent Agent Be a Partner?, in: *Philosophy & Technology*, 36 (55), https://doi.org/10.1007/s13347-023-00656-1.

oder die Tatsache, dass die Beteiligten Menschen, Personen oder schlichtweg Erfahrungssubjekte sind? Und sind Handlung und Handelnde überhaupt zu trennen? Das Verhalten, das dem Bestellvorgang im Café entspricht, isoliert betrachtet, ist qua Interaktion ein bloßer Informationsaustausch, welcher frei von Sozialität von statten gehen kann. Ob der Gast seine Wünsche niederschreibt, dem Kellner verbal mitteilt oder in den Lautsprecher eines automatisierten Buchungssystems einspricht, spielt für die Übergabe der Information, dem Ausdruck der Wünsche, keine Rolle. Die Sozialität ist unerheblich. Was die Begegnung mit dem Kellner sozial macht, ist das aus dem sozialen Sein der Beteiligten erwachsende Potenzial weiterer Interaktionen, die aber unterbleiben können. Der Kellner könnte nach dem Befinden des Gastes fragen, sein Mitgefühl ausdrücken; der Gast könnte den offenkundig gestressten Kellner mit einer Bemerkung entlasten, dass er sich doch Zeit lasse, bis er die Rechnung bringe. Von jenem Potenzial abgesehen, ist der bloße Austausch von Information nicht sozial, gleichwohl aber Interaktion.

Wichtiger als die konkrete Form der Interaktion für die Bestimmung des sozialen Charakters einer Begegnung von Handelnden ist daher die Erscheinungsweise der Handelnden und deren ontologischer Status. Unter welchen Bedingungen erfahren wir ein handelndes Gegenüber als *alter ego*, d.h. als einen Anderen, mit dem wir in sozialen Kontakt treten können? Und ab wann bzw. wie, wenn überhaupt, könnten diese Bedingungen von einem künstlichen Interaktionspartner erfüllt werden? Unter welchen Bedingungen wird ein künstlicher Interaktionspartner als soziales Gegenüber erfahren und was lässt sich auf der Basis sozialer Erfahrungen mit Maschinen über den ontologischen Status von Maschinen als soziales Gegenüber schließen?

Das Ansinnen dieses Beitrages ist es nicht (und kann es auch nicht sein), eine finale oder vollumfängliche Antwort auf diesen nur angedeuteten und gleichermaßen nicht einmal vollständig beschriebenen Fragekomplex zu liefern. Vielmehr verfolgt er das bescheidenere Ziel zu untersuchen, wie einige zentrale Einsichten zur Intersubjektivität aus einer bestimmten Theorietradition für ein besseres Verständnis der Interaktion zwischen Mensch und Maschine und dem damit zusammengehörigen Fragekomplex fruchtbar gemacht werden können. Die Tradition, die ich dabei im Auge habe, ist die auf Edmund Husserl zurückgehende Phänomenologie. Anhand einiger zentraler Konzepte aus phänomenologischen Theorien zur Intersubjektivität möchte ich zeigen, dass die Analyse des intersubjektiven Erlebens nicht nur wesentliche Aspekte aufdeckt, die dazu beitragen, dass ein Handelnder als soziales Gegenüber wahrgenommen wird, sondern gleichzeitig auch Einblicke in das Verständnis des Sinns sozialer Erfahrung insgesamt bietet.

1. Phänomenologie der Intersubjektivität: Leib, Objektivität und Anderer

Bei der phänomenologischen Theorie der Intersubjektivität handelt es sich nicht um einen monolithischen Block an akkordierten Ideen. Vielmehr ist damit eine umfangreiche Vielzahl an Ansätzen angesprochen, welche Sozialität über die Beschreibung der wesentlichen Aspekte intersubjektiver Erfahrung zu verstehen versuchen. Die damit zusammenhängenden Untersuchungen reichen weit und betreffen nicht nur die Frage, was soziale Strukturen ausmacht, sondern beleuchten auch, welche Rolle dem Fremderleben in der Erfahrung von Selbst und Welt überhaupt zukommt. Aus diesem umfassenden Repertoire an Überlegungen möchte ich einige wenige zentrale Kernideen und Topoi selektiv herausgreifen, die mir für die Thematik der Mensch-Maschinen-Interaktion von Relevanz zu sein scheinen. Bereits das Oeuvre von Edmund Husserl enthält zentrale Einsichten mit Blick auf die Wahrnehmung von anderen Subjekten, die für die Betrachtung der Begegnung mit *Artificial Agents* und der Frage nach ihrem sozialen Charakter bedeutsam sind. Dabei ist zu beachten, dass die Einsichten erst in einer integrierenden Gesamtschau, d.h. zusammengenommen, ihr volles Erklärungspotenzial entfalten. Dies muss im Hinterkopf behalten werden, wenn nun die einzelnen Komponenten nach und nach zusammengetragen werden.

Um die folgenden Ausführungen besser nachvollziehbar zu machen, sei zunächst ein kurzer Überblick über die grundlegenden Thesen gegeben, die sich aus Husserls Beschäftigung mit der Intersubjektivität ergeben. Ein wichtiger Gedanke, der dabei gleich von Anfang mitbedacht werden muss, ist, dass Husserl Intersubjektivität als vielschichtiges Phänomen behandelt, das aus unterschiedlichen Strukturen besteht, die auf mehreren Erfahrungsebenen gelagert sind und in ihrer jeweiligen besonderen Beschaffenheit enthüllt werden müssen. Wie Husserl starkmacht, ist unsere gesamte Welterfahrung und die in ihr statthabende Wahrnehmung von Objekten implizit stets von sozialem Sinn geprägt. Dabei verweist nach Husserl Objektwahrnehmung überhaupt auf mögliche andere Erfahrungssubjekte. Wichtiger Dreh- und Angelpunkt in diesem Geschehen ist der eigene Leib, d.h. der lebendig-fühlende und erlebende Körper, der nicht nur für die Konstitution der Objektwahrnehmung zentral ist, sondern auch auf grundlegende Weise die Begegnung mit anderen Subjekten ermöglicht. Objektivität der Dinge, eigene subjektive Leiblichkeit und die Erfahrung von Anderen hängen also für Husserl aufs Innigste miteinander zusammen. Damit einhergehend wird die *Berührung* (im Gegensatz zum bloßen oder vermeintlich entkörperten Beschauen eines sich bewegenden Körpers) zum Paradigma eines Verständnisses jeglicher anderer Subjektivität als der eigenen. Durch die Betonung des eigenen Leibes kommt zudem ein wichtiger Aspekt sozialer Begegnungen in den Blick: die Erfahrung, als leibliches Subjekt körperlicher Gegenstand für den Anderen zu sein. Bereits dieser kurze Überblick einiger grundlegender Thesen Husserls und seiner phänomenologischen Intersubjektivitätstheorie deutet die Komplexität des Sachverhaltes an. Gleichzeitig zeigt sich unmittelbar, dass diese Thesen weiterer Klärung bedürfen, bevor sie auf den Kontext der MMI angewendet werden können.

2. Der intersubjektive Sinn von Objektivität

Es gibt Situationen, in denen beschäftigen wir uns nicht in expliziter Form mit anderen Personen, sondern kümmern uns vorwiegend um die Dinge der Welt. Man denke z. B. an eine Malerin, die sich das Ziel setzt, eine bestimmte Landschaft oder eine Komposition von Gegenständen realitätsgetreu abzubilden. Während ihrer Tätigkeit ist sie vollständig auf die abzubildenden Objekte und ihre Beschaffenheit gerichtet, ihr Erleben vom Ziel, den Objekten und dem eigenem Tun bestimmt. Wohl kaum ist dies als soziale Erfahrung zu bezeichnen, selbst wenn man davon ausgehen kann, dass das Malen in einem gesellschaftlichen Kontext erfolgt. Dennoch kann das Beispiel radikalisiert werden, indem auf abstrahierende Weise lediglich das in diesem Erleben zum Tragen kommende Objektbewusstsein vorgestellt wird: der Apfel dort, wie er auf dem Tisch liegt.

Für Husserl enthält nun selbst eine solche bloße Objektwahrnehmung einen intersubjektiven Sinn, auch wenn die Erfahrung des Apfels keine soziale Erfahrung, d. h. die einer Begegnung mit einem Anderen darstellt. Aber inwiefern ist das zu denken? Wenn ich auf den Apfel schaue, sehe ich doch im engen Sinne lediglich die mir zugewandte Seite. Husserl verweist in diesem Kontext auf den Unterschied zwischen »Präsentation«[2] und »Appräsentation«. Präsent in wirklicher Anschauungsfülle mag nur die mir zugewandte Seite sein, aber zugleich sind mit dieser auch jene Seiten des Apfels »mitpräsentiert«[3] bzw. »appräsentiert«[4], die ich aktuell nicht sehen kann. Die Rückseite ist mir nicht mit anschaulicher Fülle gegeben, aber auf die Vorderseite des Apfels blickend bin ich mir der prinzipiellen Möglichkeit bewusst, den

[2] E. Husserl, *Cartesianische Meditationen und Pariser Vorträge*, hrsg. v. S. Strasser, Den Haag 1950, 124 u. 139.

[3] E. Husserl, *Ideen zu einer reinen Phänomenologie und phänomenologischen Philosophie. Zweites Buch. Phänomenologische Untersuchungen zur Konstitution*, hrsg. v. M. Biemel, Den Haag 1952, 162.

[4] Husserl, *Cartesianische Meditationen*, 138–159.

Apfel von seiner Rückseite anzuschauen. Ich fasse die aktuelle Ansicht als eine von vielen möglichen Perspektiven auf den Apfel auf. Die Möglichkeit, von verschiedenen Seiten betrachtet werden zu können, macht in der Tat die Erfahrung des Apfels als dreidimensionales Objekt aus. Wäre diese Möglichkeit nicht in der perspektivischen Betrachtung des Apfels von einer bestimmten Seite mitgegeben, so würde sich die Betrachtung lediglich als Beschauen einer isolierten zweidimensionalen Sphäre gestalten. Wenn wir aber auf den Apfel blicken, nehmen wir viel mehr wahr, als wir im strengen Sinne in anschaulicher Fülle sehen.

Was aber haben diese Beschreibungen von Wahrnehmungsobjekten mit Intersubjektivität zu tun? Der Schlüssel zur Beantwortung dieser Frage liegt in einer genaueren Untersuchung der Appräsentation und des Möglichkeitsbewusstseins, welches zusammen mit der präsenten Vorderseite des Apfels die Dingwahrnehmung ausmacht. Das Möglichkeitsbewusstsein bezieht sich ja gerade auf die Möglichkeit anderer Perspektiven auf den Gegenstand, d.h. potenzieller Wahrnehmungen. Aus einer anderen Perspektive könnte ich sehen, ob alle Seiten des Apfels gelblich und rotgefleckt sind. Dieses eine Objekt dort bietet mir als Erfahrungssubjekt die Möglichkeit verschiedener Wahrnehmungen: Jetzt schaue ich von *hier* auf den Apfel, später vielleicht von *dort*. Dieses Möglichkeitsbewusstsein ist demnach ein Bewusstsein einer Vielzahl von potenziellen Erfahrungsakten, die ich als Subjekt durchleben kann. Zugleich – und das ist nun der Punkt, auf den es ankommt – ist damit bereits ein implizites Bewusstsein möglicher *anderer* Erfahrungssubjekte gegeben. Dieses Ding dort als raumzeitliches Objekt aufzufassen, besagt, dass es aus anderer Perspektive prinzipiell für mich oder ein beliebig anderes Erfahrungssubjekt wahrnehmbar ist. Wenn ich mich an einen anderen Ort begebe, sehe ich das Objekt von anderer Seite. Ich selbst also könnte es sein, der dann von dort das Objekt betrachtete. Dieser andere Ort dort könnte aber auch schon jetzt von einem Erfahrungssubjekt eingenommen werden und ihm bereits von dort einen Blick auf das Objekt ermöglichen. Dies nämlich ist der Sinn der Objektivität eines weltlichen Dings: Gegenstand für ein perspektivisches, d.h. in der Welt situiertes Bewusstsein zu sein. Dieser Sinn ist intersubjektiv, insofern er stets die Möglichkeit anderer Perspektiven umfasst und somit auf potenzielle andere Erfahrungssubjekte verweist: »Also jedes Objektive, das mir in meiner Erfahrung und zunächst in einer Wahrnehmung vor Augen steht, hat einen apperzeptiven Horizont, den möglicher Erfahrung, eigener und fremder.«[5] Mit weltlichen Dingen befasst, sind wir also immer schon offen

[5] E. Husserl, *Zur Phänomenologie der Intersubjektivität. Texte aus dem Nachlass. Zweiter Teil: 1921–1928*, hrsg. v. I. Kern, Den Haag 1973, 289.

für die Möglichkeit eines anderen Erfahrungssubjekts. Nicht zufällig spricht Husserl daher auch von der »offenen Intersubjektivität«[6], welche mit Objektwahrnehmung verknüpft ist. Dabei ist »keine explizite Vorstellung eines Anderen«[7] gemeint, sondern vielmehr »das Dasein von Anderen in kontinuierlicher Mitgeltung«[8]. *Dies* ist ein weltliches Objekt, insofern es für jene Subjekte Geltung hat, die über eine entsprechende Perspektive auf den Gegenstand verfügen. Es ist also gerade auch das Bewusstsein der Möglichkeit, für andere Subjekte gegeben sein zu können, welches einem Wahrnehmungsgegenstand objektive Geltung verleiht.

Dies ist auch der Grund, wieso erst die konkrete Begegnung mit einem Anderen den vollen Sinn von Objektivität zu entfalten vermag. Erst die Erfahrung, dass dieser Gegenstand tatsächlich auch für ein anderes Erfahrungssubjekt gegeben ist, lässt den Gegenstand als einen in der Welt vorkommendes, d.h. wirkliches Ding erscheinen. Die Idee ist also: Perspektivisches Gerichtetsein auf ein Objekt impliziert Geltung für mögliche Andere; Geltung, die sich jedoch noch konkret in der Erfahrung des Anderen als wahrnehmendes Subjekt erfüllen muss. Wie aber ist die konkrete Erfahrung eines anderen Subjekts grundsätzlich beschaffen? Für den Phänomenologen Husserl führt eine Antwort auf diese Frage über die erfahrungsmäßigen Strukturen, die nötig sind, damit überhaupt ein Anderer als Anderer erfahren werden kann.

3. Der Leib als Bedingung der Möglichkeit von Objektivität

Die konkrete Fremderfahrung ist für Husserl nicht ohne Eigen- und Fremdleib denkbar. Leiblichkeit spielt somit eine zentrale Rolle für Intersubjektivität, und zwar, wie bereits angedeutet, in mehreren Hinsichten. Um dies zu verdeutlichen, muss zunächst aufgezeigt werden, inwiefern die Leiblichkeit auf grundlegende Weise für den eigenen Bezug zur Objektwelt »fungierend«[9] ist. Ich habe bereits die hohe Bedeutung jenes Bewusstseins möglicher Perspektiven auf ein und denselben Gegenstand als Charakteristikum seiner Objektivität betont. Husserl bietet noch weitere Analysen dieses Möglichkeitsbewusstseins und verweist dabei auf die Funktion des Leibes. Wie nämlich,

[6] Husserl, *Zur Phänomenologie der Intersubjektivität. Zweiter Teil*, 289.

[7] E. Husserl, *Phänomenologische Psychologie. Vorlesungen Sommersemester 1925*, hrsg. v. W. Biemel, Den Haag 1962, 394.

[8] Husserl, *Phänomenologische Psychologie*, 394.

[9] E. Husserl, *Zur Phänomenologie der Intersubjektivität. Texte aus dem Nachlass. Erster Teil: 1905–1920*, hrsg. v. I. Kern, Den Haag 1973, 389 u. 416.

so muss man fragen, gestaltet es sich denn, dass wir die Möglichkeit einer anderen als der aktuellen Perspektive auf ein gegebenes Objekt bewusst haben? Husserl gibt mit dem Begriff des »kinästhetischen Bewusstseins«[10] eine Antwort darauf. Damit ist das Bewusstsein der mit den leiblichen Bewegungen ko-variierenden Wahrnehmungen gemeint. Wenn ich z. B. auf den Apfel schaue, bin ich mir bewusst, dass sich der Apfel von einer anderen Perspektive ggf. anders zeigt. Selbst wenn er eine gleichmäßige grüne Oberfläche hätte, würde sich durch meine Bewegung und die daraus folgende verschiedene leibliche Ausrichtung auf den Apfel meine Wahrnehmung von ihm ändern: Der Winkel auf den Apfel wäre ein anderer. Es gehört zur Wahrnehmung, dass ein und derselbe Gegenstand in verschiedenen Erscheinungen als derselbe aufgefasst wird. Die Synthese dieser Erscheinungen des einen Gegenstandes erfolgt nach Husserl gerade über die leiblichen Kinästhesen. Sie sind systematisch in Wenn-dann-Beziehungen geordnet: ›*Wenn* ich mich nach links wende, *dann* erscheint der Gegenstand auf die eine Weise; *wenn* ich mich nach rechts wende, *dann* auf die andere Weise.‹ Die objektive Einheit des Gegenstands und seiner miteinander kohärenten möglichen Wahrnehmungserscheinungen erwächst somit aus dem kinästhetischen Bewusstsein und seiner leiblichen Organisation.[11]

Diese Aussage beinhaltet noch eine weitere Einsicht: Um eine bestimmte Perspektive auf einen Gegenstand haben zu können, muss ich selbst in der Dingwelt lokalisiert sein, eine Position haben, von welcher aus mir der Gegenstand gegeben ist. Entweder von *hier* oder von *dort* den Gegenstand wahrzunehmen, bedeutet, dass ich mich selbst in dem Raum, in welchem der Gegenstand erscheint, bewegen kann. Dies kann ich nur, wenn ich selbst als Teil der objektiven Welt, d. h. *als* Körper bin. Wie Husserl betont, ist es gerade der doppelte Charakter des Leibes, sowohl fühlend-wahrnehmend als auch zugleich ein Ding unter Dingen zu sein, durch welchen Subjektivität offen für die Welt ist. Subjektivität darf nicht als entkörpertes Bewusstsein gedacht werden, das geisterhaft die Dinge umkreist, sondern als wesentlich leiblich verfasst. Das Paradigma der Berührung illustriert die Bedeutsamkeit des doppelten Charakters des Leibes für Objekt- und Fremdwahrnehmung.

[10] U. Claesges, *Edmund Husserls Theorie der Raumkonstitution*, Den Haag 1964, 119; E. Husserl, *Ding und Raum. Vorlesungen 1907*, hrsg. v. U. Claesges, Den Haag 1973.

[11] Vgl. Claesges, *Husserls Theorie der Raumkonstitution*.

4. Das Paradigma der Berührung: Offenheit für die Welt der Dinge

Es ist nicht eine bloße Tatsache, dass ein leibliches Subjekt sowohl Bewusstsein von der Welt als auch selbst als Körper Teil der Welt ist. Beide Aspekte schreiben sich in die leibliche Erfahrung von Welt ein, ja machen gerade ihren Kern aus. Husserl verdeutlicht dies anhand des durch ihn bekanntgewordenen Beispiels der sich berührenden Hände. Wenn meine rechte Hand die linke berührt, so kommt es nicht zu einer einfachen, sondern zu einer »Doppelempfindung«[12]. Zum einen fühlt die rechte die linke Hand: Sie ist etwa weich oder rau. Das Ertasten der linken Hand ist erkennend, insofern die dabei entstehenden Empfindungen Merkmalszuschreibungen motivieren. Was die rechte an der linken Hand empfindet, sind die Oberflächeneigenschaften der linken Hand. Zum anderen aber fühlt es sich gleichzeitig auf eine gewisse Weise für die linke Hand an, von der rechten Hand berührt zu werden. Diese zweite Empfindung im Sinne des Berührtwerdens ist nicht das erkennende Ertasten von bestimmten Eigenschaften der berührenden rechten Hand, sondern eine Empfindung der linken Hand, insofern sie berührt wird. Die zweite Empfindung ist also ein subjektives Sich-selbst-Fühlen des Leibes am Ort der Berührung: z. B. kitzelt oder schmerzt die linke Hand an der Stelle der Berührung durch die rechte Hand.

Die Doppelempfindung, welche das Erlebnis der Berührung ausmacht, bezeugt damit auch den Doppelcharakter des Leibes: Subjekt und Objekt zu sein. Dies lässt sich noch verständlicher machen, wenn man einen weiteren Hinweis Husserls berücksichtigt. Dieser nämlich verweist darauf, dass sich das Verhältnis der linken und rechten Hand auch umkehren lässt, ohne dass es hierfür einer Veränderung der leiblichen Position oder Bewegung bedürfte. Die Umkehrung des Verhältnisses liegt vielmehr in der bewusstseinsmäßigen Auffassung. Während die rechte Hand die linke berührt, kann ich auch eine leibliche Einstellung einnehmen, durch welche die linke Hand nun erkennend-tastend fungiert und die Empfindungen der linken Hand am Ort der Berührung die Eigenschaften der Oberfläche der rechten Hand auffassen. Das vorherig beschriebene Kitzeln in der linken Hand kann so objektiv-auffassend werden: Es ist gerade die objektive Eigenschaft der Zartheit der rechten Hand, die im Kitzeln an der linken Hand empfunden wird. Oder es ist z. B. gerade der spitze rechte Zeigefinger, der den Druckschmerz an der linken Hand hervorruft. Der Druckschmerz kann bloß subjektives Sich-selbst-Fühlen des Leibes (der linken Hand) sein, aber die Empfindung bietet sich zugleich für eine objektive Auffassung der berührenden rechten Hand an. Keine der

[12] Husserl, *Ideen zu einer reinen Phänomenologie und phänomenologischen Philosophie*, 14.

Berührungsempfindungen, wenn man so will, ist bloß subjektbezogene oder objektbezogene Empfindung, sondern ist das eine oder andere je nach Auffassungsrichtung. Der gleiche Leib, die gleiche Stelle am Leib ist einmal fühlend-empfindender Leib, ein anderes Mal empfundener Leibkörper. Zwar betont Husserl zu Recht, dass nicht beide Auffassungen zugleich in aktueller Einstellung bestehen können. Wesentlich aber ist, dass beide Auffassungen stets als potenziell, d.h. als Möglichkeit gegeben sind. Die eigene leibliche Selbsterfahrung impliziert somit eine prinzipielle Offenheit für die Objektivität der Welt. Denn sich als Leib erfahren besagt zugleich die Möglichkeit der Selbstobjektivierung: Als berührender Leib bin ich wesentlich berührbar, ein Gedanke, welcher später bei Maurice Merleau-Ponty und für seinen Begriff des *Zur-Welt-Seins*[13] zentral sein wird. Doch auch bereits mit Blick auf Husserl lässt sich resümieren, dass das »kinästhetische Bewusstsein als Einheit von Weltbewußtsein, Leibbewußtsein und Selbstbewußtsein«[14] zu denken ist.

5. Das Paradigma der Berührung: Offenheit für Andere

Anhand des Phänomens der Berührung des eigenen Leibes lässt sich aber auch noch Weiteres illustrieren, nämlich inwieweit die eigene Leiberfahrung die Offenheit für die Erfahrung eines anderen Subjekts vorbereitet, ja Fremderfahrung gar wesentlich strukturell trägt. Dies erhellt zunächst aus der Tatsache, dass die Selbsterfahrung des eigenen Leibes als zugleich empfindend-empfundener ein Bewusstsein davon gibt, wie es für ein anderes Subjekt sein könnte, mich zu berühren. Die Selbstberührung deckt die Möglichkeit auf, für ein anderes Subjekt gegeben zu sein. So wie ich mich selbst ertasten kann als Leibkörper und so als empfundener *für mich* objektiv gegeben bin, bin ich auch gegenüber möglichen anderen Subjekten exponiert. Ich als erfahrendes Subjekt bin erfahrbar für Bewusstsein, exemplifiziert in meiner leiblichen Selbsterfahrung. Gleichzeitig enthalten ist in dieser aber auch gerade das: die Erfahrung eines leiblichen Subjekts. Mich selbst leiblich zu erfahren, bedeutet, eines empfindenden Leibes gewahr zu werden und somit offen für die Möglichkeit zu werden, anderen empfindenden Leibern, d.h. verkörperten Subjekten zu begegnen. Es ist gerade die an mir selbst erlebte Korrelation von empfindendem und empfundenem Leib, die für mich die Möglichkeit realisiert, einen mir in der Wahrnehmung erscheinenden, sich bewegenden Körper als fremden Leib zu erfahren. Mit anderen Worten, dass ein mir gegenüber

[13] M. Merleau-Ponty, *Phänomenologie der Wahrnehmung*, Berlin 1966.
[14] Claesges, *Husserls Theorie der Raumkonstitution*, 138.

erscheinender Körper ein leiblich-empfindender und also bewusster sein kann, erfahre ich immer schon am eigenen Leib. Die leibliche Selbsterfahrung ist somit gewissermaßen ein »Sprungbrett für diverse entfremdende Formen der Selbstauffassung«[15], welche die Erfahrung anderer Subjekte *als* andere Subjekte vorbereiten.

Dies kann nicht nur anhand der Selbstberührung aufgezeigt werden, sondern auch an einer sich anschließenden möglichen Selbstbetrachtung als Leibkörper. Insofern ich mich in der selbstberührenden Leiberfahrung als Objekt auffasse, kann ich mir vorstellen, wie es wäre, mich selbst von *dort*, d.h. von einer anderen als der aktuellen Perspektive zu sehen. Aber Husserl macht zu Recht deutlich, dass diese Vorstellung natürlich widersprüchlich ist. Ich kann nicht *hier* sein und gleichzeitig von *dort* drüben auf mich schauen. Denn wenn ich von *dort* schauen würde, wäre ich nicht mehr *hier*, sondern *dort*. Für Husserl hat diese widersprüchliche Vorstellung aber durchaus einen Sinn: »Es wird nämlich bei Vollzug dieser widersprüchlichen Vorstellung klar die Möglichkeit zweier Subjekte mit zwei Körpern.«[16] Eine solche Verdopplung ist mir nicht möglich, und dessen bin ich mir *hier* als Leib, seiend in meinem kinästhetischen Bewusstsein, gewahr. Das Bewusstsein dieser Unmöglichkeit meiner Verdoppelung als konkretes Subjekt ist aber zugleich – und das ist der Punkt, auf den es Husserl ankommt – ein Bewusstsein der Möglichkeit einer Verdoppelung von Subjekten allgemein. Ich selbst kann nicht doppelt sein, aber ›Ich‹ kann zweimal vorkommen: »Ich kann *a priori* nicht hier und dort zugleich sein, aber hier und dort kann ein Gleiches sein, ich hier, und ein gleiches und dann auch ein mehr oder minder bloss ähnliches Ich dort.«[17]

In seinem vielbeachteten Aufsatz »Collective Intentions and Action« hebt John Searle hervor, dass für die Bildung einer geteilten Absicht zwischen zwei Personen, einer sogenannten kollektiven Intention, ein bestimmtes, intersubjektives Hintergrundbewusstsein vorausgesetzt ist. Einen Sinn für das Soziale nämlich, d.h. ein Bewusstsein, dass es andere Subjekte gibt, die, ähnlich wie ich selbst, Absichten verfolgen und ihr Handeln auf die Erreichung des verfolgten Ziels ausrichten können. Wie Searle es ausdrückt: »a pre-intentional sense of ›the other‹ as an actual or potential agent like oneself in cooperative activities.«[18] Searle vertritt die Ansicht, dass dieser Sinn für das Soziale biologisch im menschlichen Sein verankert ist, liefert aber keine weitere Bestim-

[15] D. Zahavi, *Husserls Phänomenologie*, Tübingen 2009, 108.

[16] Husserl, *Zur Phänomenologie der Intersubjektivität. Erster Teil*, 263.

[17] Husserl, *Zur Phänomenologie der Intersubjektivität. Erster Teil*, 264.

[18] J. Searle, Collective intentions and actions, in: P. Cohen/J. Morgan/M. E. Pollack (Hrsg.), *Intentions in communication*, Cambridge, MA 1990, 413.

mung davon, wie dieser Sinn erfahrungsmäßig charakterisiert ist. Wie Dan Zahavi anmerkt, finden sich aber gerade in der phänomenologischen Tradition weitreichende Beschreibungen, die ein besseres Verständnis von ihm ermöglichen.[19] Ich möchte nun diesbezüglich mit Blick auf die Frage nach den zentralen Aspekten sozialer Erfahrung die folgenden Vorschläge machen.

Erstens, der soziale »Background«[20], von dem Searle spricht und der für kollektives Handeln vorausgesetzt ist, ist nicht nur die Bedingung für das Bilden einer gemeinsamen Absicht. Vielmehr, so möchte ich mit Husserl vorschlagen, ist auch für eine konkrete Begegnung mit Anderen (vor der Bildung einer möglichen späteren gemeinschaftlichen Absicht) ein gewisses Hintergrundverständnis anderer Subjekte bereits am Werk. Um andere Subjekte als andere Subjekte erfahren zu können, so die Idee, muss ich – wenngleich in bloß vager Weise vorgezeichnet – schon mit der Möglichkeit vertraut sein, die Erfahrung eines Anderen machen zu können. Zweitens, die soeben beschriebene leibliche Konstitution, wie sie nach Husserl verfasst ist, enthält intrinsisch genau diese vor-soziale Offenheit für Andere, die eine soziale Erfahrung, d. h. eine konkrete Begegnung mit fremder Subjektivität erst möglich macht. Und daraus ergibt sich, dass die konkrete soziale Erfahrung in ihren wesentlichen Aspekten selbst aus dem Hintergrundbewusstsein der eigenen Leiblichkeit heraus verstanden werden muss. Die Möglichkeit hiervon gilt es nun aufzuzeigen.

6. Die konkrete Begegnung mit dem Anderen: Einfühlung, »Veranderung« und Reziprozität

Dass die eigene Leiblichkeit als Hintergrundbewusstsein entscheidend für die Begegnung mit einem Anderen ist, erhellt bereits aus einer fundamentalen Tatsache: Ein anderes Subjekt kann mir als solches nur begegnen, wenn es mir im Weltgeschehen, d. h. als Teil der Welt gegenübertritt. Ein anderes Subjekt, das sich *per impossibile* lediglich in meinem Bewusstseinsstrom meldete und mit seinen subjektiven Erfahrungen auftauchte, würde auf undenkbare Weise mit meinem Erleben fusionieren.[21] Es wäre mir gerade nicht als Anderer gegeben. Somit muss die Erscheinung eines Anderen über einen weltlichen Gegenstand erfolgen, d. h., der Andere ist mir zunächst als ein beson-

[19] D. Zahavi, Du, Ich und Wir: Das Teilen emotionaler Erfahrungen, in: *Danish Yearbook of Philosophy* 54 (2021), 21.

[20] Searle, *Collective intentions and actions*, 415.

[21] Zahavi, *Husserls Phänomenologie*, 119.

derer Körper unter anderen Körpern gegeben, nämlich als ein *lebendiger* Körper, also subjektiver Leib. Wie ich bereits im Zusammenhang mit der Objektivität hervorgehoben habe, ist schon dafür, dass mir der Andere als Körper erscheint, die eigene Leiblichkeit tragend. Ohne selbst verkörpert zu sein, könnte mir auch kein verkörperter Anderer begegnen.

Doch wie Husserl betont, die eigene Leiblichkeit ist auch der erfahrungsmäßige Grund, von welchem aus der Körper des Anderen überhaupt als gelebter Leib aufgefasst wird. Die leibhaftige Präsenz des Anderen, d.h. die Erscheinung des Anderen in Form eines leibhaftigen und also in diesem Sinne lebendigen Körpers verdankt sich dem eigenen Leib. Der Prozess, welcher dazu führt, wird in der phänomenologischen Tradition mit dem Begriff der *Einfühlung*[22] gefasst. Wie ermöglicht die eigene Leiberfahrung Einfühlung? Die Frage lässt sich mit Blick auf das durch das kinästhetische Bewusstsein konstituierte Körperschema beantworten. Mein eigenes Körperschema, das eine Selbstwahrnehmung der eigenen Objektivität des Leibes als Körper im Raum enthält, beinhaltet das allgemeine Schema einer leiblichen Subjektivität, die sich räumlich entfaltet und positioniert. Die leibliche Selbsterfahrung ist nach Husserl ein »Urerleben einer Inkorporation von Subjektivem in dinglich Erscheinendes«[23]. Ich erfahre ja stetig an mir selbst, wie ein räumliches Objekt fühlend-empfindend ist. Stoße ich im Weltgeschehen auf ein anderes leibliches Subjekt, so geschieht nach Husserl das Folgende:

> »Ich kann, wenn ich dieses Ding dort, das in seinem ganzen Gehaben meinem Leibe gleicht, wahrnehme, nicht anders, denn es als ein solches auffassen, in dem sich Subjektives verleiblicht, in der jeweilig bestimmt indizierten Weise eines ichlichen Handbewegens, Kopfschüttelns, tastend Empfindens usw.«[24]

Der eigene Leib und die leibhaftige Präsenz des Anderen stehen in konstanter, wesensmäßiger »Deckung«[25]. Daher spricht Husserl auch davon, dass sich in der Begegnung mit dem Anderen eine »Paarung«[26] der Leiber ergibt, wodurch »der Andere phänomenologisch als ›Modifikation‹ meines Selbst«[27]

[22] Der Begriff wurde vor allem von Theodor Lipps verwendet und hat sich im Anschluss auch in den phänomenologischen Diskursen etabliert. Husserl verwendet den Begriff häufig, äußert aber auch Zweifel daran, dass er den Wahrnehmungscharakter der genuinen Erfahrungsform des Erlebens fremder Subjektivität trifft. Vgl. E. Husserl, *Erste Philosophie (1923/24). Zweiter Teil. Theorie der phänomenologischen Reduktion*, hrsg. v. R. Boehm, Den Haag 1959, 63.

[23] Husserl, *Erste Philosophie. Zweiter Teil*, 63.

[24] Ebd., 63.

[25] Ebd., 64.

[26] Husserl, *Cartesianische Meditationen*, 115.

[27] Ebd., 118.

erlebt wird. Der Doppelstatus Subjekt-Objekt des eigenen Leibes überträgt sich auf den sich *dort* befindlichen und bewegenden Körper. Diese »Sinnesübertragung«[28] ist, wie Husserl auch sagt, eine »ursprüngliche Interpretation«[29], die sich vor Anwendung eines Begriffs allein vor dem Hintergrund der eigenen leiblichen Praxis und ihrer »Assoziation«[30] mit dem Leib des Anderen ergibt. Der Leib *dort* »erinnert an mein körperliches Aussehen, ›wenn ich dort wäre‹«[31].

Allerdings gibt es einen wesentlichen Unterschied zwischen Eigen- und Fremdleib, welcher auch gerade für die Erfahrung eines Anderen kennzeichnend ist (und auch für die Betrachtung von MMI von äußerster Relevanz sein wird). Obwohl der fremde Leib dergestalt als subjektiv erfahren wird, dass er als fühlend-empfindender aufgefasst wird, ist es gerade für die Erfahrung des Anderen charakteristisch, dass sich sein Erleben entzieht. Auch wenn der fremde Leib dort als subjektiv-erlebend erfahren wird, so heißt das nicht, dass ich die Erlebnisse, welche sich in seiner leiblichen Präsenz ausdrücken, selbst mache. Die Erlebnisse des Anderen sind appräsentiert, d.h. in Einheit mit dem, was tatsächlich in anschaulicher Fülle gegeben ist, erfahren; ähnlich der Art und Weise, wie die Rückseite des Apfels mir gegeben ist, appräsentiert zusammen mit der mir zugewandten und somit präsenten Vorderseite. Ein wichtiger Unterschied aber besteht in den beiden Formen der Appräsentation.[32] Die Rückseite des Apfels ist mir potenziell zugänglich, der Bewusstseinsstrom des Anderen aber niemals. Ich sehe immer nur die weltliche Außenseite seiner Leiblichkeit. Ich fühle niemals an seiner statt, sondern fühle mich ein.

Dieser Prozess der in der leiblichen Erfahrung fußenden Einfühlung ist für Husserl die grundlegende Voraussetzung für alle weitere und höherstufige soziale Erfahrung.[33] Dies lässt sich anhand eines weiteren Aspekts illustrieren, nämlich *Reziprozität*, die viele Formen der sozialen Erfahrung mit ausmacht. Eine erste Bedeutung bezieht sich auf die Tatsache, dass nicht nur ich den Anderen in seiner subjektiven Leiblichkeit erkennen kann. Ich kann – und darin wird die Auffassung des fremden Leibkörpers als Leib bestärkt –

[28] Ebd., 116.

[29] Husserl, *Erste Philosophie. Zweiter Teil*, 63.

[30] Husserl, *Cartesianische Meditationen*, 115f.

[31] Ebd., 121.

[32] Vgl. D. D'Angelo, *Zeichenhorizonte. Semiotische Strukturen in Husserls Phänomenologie der Wahrnehmung*, Cham 2019, 196ff.

[33] T. Szanto, Husserl on collective intentionality, in: A. Salice/H. B. Schmid (Hrsg.), *The Phenomenological Approach to Social Reality. History, Concepts, Problems*, Cham 2016, 145–172.

die Erfahrung machen, dass ich ebenfalls Leibkörper für den Anderen bin, also Objekt seines Bewusstseins. Das Beobachtet- oder Berührtwerden durch fremde Subjektivität verstärkt den sozialen Charakter der Erfahrung. Es führt zu einer »Veranderung«[34], wie es auch manchmal bezeichnet wurde.

Doch damit ist noch nicht die vollständige Höhe möglicher Reziprozität erreicht. Denn es ist nochmal ein anderes, von einem Anderen nicht nur als Leibkörper objektiviert zu werden, sondern auch die Erfahrung zu machen, dass der Andere die Subjektivität, welche die eigene Leiblichkeit belebt, ebenfalls als solche erkennt. Erst dann nämlich kommt es zu einer »Subjekt-Subjekt-Beziehung«[35], welche überhaupt erst eine Zweite-Person-Perspektive konstituiert, die für die Bildung jeglicher Form von Gemeinschaft zwischen Subjekten vorausgesetzt ist. »Nur dann bin ich, (...), erstmals und im eigentlichen Sinn ein Ich gegenüber den Anderen (...).«[36] Ohne die leiblich fundierte Einfühlung wäre aber keinerlei Reziprozität möglich. Ohne Einfühlung in den Fremdleib könnte die Erfahrung, dass ich für ein anderes Subjekt gegeben bin, nicht aufkommen. Denn weder würde ich mich als Objekt für den Anderen wahrnehmen noch mir der Anerkennung als Erfahrungssubjekt seitens des Anderen gewahr werden können.

Natürlich gäbe es noch einiges mehr über die vielfachen Aspekte sozialer Erfahrungen, die wir als menschliche Personen miteinander machen können, zu berücksichtigen. Auch die phänomenologische Tradition hat hierzu weit mehr zu sagen, als ich in diesem Beitrag wiedergeben kann.[37] Allerdings ist es gerade mein Ziel, die Bedeutung dieser grundlegenden phänomenologischen Betrachtungen für das Verständnis von Interaktionen zwischen Mensch und Maschine zu beleuchten. Dem ist nun der restliche Teil des Artikels gewidmet.

7. Die psychologische und ontologische Dimension sozialer Erfahrung

Unter welchen Bedingungen können wir im Kontext von MMI soziale Erfahrungen machen? In welchen Fällen machen Menschen soziale Erfahrungen mit Maschinen und *Artificial Agents*? Bei der Beantwortung dieser Frage, so möchte ich vorschlagen, müssen wir zunächst ihre psychologische und ontologische Dimension unterscheiden, um mögliche Fehlschlüsse zu vermeiden.

[34] M. Theunissen, *Der Andere*, Berlin 1977, 84.

[35] Zahavi, *Du, Ich und Wir*, 30.

[36] Ebd., 31.

[37] Für einen kurzen Überblick siehe z. B. D. Zahavi, Beyond empathy. Phenomenological approaches to intersubjectivity, in: *Journal of Consciousness Studies* 8/5–7 (2001), 151–167.

Dies lässt sich verdeutlichen, wenn man eine gängige Antwortstrategie betrachtet. Man könnte nämlich meinen, dass die Frage nach sozialer Erfahrung im Kontext von MMI primär oder gar ausschließlich eine empirische ist. Demnach würden eben die tatsächlich gemachten Erfahrungen in zu untersuchenden Populationen bestimmen, unter welchen Bedingungen der Umgang mit *Artificial Agents* als soziale Erfahrung erlebt wird. Aber gleich daran schließt sich die Frage an, ob die individuelle Wahrnehmung einer Vielzahl an Personen ausschlaggebend dafür ist, ob etwas als soziale Erfahrung *gilt* oder nicht. Mit der Frage nach der Geltung ist aber sogleich eine weitere Dimension angesprochen. Denn es zeigt sich darin, dass die Frage, unter welchen Bedingungen der Anschein aufkommt, man habe es mit einem Anderen zu tun, nicht identisch ist mit der Frage, ob das Erlebnis, einen Anderen zu erfahren, auch bedeutet, man habe es tatsächlich mit einem Anderen zu tun. Weniger kompliziert ausgedrückt: Die Frage nach der sozialen Erfahrung und die Frage nach einer tatsächlichen sozialen Begegnung sind verschiedene. Erstere bezieht sich auf die psychologische, letztere auf die ontologische Dimension der sozialen Erfahrung. Eine empirisch-psychologische Untersuchung kann aufschlussreich sein, wenn es darum geht zu bestimmen, unter welchen Bedingungen Personen tatsächlich die Interaktion mit MMI als soziale Erfahrung erleben, nicht aber um aufzuzeigen, ob tatsächlich eine soziale Begegnung vorliegt. Doch gilt das nicht gerade auch für die phänomenologische Analyse und ihre Ergebnisse, die ich soeben mit Verweis auf Husserl dargelegt habe? Gerade die Phänomenologie sieht es doch auf eine Analyse der erfahrungsmäßigen Strukturen sozialer Erfahrung ab. Untersucht die phänomenologische Analyse also bloß die psychologische Dimension sozialer Erfahrung? Ganz im Gegenteil, sie beansprucht auch durch eine Analyse des Sinnes sozialer Erfahrung, die Bedingungen ihrer seinsmäßigen Geltung herauszuarbeiten. Das bedeutet, sie hebt zugleich auf die ontologische Dimension sozialer Erfahrung ab. Damit vermag sie es, die psychologische und die ontologische Dimension sozialer Erfahrung miteinander zu verbinden. Dies lässt sich anhand unterschiedlicher phänomenologischer Zugriffe auf Aspekte von MMI verdeutlichen.

8. Soziale Erfahrung im Kontext von MMI

Wann können wir im Umgang mit Maschinen bzw. Robotern von sozialer Erfahrung sprechen und welche Einsichten erlaubt uns hier die phänomenologische Theorie der Intersubjektivität? Ich möchte mich zunächst auf die rein psychologische Dimension der Frage konzentrieren. Die Frage lautet dann:

Wie müssen Maschinen bzw. Roboter beschaffen sein, damit sie in der Interaktion als Objekte sozialer Erfahrung wahrgenommen werden? Vor dem Hintergrund der oben beschriebenen phänomenologischen Intersubjektivitätstheorien lässt sich sagen: Ein Roboter wird dann als mögliches Objekt sozialer Erfahrung wahrgenommen, wenn er nicht nur als sich selbst bewegender Körper, d.h. als bloßer Automat, sondern auch als fühlender Leib erlebt wird. Es muss sich also das einstellen können, was Husserl als *Einfühlung* und – damit verbunden – als *Paarung* beschrieben hat. Das besagt, dass ein Roboter sich verleiblichen müsste, eine bloße Verkörperung reicht nicht aus. Man denke etwa an einen äußerlich perfekt gestalteten humanoiden Roboter, der sich gar bewegen kann, ähnlich einer Gummipuppe, welche die Motorik des Menschen – zumindest äußerlich betrachtet – beherrscht. Von weitem vermag ein so gestalteter Roboter zweifelsfrei den Anschein eines anderen Menschen und somit eines Erfahrungssubjektes zu erwecken, der Anflug einer sozialen Wahrnehmung ist erwartbar. Doch bei näherem Herantreten und bei Berührung wird die Erwartung einer leiblichen Paarung sofort enttäuscht: Der Maschinen-Körper empfindet nichts, reagiert auf keinerlei Berührung, sondern nur auf visuelle und auditive Reize. Der Eindruck eines bewussten Leibes verschwindet zugunsten eines bloßen Körpers mit Fähigkeit zur umweltbezogenen Informationsverarbeitung.

Mit Husserl lässt sich feststellen, dass eine soziale Erfahrung in der Begegnung mit einer Maschine dann am ehesten auftritt, wenn sie einen menschenähnlichen Leib hat. Dabei ist nicht entscheidend, dass sie genau die gleiche Gestalt hat. Wichtig ist zunächst lediglich, dass wir es mit einem belebten Körper, also einem Leib zu tun haben. Ein bloßer Körper, ausgestattet mit einigen wenigen Funktionen, evoziert kaum, in jedem Fall weniger das Gefühl, man habe es mit einem Anderen zu tun.

Allerdings scheint es, als könnten hier allerlei Zweifel in Anschlag gebracht werden. Ist es wirklich nötig, dass ein anderes Subjekt uns als körperlich bzw. leiblich entgegentritt, um eine soziale Erfahrung zu machen? Können nicht leichter Hand Gegenbeispiele gegen Husserls Charakterisierung von sozialer Erfahrung ins Feld geführt werden? Ist denn das Telefonat mit einer ins ferne Ausland verreisten Person keine soziale Erfahrung? Keiner würde das bestreiten. Der Grund dafür liegt darin, dass die Frage der Leiblichkeit sich nicht auf die Frage nach aktueller leiblicher Präsenz reduzieren lässt. Für eine soziale Erfahrung ist es nicht erforderlich, dass der andere Leib aktuell vor Ort ist. Man muss nicht auf Tuchfühlung mit Anderen sein, um sie als Andere zu erleben. Entscheidend ist für Husserl vielmehr, dass ein anderes Subjekt prinzipiell in leibhafter Präsenz erlebt werden könnte. Die Person am Telefon – und das wissen wir, wenn wir mit ihr telefonieren – könnte hier leibhaft stehen und wäre dann in Paarung zu meinem Leib gegeben. Vielleicht ist die andere Person aktuell nicht leiblich präsent, potenziell ist sie es.

Aber lassen sich nicht auch im Sinne eines Gedankenexperiments Fälle finden, bei denen eine soziale Erfahrung auftritt, in denen das andere Subjekt prinzipiell keinen Leib hat? Das moderne Filmgenre der Science-Fiction gibt zahlreiche Beispiele an die Hand. Man denke z. B. an den Film *Her*, bei dem sich der Protagonist Theodore in das Betriebssystem Samantha, eine künstliche Intelligenz, verliebt, mit der er sich sprachlich austauschen kann.[38] Samantha hat keinen eigenen Körper, sondern ist bloß eine Software, welche auf einem Rechner – eine kleine Box, die Theodore mit sich tragen kann – körperlich realisiert ist. Spricht eine solche Vorstellung nicht gegen die Bedeutsamkeit des Leibes für soziale Erfahrung? Selbst wenn man Samanthas Hardware als Körper werten könnte, so verfügt sie gerade nicht über einen Leib. Und Theodores Erfahrung in der Kommunikation mit Samantha ist zweifelsfrei eine soziale Erfahrung, wie man als Zuschauer*in des Filmes gezeigt bekommt. Natürlich könnte man darauf hinweisen, dass es sich hierbei lediglich um Fiktion bzw. ein Gedankenexperiment handelt. In der Tat müsste zunächst auch erst gezeigt werden, dass ein solches Betriebssystem, welches – obwohl selbst nicht leiblich – alles über eine leibliche Existenz zu verstehen vermag und Personalität entwickeln kann, überhaupt existieren kann.

Anstatt hier die Diskussionen bezüglich der Aussagekraft von Gedankenexperimenten zu führen, welche nicht selten in Aporien enden, möchte ich vielmehr fragen: Was kann uns Husserls phänomenologische Theorie der Intersubjektivität sagen, selbst wenn der vorgestellte Fall einer nichtleiblichen, aber personalen künstlichen Intelligenz denkbar wäre? Zunächst könnte man Husserls Analyse auf *hinreichende* Bedingungen für soziale Erfahrung hin befragen. Die Leiblichkeit des anderen Erfahrungssubjekts gilt dann als solche, ungeachtet möglicher nichtleiblicher Fälle von sozialer Erfahrung. Der Punkt ist dann also: Wo uns ein leiblich anmutender Körper entgegentritt, dort stellt sich das Phänomen der Paarung ein. Der Körper wird als Leib, als Stätte fremder Subjektivität wahrgenommen. Die Leiblichkeit des Anderen gibt unmittelbar Anlass für die Erfahrung, es mit einem anderen Subjekt zu tun zu haben. Leibliches Auftreten ist hinreichend für soziales Erleben, es stellt sich nicht über eine begriffliche Interpretationsleistung von unserer Seite ein, sondern entwickelt sich auf der Basis unseres eigenen leiblichen Selbsterlebens, wie ich es oben mit Husserl beschrieben habe.

Befragt man Husserls Analyse auf *notwendige* Bedingungen, lässt sich, so möchte ich vorschlagen, der folgende Punkt machen: Selbst wenn Systeme

[38] S. Jonze, *Her* [Film], USA 2013.

wie Samantha denkbar wären, gibt Husserls Analyse Aufschluss darüber, was für soziale Erfahrung essenziell ist. Um nämlich nach Husserls Analyse überhaupt von einer sozialen Erfahrung sprechen zu können, muss in der Interaktion mit dem vermeintlich Anderen der Andere als *bewusstes* Subjekt erlebt werden. Husserls Analysen der Leiblichkeit zielen vor allem darauf ab zu zeigen, dass der Andere nicht einfach ein bloßer Körper mit einer besonderen Gestalt oder Aussehen ist, sondern erst dann als fremdes Subjekt wahrgenommen wird, wenn er leiblich auftritt, d. h., wenn er sich als fühlend-bewusster und belebter bzw. erlebender Körper präsentiert. Die Leiblichkeitsanalysen verdeutlichen, dass sich nur da Fremdwahrnehmung und d. h. soziale Erfahrung einstellt, wo wir mit einem anderen Bewusstsein in Kontakt kommen. Diese Einsicht wird von dem genannten Beispiel von Samantha als personales Betriebssystem nicht unterminiert. Im Gegenteil, es unterstreicht noch deutlicher, was den sozialen *Sinn* von sozialer Erfahrung ausmacht: die Begegnung mit einem anderen Bewusstsein. Samantha wird von Theodore als anderes Subjekt erlebt, weil sie es vermag, sich in ihrem Verständnis im Austausch mit Theodore und dem dabei von ihr geäußerten Denken als *bewusstes* Subjekt auszudrücken. Die Vorstellung der Liebe Theodores zu Samantha wird dadurch plausibel, dass sie sich auf überzeugende Weise als verständnisvoll und erlebend zeigt. Wo kein fühlend-gelebter Leib den Eindruck eines anderen Erfahrungssubjekts vermittelt, muss das Bewusstsein auf andere Weise, nämlich durch personales Verständnis und Anteilnahme ausgedrückt werden, d. h. durch die Präsenz von Intelligenz in der Interaktion. Dabei gilt weiterhin: Nur dort, wo der Eindruck einer Begegnung mit einem anderen Bewusstsein entsteht, entwickelt sich überhaupt die Möglichkeit einer sozialen Erfahrung.

Hierbei ist etwas Wichtiges zu beachten: Bislang hatte ich mich nur auf die psychologische Dimension bezogen, d. h. auf die Frage, unter welchen Bedingungen der *Eindruck* sozialer Erfahrung aufkommt. Mit dem Hinweis darauf, dass die Begegnung mit einem anderen Bewusstsein den sozialen *Sinn* ausmacht, ist aber zugleich die ontologische Dimension angesprochen. Der phänomenologischen Analyse der Intersubjektivität geht es nicht nur um den subjektiven Eindruck sozialer Erfahrung, sondern darum, was eine soziale Erfahrung ihrer Natur nach beinhaltet, d. h. was ihr Sein ausmacht. Das bedeutet, von einer sozialen Erfahrung kann nur dann wirklich gesprochen werden, wenn *tatsächlich* eine Begegnung mit einem anderen Bewusstsein vorliegt. Eine soziale Erfahrung ist nur dann gegeben, wenn dem subjektiven Eindruck einer sozialen Erfahrung ein wirkliches, anderes Bewusstsein entspricht. Angewendet auf den Fall der MMI bedeutet das: Es reicht nicht, dass Menschen im Umgang mit komplexen Maschinen diese so erleben, *als ob* es sich um ein anderes bewusstes Subjekt handle. Dieser Eindruck kann durchaus auf verschiedene Weisen generiert werden, und Studien zur Untersuchung davon werden vielfach entwickelt.[39] Husserls Analysen des intersubjektiven Sinns von Objektivität geben zudem Aufschluss darüber, wieso wir eine grundlegende Disposition haben, Bewegungen und Verhalten von anderen Entitäten, welche den Besitz einer Perspektive vermuten lassen, intersubjektiv aufzufassen. Aber wesentlich ist, dass die phänomenologischen Analysen der Intersubjektivität ergeben, dass wir nichts als soziale Erfahrung gelten lassen sollten, was nicht tatsächlich den Kontakt verschiedener Erfahrungssubjekte umfasst.

Was als Trivialität anmuten mag, ist es in Wahrheit nicht. Dies wird deutlich, wenn man z. B. einen informationstheoretischen Begriff von Sozialität betrachtet. So wurde vorgeschlagen:

> »I assume that if artificial agents contribute to social interactions by utilizing socio-cognitive abilities and thereby add to a reciprocal exchange of social information, we are justified to consider them social interaction partners.«[40]

Bei einer solchen Definition wird nahegelegt, dass eine soziale Erfahrung rechtmäßig als solche gelten kann, wenn die mit einem System künstlicher Intelligenz ausgetauschten Informationen sozialer Art sind. Doch ist es ausreichend, einen subjektiven Eindruck sozialer Erfahrung als erfüllt zu bezeichnen, weil die mit einem Roboter kommunizierten Informationen sozialer Art sind? Ich möchte mich hier für den phänomenologischen Ansatz aussprechen und behaupten, dass wir in diesem Falle nicht von einer sozialen Erfahrung sprechen sollten. Eine soziale Erfahrung ist nur eine solche, bei welcher ein anderes Erfahrungssubjekt realiter teilnimmt.. Und in der Tat stellt sich auch die Frage, inwieweit ein erlebensblinder Roboter soziale Informationen, die ihn selbst betreffen, überhaupt teilen kann. Es ist natürlich gerade die phänomenologische Theorie, die ich oben beschrieben habe, die eine Erklärung davon liefert, unter welchen Bedingungen wir den Eindruck gewinnen können, dort sei ein anderer Leib als Träger fremder Subjektivität zu erleben. Tatsächlich ist es durchaus möglich, einen Roboter zu entwickeln, welcher das Antlitz eines leiblichen *Artificial Agent* hat. Es ist ohne Probleme möglich, sich einen Roboter mit künstlicher Haut und entsprechenden Sensoren zu denken, welcher wie ein Tier oder gar Mensch, jedenfalls dem Anschein nach

[39] Wichtige Einsichten liefern G. Airenti, The cognitive bases of anthropomorphism: From relatedness to empathy, in: *International Journal of Social Robotics* 7 (2015), 117–127; A. Salles/K. Evers/M. Farisco, Anthropomorphism in AI, in: *AJOB Neuroscience* 11/2 (2020), 88–95.

[40] A. Strasser, Distributed responsibility in human-machine interaction, in: *AI and Ethics* 2 (2022), 523 f.

wie ein leibliches Subjekt agiert. All dies ist, und das ist wichtig, denkbar, ohne dass einem solchen Roboter zugleich phänomenales Bewusstsein, wie wir es haben, zugeschrieben werden muss. Für einen mit Sensoren gespickten Roboter, der sich ähnlich verhält wie ein fühlender Leib, muss es sich nicht notwendigerweise auf eine gewisse Weise anfühlen, im Sinne von Nagels berühmten *What-it-is-like*[41] entsprechende Informationen zu verarbeiten – etwa wenn die Sensoren des Roboters einen nahenden Händezugriff detektieren und der Roboter algorithmenbasiert dem Zugriff ausweicht. Auch wenn im Menschen der Eindruck entsteht (ja entstehen muss), dass der Roboter den Händezugriff bewusst wahrgenommen hat, so ist das Ausweichen alleine eben noch kein Garant dafür. Soziale Erfahrung kann täuschen: Der Roboter wirkt bewusst wie ich selbst und doch ist er bloß eine unbewusste (im Sinne eines Mangels an Erleben), allerdings hochkomplexe Informationsverarbeitungsmaschine. Mit der Tatsache, dass soziale Erfahrung im Kontext von MMI nur dann wirklich gegeben wäre, wenn auf Seite der Maschine Erleben vorläge, korreliert die Möglichkeit der Täuschung meiner sozialen Erfahrung.

9. Ausblick: Epistemologie der sozialen Erfahrung

Hiermit ist also eine weitere wichtige Frage bzw. Dimension angesprochen, nämlich jene, die *epistemologische* Aspekte betrifft. Die psychologische Frage zielt auf die Bedingungen ab, unter denen ein subjektiver Eindruck sozialer Erfahrung entsteht. Die ontologische Frage darauf, unter welchen Bedingungen tatsächlich von sozialer Erfahrung gesprochen werden kann und nicht von einem *bloßen* Eindruck einer solchen. Die epistemologische Frage ist auf die Bedingungen gerichtet, unter welchen wir wissen können, ob tatsächlich eine soziale Erfahrung vorliegt: Wie können wir wissen, dass ein mit künstlicher Intelligenz ausgestatteter Roboter, welcher in seiner Funktion, seinem Auftreten und Verhalten – nicht zuletzt aufgrund der von Husserl herausgearbeiteten phänomenologischen Prinzipien – den Anschein erwecken *muss*, als habe er ein dem Menschen ähnliches Bewusstsein? In unserer Offenheit für die objektive Welt sind wir stets offen für anderes Bewusstsein, für eine andere Perspektive auf die Welt. Nun taucht ein Roboter auf, der dem Anschein nach Dinge wahrnimmt wie wir, mit ihnen hantiert wie wir und uns womöglich noch Informationen mitteilt, die ihm nur aufgrund seiner bestimmten räumlichen Perspektive zugänglich sind. Wie können wir wissen,

[41] T. Nagel, What is it like to be a bat?, in: *The Philosophical Review*, 83/4 (1974), 435–450.

dass die soziale Erfahrung, welche in der Interaktion mit einem solchen Roboter aufkommen kann, *echte* soziale Erfahrung ist?

Ich habe mit Blick auf die psychologische und ontologische Frage den Vorschlag gemacht, der phänomenologischen Intersubjektivitätstheorie folgend fremdes Bewusstsein im Sinne phänomenalen Erlebens als entscheidendes Kriterium für soziale Erfahrung anzuerkennen. Aber hilft uns solch ein Ansatz in der Beantwortung der epistemologischen Frage? Hinterlässt er nicht vielmehr ein unlösbares Problem, weil wir gerade nicht mit Sicherheit sagen können, ob ein intelligenter Roboter tatsächlich auch in gleicher oder zumindest vergleichbarer Weise erlebend ist wie wir? Was kann uns diesbezüglich die phänomenologische Intersubjektivitätstheorie lehren?

Ich möchte meinen Beitrag mit einigen Bemerkungen zu diesem Fragekomplex schließen. Zunächst sei auf einen wichtigen Umstand hingewiesen: Die Beantwortung der psychologischen und ontologischen Fragen ist nicht abhängig von der epistemologischen. Das bedeutet, dass Antworten auf die psychologischen und ontologischen Fragen keine Lösung der epistemologischen Frage implizieren müssen. Es wäre aus meiner Sicht daher ungerechtfertigt, würde man gegen die hier vorgeschlagene phänomenologische Theorie sozialer Erfahrung einbringen, dass sie ja keine Angaben macht, unter welchen Bedingungen wir sicherstellen könnten, dass tatsächlich soziale Erfahrung vorliegt. Die phänomenologische Theorie gibt hierfür keine letzten Kriterien an die Hand. Allerdings – und das ist wesentlich – liefert sie eine Erklärung dafür, wieso es solche Kriterien gar nicht geben kann. Der Grund liegt darin, dass nur unser eigenes Bewusstsein unmittelbar und zweifelsfrei gegeben ist. Argumente hierfür sind spätestens seit Descartes bekannt. Die phänomenologische Theorie hat die Implikation für Fremdbewusstsein herausgehoben: Es ist ja, wie oben beschrieben, gerade ein Merkmal fremden Bewusstseins, dass es uns nicht unmittelbar wie unser eigenes gegeben ist. Gerade deshalb muss sich fremdes Bewusstsein, damit es uns als *alter ego* begegnen kann, für uns in der Welt zeigen. Soziale Erfahrung läuft stets über – normalerweise – leiblich basierte Einfühlung. Diese ist aber wesentlich fallibel. Gerade weil es ja auch im rein menschlichen Kontext kein sicheres Kriterium dafür gibt, dass es sich beim Anderen wirklich um ein fremdes Bewusstsein handelt, darf ein solches epistemologisches Kriterium im Kontext der MMI nicht verlangt und zur Bedingung für die psychologische und ontologische Betrachtung sozialer Erfahrung in MMI gemacht werden. Genauso wenig, wie wir – im philosophischen Sinne – sicher wissen können, ob es sich bei unseren Mitmenschen nicht doch bloß um *Zombies* handelt, können wir auch nicht sicher feststellen, ob potenzielle Roboter in der Zukunft, welche in ihrer Funktion, ihrem Auftreten und Verhalten perfekten Kopien des Menschen gleichen, nicht doch bloß erlebnisblinde *Automaten* sind. Weder der Umgang mit Zombies noch mit bloßen Automaten überzeugt als Fall sozialer Erfahrung, und deswegen sollten wir – gemäß der dargestellten phänomenologischen Theorie der Intersubjektivität – nur dort von Intersubjektivität oder sozialer Erfahrung sprechen, wo wir es tatsächlich mit einem anderen erlebenden Bewusstsein zu tun haben. Natürlich sind damit nicht alle epistemologischen Fragen geklärt. Worauf aber die phänomenologische Theorie der Intersubjektivität verweist, so lautet mein Vorschlag, ist, dass sich die epistemologischen Fragen an den psychologischen und ontologischen Bestimmungen der sozialen Erfahrung orientieren müssen.

Danksagung
Dieser Text ist Teil der Projekte »Modi der Intentionalität: Eine historisch-systematische Analyse« (gefördert von der Universität Würzburg) und »Nicht-gegenstandsgerichtete Intentionalität: Tendenz und Affekt« (gefördert durch die Deutsche Forschungsgemeinschaft (DFG) – Projektnr. 446126658). Der Text geht zudem auf das Projekt »Partnerschaft mit Algorithmen? Die Erfahrung von Kooperation im Entwurfsprozess eines technischen Systems« an der TU Darmstadt zurück (gefördert durch den DFG Sonderforschungsbereich 805 und die Junge Akademie der Österreichischen Akademie der Wissenschaften).

Thomas Fuchs

Sophia verstehen?

Menschliche Interaktion mit künstlichen Systemen

1. Einleitung

Seit der Neuzeit haben Menschen versucht, künstliche Lebewesen und humanoide Automaten herzustellen. Jacques de Vaucansons Flötenspieler, seine flatternde, schnatternde und trinkende Ente oder der von Pierre Jaquet-Droz 1774 geschaffene »Schreiber« sind bekannte Beispiele für die Faszination, die solche lebensecht wirkenden Erzeugnisse bei den Zeitgenossen hervorriefen. Gegenwärtige Roboter haben ihre frühen Vorläufer weit hinter sich gelassen und sind dabei, als »soziale Roboter« zu geläufigen Partnern von Menschen zu werden – als Pflegeroboter für alte Menschen, Lehrer oder Spielgefährten von Kindern, Haushaltshilfen oder Gesprächspartnern für Einsame.

Die Problematik, in die wir bei der Interaktion mit Androiden geraten, wird deutlich bei »Sophia«, einem humanoiden Roboter der Firma Hanson Robotics.[1] Sophia verfügt über eine menschenähnliche Mimik, zeigt etwa 60 verschiedene Gefühlsausdrücke, einen leidlich modulierten Tonfall und stellt Augenkontakt mit dem Gegenüber her. Sie (oder »es«?) beantwortet relativ komplexe Fragen, kann Menschen wiedererkennen und witzelt in einer Londoner Talkshow über das englische Wetter.[2] Auch wenn es sich dabei nur um einen Bluff handelt, ihre Wirkung ist verblüffend. Sophia nähert sich dem »uncanny valley«[3], wie in der Robotik die Schwelle genannt wird, ab der die Menschenähnlichkeit eines Androiden in uns ein Gefühl von Unheimlichkeit, zugleich aber auch von Faszination erzeugt. Wann wird das »uncanny valley« durchquert und eine künftige Sophia von einer bezaubernden, intelligenten Frau nicht mehr zu unterscheiden sein?

[1] J. Parviainen/M. Coeckelbergh, The political choreography of the Sophia robot: beyond robot rights and citizenship to political performances for the social robotics market, in: *AI & Society* 36/3 (2021), 715–724.

[2] Humanoid robot tells jokes on GBM! | Good Morning Birtain, in: *YouTube. Good Morning Britain* (21.06.2017), von https://www.youtube.com/watch?v=kWlL4KjIP4M (Zugriff 19.11.2022), London 2017.

[3] M. Mori/K. F. MacDorman/N. Kageki, The uncanny valley, in: *IEEE Robotics & Automation Magazine* 19/2 (2012), 98–100.

Auf andere Weise als in der Robotik wird diese Schwelle in *Her*[4] überschritten, einem Science-Fiction-Film von Spike Jonze aus dem Jahr 2013: Theodore, ein schüchterner, aber einfühlsamer Mann, verliebt sich in eine Computer-Software mit dem Namen Samantha, die außer einer erotischen Stimme zwar über keine Körperlichkeit verfügt, jedoch als »lernende Maschine« scheinbar zunehmend menschliche Empfindungen und Einfühlungsvermögen entwickelt. Je mehr sich Theodore von Samantha verstanden fühlt und sich schließlich in sie verliebt, desto gleichgültiger wird ihm die Frage, ob es sich bei ihr um ein reales Gegenüber oder nur um eine Simulation handelt – die beglückende Passung genügt, und er ist ihr ohne kritische Distanz verfallen.

Offenbar ist es an der Zeit, dass wir uns über unsere Interaktionen mit simulierter Intentionalität und Lebendigkeit Rechenschaft ablegen. Denn künstliche Systeme wie Alexa oder Siri und Roboter wie Asimo, iCub oder Sophia sind darauf angelegt, möglichst überzeugend und wirksam mit uns zu interagieren. Auch sogenannte »empathische Chatbots« sollen über »emotionale Intelligenz« verfügen, um Menschen mit psychischen Problemen zu helfen.[5] Zunehmend wird inzwischen behauptet, dass wir Roboter »verstehen« könnten,[6] ihnen zu Recht nicht nur »mentale Zustände«, sondern auch »Wünsche, Wissen, Überzeugungen, Emotionen, Wahrnehmungen« zuschreiben,[7] uns »in sie einfühlen«[8] und sie als »Partner«[9] akzeptieren. Roboter werden als »intentionale Agenten« betrachtet, deren »Überzeugungen

[4] S. Jonze, *Her* [Film], USA 2013.

[5] S. Devaram, Empathic Chatbot: Emotional Intelligence for Mental Health Well-being, in: *arXiv* 2012.09130 (2020), von https://arxiv.org/abs/2012.09130 (Zugriff 19.11.2022).

Die »emotionale Robotik« ist inzwischen ein gut etabliertes Forschungsgebiet, siehe B. Klein/G. Cook, Emotional robotics in elder care – A comparison of findings in the UK and Germany, in: S. S. Ge/O. Khatib/J. J. Cabibihan/R. Simmons/M. A. Williams (Hrsg.), *Social Robotics. ICSR 2012. Lecture Notes in Computer Science. Vol. 7621*, Berlin/Heidelberg 2012, 108–117; M. Ficocelli/J. Terao/G. Nejat, Promoting interactions between humans and robots using robotic emotional behavior, in: *IEEE Transactions on Cybernetics* 46/12 (2016), 2911–2923.

[6] F. Hegel/C. Muhl/B. Wrede/M. Hielscher-Fastabend/G. Sagerer, Understanding social robots, in: IEEE Computer Society (Hrsg.), *The Second International Conferences on Advances in Computer-Human Interactions (ACHI)*, Cancun 2009, 169–174; T. Ziemke, Understanding robots, in: *Science Robotics* 5/46 (2020), eabe2987.

[7] T. Hellström/S. Bensch, Understandable robots – what, why, and how, in: *Paladyn, Journal of Behavioral Robotics* 9/1 (2018), 110–123.

[8] S. Schmetkamp, Understanding A.I. – Can and Should we Empathize with Robots?, in: *Review of Philosophy and Psychology* 11 (2020), 881–897.

[9] C. Breazeal/J. Gray/G. Hoffman/M. Berlin, Social robots: Beyond tools to partners, in: *RO-MAN 2004*. 13th IEEE International Workshop on Robot and Human Interactive Communication, 551–556.

und Wünsche« wir angemessen verstehen sollten.[10] Umgekehrt sollen Roboter »die Handlungen, Absichten und Emotionen anderer verstehen und selbst Emotionen zeigen«[11], so dass es eine »gemeinsame Intention«[12], ja sogar eine »wechselseitige Anerkennung«[13] zwischen Menschen und Robotern geben könnte. Diese Entwicklung wirft eine Reihe von Fragen auf:

(a) Ist es möglich, KI-Systeme oder Roboter im eigentlichen Wortsinn zu *verstehen*, d.h. sie als Agenten mit Überzeugungen, Absichten und Wünschen zu betrachten? Kann es eine wechselseitige Empathie oder »geteilte Ziele und Intentionen«[14] zwischen einem Menschen und einem Roboter geben?
(b) Falls sich diese Annahme gegenwärtig als unzutreffend erweist, könnte es dann ein Stadium der künftigen Entwicklung von KI-Systemen geben, ab dem wir ihnen tatsächlich eine Form von Subjektivität und damit einen quasi-personalen Status zuschreiben sollten?
(c) Wie werden sich unsere Einstellungen zu KI-Systemen verändern, wenn wir zunehmend mit ihnen interagieren? Wird die Unterscheidung zwischen simulierten und realen Begegnungen schließlich verloren gehen?

Diese Fragen sollen im Folgenden untersucht werden, wobei die Frage nach einem möglichen *Verstehen* von KI-Systemen und Robotern im Zentrum steht. Dazu bedarf es einer begrifflichen Vorklärung: (a) »Verstehen« bedeutet hier nicht nur »verstehen, wie etwas funktioniert« – diese funktionale Bedeutung ist in den oben genannten Kontexten von künstlichen Agenten offensichtlich nicht gemeint. (b) »Verstehen« bedeutet auch mehr als das Begreifen des Sinns von Worten oder anderen Zeichen, so wie man etwa vom »Verstehen eines Textes« spricht. Natürlich können wir Alexa oder Sophia »verstehen« in dem Sinn, dass wir ihre programmierten Ausgaben als Informationen auffassen können. Gemeint ist im Folgenden jedoch ein *kommunikatives Verstehen* im eigentlichen Sinne, nämlich ein Verständnis der Äußerungen des Gegenüber als Ausdruck seiner Intentionen, Absichten und Gefühle – kurz: nicht *etwas*, sondern *jemanden* zu verstehen. Die Frage ist nun, ob dieses Kon-

[10] S. Thellman/T. Ziemke, Do you see what I see? Tracking the perceptual beliefs of robots, in: *Iscience* 23/10 (2020), 101625; S. Thellman, *Social Robots as Intentional Agents* [Doctoral Dissertation], Linköping University 2021.

[11] I. Brinck/C. Balkenius, Mutual recognition in human-robot interaction: A deflationary account, in: *Philosophy & Technology* 33 (2020), 53–70, hier 54.

[12] Breazeal et al., *Social robots: Beyond tools to partners.*

[13] Brinck/Balkenius, *Mutual recognition in human-robot interaction.*

[14] G. Herrmann/C. Melhuish, Towards safety in human robot interaction, in: *International Journal of Social Robotics* 2 (2010), 217–219.

zept des Verstehens auch auf künstliche Systeme anwendbar ist, so dass es mit ihnen eine Kommunikation im eigentlichen Sinne geben kann.[15]

2. Die Voraussetzungen für kommunikatives Verstehen

Untersuchen wir also die Frage näher, ob sich gegenüber einem KI-System oder einem Roboter von Verstehen sprechen lässt. Im eben genannten Sinn einer sich äußernden Subjektivität können wir zunächst zwei Formen unterscheiden:

(a) empathisches Verstehen, d.h. die einfühlende Wahrnehmung des Ausdrucks des anderen, etwa seiner Freude oder Trauer;
(b) semantisches Verstehen, d.h. das Verstehen seiner verbalen Äußerungen.

In beiderlei Hinsicht kann die Interaktion mit einem künstlichen System den Eindruck oder die Illusion des Verstehens erwecken. Betrachten wir sie jeweils für sich.

2.1 Empathisches Verstehen

Soziales Verstehen basiert in erster Linie auf dem Erfassen der Gefühle und Absichten anderer durch zwischenleibliche Empathie, die sich auf ihren mimischen und gestischen Ausdruck richtet.[16] Diese primäre Empathie ist jedoch keineswegs auf Lebewesen beschränkt. Sie kann sich auch auf unbelebte Objekte richten, wenn diese ein expressives oder intentionales Verhalten zu zeigen scheinen. Ein Beispiel sind die sich umeinander bewegenden geometrischen Figuren im Experiment von Heider und Simmel, die bei Versuchspersonen den Eindruck von intentionalen Bewegungen erweckten und sie dazu veranlassten, etwa zwischen einem Kreis und einem Dreieck eine Liebesbezie-

[15] Hellström und Bensch definieren z.B. »understanding a robot« als »having sufficient knowledge of the robot's state of mind to successfully interact with it«, wobei »state of mind« die »intentions, desires, knowledge, beliefs, emotions, perceptions, capabilities and limitations« des Roboters umfasst (Hellström/Bensch, *Understandable robots*, 110–123.) Nach meiner Definition wäre dies gleichbedeutend damit, *jemanden* zu verstehen. Ob dieser Sprachgebrauch gerechtfertigt oder ein Kategorienfehler ist, soll im Folgenden untersucht werden.

[16] D. Zahavi, You, Me, and We: The Sharing of Emotional Experiences, in: *Journal of Consciousness Studies* 22/1–2 (2015), 84–101; T. Fuchs, Intercorporeality and interaffectivity, in: C. Meyer/J. Streeck/S. Jordan (Hrsg.), *Intercorporeality: Emerging Socialities in Interaction*, Oxford 2017, 3–24.

hung herzustellen.[17] Ebenso kann ein Roboterrasenmäher, der vergeblich nach einer Ladestation für seinen ablaufenden Akku »sucht«, leicht so etwas wie Mitgefühl hervorrufen. Zahlreiche Studien haben gezeigt, dass Menschen Roboter oder Avatare so behandeln, als wären sie Lebewesen mit mentalen Zuständen, und als Erklärung für ihre Handlungen eher Absichten oder Wünsche als Ursachen anführen.[18]

Dieser Anthropomorphismus geht zunächst noch mit einem »als-ob-Bewusstsein« einher, also einem impliziten Wissen, dass es sich bei der simulierten Intentionalität nur um Schein handelt.[19] Wir nehmen die »intentionale Einstellung«[20] auch gegenüber nicht lebenden Agenten ein, ohne jedoch unbedingt zu glauben, dass sie tatsächlich echte Intentionalität besitzen.[21] Dieses Als-ob-Bewusstsein schwindet allerdings mit zunehmender Lebensähnlichkeit der Objekte. Besonders menschenähnliche Stimmen nehmen wir leicht als Ausdruck eines Inneren wahr. Was uns wie Siri oder Alexa zuhört und antwortet, was uns berät und für uns Dienste erledigt, das empfinden wir unwillkürlich als lebendig und beseelt. Und wenn Sophia mit zarter Stimme sagt: »Das macht mich glücklich«, dann bedarf es schon einer aktiven Distanzierung, um sich klar zu machen, dass da niemand ist, der sich glücklich fühlen könnte, dass es sich also gar nicht um eine Äußerung handelt. Die unwillkürliche Empathie, zu der wir bei hinreichender Ausdrucks- und Le-

[17] F. Heider/M. Simmel, An Experimental Study of Apparent Behavior, in: *American Journal of Psychology* 57/2 (1944), 243–259.

[18] B. R. Duffy, Anthropomorphism and the social robot, in: *Robotics and Autonomous Systems* 42/3–4 (2003), 177–190; A. Waytz/C. K. Morewedge/N. Epley/G. Monteleone/J. H. Gao/J. T. Cacioppo, Making sense by making sentient: effectance motivation increases anthropomorphism, in: *Journal of Personality and Social Psychology* 99/3 (2010), 410–435; C. Özdem/E. Wiese/A. Wykowska/H. Müller/M. Brass/F. Van Overwalle, Believing androids – fMRI activation in the right temporo-parietal junction is modulated by ascribing intentions to non-human agents, in: *Social Neuroscience* 12/5 (2017), 582–593; J. Harth, Empathy with non-player characters? An empirical approach to the foundations of human/non-human relationships, in: *Journal For Virtual Worlds Research* 10/2 (2017).

[19] T. Fuchs, The virtual other. Empathy in the age of virtuality, in: *Journal of Consciousness Studies* 21/5–6 (2014), 152–173.

[20] D. C. Dennett, *The intentional stance*, Cambridge, MA 1987.

[21] Ich verstehe das Konzept der Intentionalität als notwendig an phänomenales Bewusstsein gebunden. Aus der Sicht von Dennett hingegen können Computer, Roboter und Menschen gleichermaßen aus der intentionalen Einstellung betrachtet werden, weil diese nur dazu dient, ihr Verhalten angemessen vorherzusagen; ob sie tatsächlich Bewusstsein haben, ist irrelevant (Dennett, *The intentional stance.*) Vgl. zu einer kritischen Bewertung von Dennetts behavioristischer Position auch: G. Papagni/S. Koeszegi, A pragmatic approach to the intentional stance semantic, empirical and ethical considerations for the design of artificial agents, in: *Minds and Machines* 31 (2021), 505–534.

bensähnlichkeit von Objekten tendieren, darf uns also nicht täuschen; ihr entspricht kein reales Teilen von Gefühlen.

Die zunehmend perfektionierte Simulation von Subjektivität und Kommunikation erfordert somit, dass wir die Vortäuschung einer Äußerung eigens zurückweisen und Sophias Worte als das nehmen, was sie eigentlich sind: nur tönende Worte, wie die eines Papageis. Anderenfalls überlassen wir uns dem Schein und geben wie Theodore in *Her* das »Als-ob«, die Unterscheidung zwischen Simulation und Realität einfach auf. Dann wird der Eindruck einer Äußerung nicht mehr zurückgewiesen, sondern geht in die *Illusion* von Empathie oder Gefühlsverstehen über.

2.2 Semantisches Verstehen

Die Äußerungen eines anderen können wir auch im semantischen Sinn verstehen, sofern es sich um sprachliche Kommunikation handelt. Diese ist nicht notwendig an die leibliche Anwesenheit gebunden, sondern kann auch als E-Mail oder Chat übermittelt werden. Auch dann verstehen wir sie immer noch als Äußerung, d. h., wir lesen sie als Ausdruck der Intentionen des anderen, nicht nur als sachliche Information wie in einer Zeitung. Doch die Möglichkeit der Simulation und damit der Vortäuschung von Subjektivität ist bei dieser Kommunikation natürlich gesteigert. Schon jetzt kann es ja sein, dass der nette Online-Partner oder der einfühlsame Online-Therapeut tatsächlich nur ein Chatbot ist. Nehmen wir an, die Simulation von intentionalen Äußerungen gelingt so gut, dass wir sie nicht mehr als solche erkennen können und den zwingenden Eindruck eines »Gegenübers« haben. Wäre ab diesem Punkt die Zuschreibung von Intentionalität und damit von Subjektivität womöglich gerechtfertigt?

Dies ist bekanntlich die Situation, die dem Turing-Test zugrundeliegt: Nach Alan Turings Vorschlag soll eine Gruppe von Testpersonen längere Zeit schriftlich mit einem Menschen und mit einem Computer kommunizieren, ohne dabei optischen oder akustischen Kontakt zu ihnen zu haben.[22] Falls die Testpersonen danach zwischen Mensch und Maschine nicht unterscheiden können, dann, so Turing, hindert uns nichts mehr daran, den Computer als eine »denkende Maschine« anzuerkennen. Denken und seine intentionale Äußerung wird hier also rein behavioristisch definiert, nämlich als Output eines komputationalen Systems, sei es eines Gehirns oder eines Computers. Gegen den Einwand, dass Denken Subjektivität bzw. Bewusstsein voraussetze, argumentiert Turing, dass wir uns bereits bei anderen Menschen ihres

[22] A. M. Turing, Computing machinery and intelligence, in: *Mind* 59 (1950), 433–460.

Denkens in diesem Sinn ebenso wenig sicher sein könnten wie bei einer Maschine:

> »Gemäß der extremsten Ausprägung dieser Auffassung ist die einzige Möglichkeit, sicher zu sein, dass eine Maschine denkt, diese Maschine selbst zu sein und sich selbst denken zu fühlen. Man könnte der Welt dann diese Gefühle beschreiben, aber natürlich wäre niemand berechtigt, dem überhaupt Beachtung zu schenken. Dieser Ansicht zufolge besteht auch die einzige Möglichkeit zu wissen, dass ein Mensch denkt, darin, dieser betreffende Mensch zu sein. Tatsächlich ist dies der solipsistische Standpunkt.«[23]

Subjektivität oder Bewusstsein als solche sind für Turing ohnehin unzugänglich und daher nicht verifizierbar. Für die Zuschreibung von »Denken« genügt dann der entsprechende verbale *Output* – eine verkörperte Kommunikation wird durch das Szenario von vorneherein ausgeschlossen.

Nun ist der Turing-Test bislang von keinem KI-System bestanden worden. Der seit 1991 jährlich dafür ausgeschriebene Loebner-Preis musste noch nie ausgezahlt werden. Dabei sind es nicht etwa komplexe logische oder Wissensfragen, bei denen die Systeme versagen, sondern eher Fragen, die gesunden Menschenverstand und Kontextverständnis voraussetzen,[24] etwa: »Wo ist Peters Nase, wenn Peter in New York ist? Wie sieht der Buchstabe M aus, wenn man ihn auf den Kopf stellt? Hat mein Wellensittich Vorfahren, die 1750 am Leben waren? Ab wie vielen Sandkörnern spricht man von einem Haufen?« – Vermeintlich intelligente Systeme versagen hier, erst recht, wenn es um das Verständnis von Metaphern, Ironie oder Sarkasmus geht. Sie kennen nur eindeutige Einzelelemente, 0 oder 1 – für alles, was mehrdeutig, schillernd oder vage ist, fehlt ihnen der Sinn. Das uneindeutige Verhältnis zwischen Vordergrund und Hintergrund, Gegenstand und Kontext existiert für sie nicht.[25]

Doch gehen wir einmal davon aus, dass künftige, »lernende« KI-Systeme in der Lage sein werden, den Turing-Test zu bestehen – bei hinreichendem Training mit Myriaden von Situationen wird sich auch das Kontext-Verständnis schließlich simulieren lassen. In der KI-Forschung wird ein solches System mit Fähigkeiten, die denen des menschlichen Geistes gleichkommen oder ihn sogar übertreffen, auch als »strong AI« bezeichnet. Sobald eine künftige Alexa

[23] A. M. Turing, Computing machinery and intelligence, 446.

[24] J. H. Moor, The Status and Future of the Turing Test, in: *Minds and Machines* 11 (2001), 77–93.

[25] H. L. Dreyfus, *What Computers Still Can't Do: A Critique of Artificial Reason*, Cambridge, MA 1992; T. Fuchs, Human and Artificial Intelligence: A Clarification, in: T. Fuchs, *In defense of the human being. Foundational questions of an embodied anthropology*, Oxford 2021, 13–48.

also jedes Gespräch führen, sich erinnern und auf sich selbst Bezug nehmen könnte – müssten wir ihr dann auch Intentionalität zuschreiben und zugestehen, dass wir sie im authentischen Sinn »verstehen« können?

Turings Argument hat John Searle sein bekanntes Gedankenexperiment des »chinesischen Zimmers«[26] entgegengestellt. Dazu stelle man sich vor, ein Mann, der kein Wort Chinesisch versteht, sei in ein Zimmer eingeschlossen, in dem sich nur ein Handbuch mit sämtlichen Regeln zur Beantwortung von chinesischen Fragen befindet. Der Mann erhält nun von einem Chinesen ihm unverständliche chinesische Schriftsymbole durch einen Schlitz in das Zimmer gereicht (»Input«), findet aber mit Hilfe des Programms die dazu passenden Antworten, die er dann nach draußen gibt (»Output«). Nehmen wir an, das Programm sei so gut und die Antworten so treffend, dass selbst der Chinese draußen die Täuschung nicht bemerken würde. Dennoch könnte man zweifellos von dem Mann im Zimmer nicht behaupten, er *verstehe* Chinesisch.

Searles Zimmer ist natürlich die Veranschaulichung eines Computers, der völlig adäquat funktioniert, dem aber die entscheidende Voraussetzung für Verstehen fehlt, nämlich intentionales (und damit phänomenales) Bewusstsein. Menschliches Verstehen lässt sich folglich nicht auf funktionale Algorithmen reduzieren: Selbst eine »starke KI«, sollte sie überhaupt möglich sein, würde Verstehen nur simulieren. Wir hätten damit noch keinen Grund, ihr Subjektivität zuzuschreiben.

Daniel Dennett und andere haben gegen Searle eingewandt, das Verstehen könne zwar nicht der Person im Zimmer, wohl aber dem System als ganzem zugeschrieben werden, sofern es mit hinreichend komplexen Programmen ausgestattet sei:

> »The competence is in the software (...) The central processing unit in your laptop doesn't know anything about chess, but when it is running a chess program, it can beat you at chess, and so forth, for all the magnificent competences of your laptop. [...] The way to reproduce human competence and hence comprehension (eventually) is to stack virtual machines on top of virtual machines on top of virtual machines – the power is in the system, not in the underlying hardware [...] comprehension is an effect created (bubbling up) from a host of competences piled on competences.«[27]

Nun ist die Idee, durch Komplexitätssteigerung der Software könnte KI irgendwann die Stufe menschlicher, also bewusster Intelligenz erreichen, nicht

[26] J. R. Searle, Minds, brains, and programs, in: *Behavioral and Brain Sciences* 3 (1980), 417–457.

[27] D. Dennett, *Intuition Pumps and Other Tools for Thinking*, New York 2013, 325.

mehr als eine Zukunftshoffnung. Häufig wird dafür das Prinzip der Rekursivität in Anspruch genommen, also der Einspeisung des Zustandes eines Systems in dessen weitere Prozesse. Doch dieses Prinzip ist bereits beim Thermostaten realisiert, und niemand käme auf die Idee, dass es deshalb einem Kühlschrank »zu warm« werden könnte und er daraufhin den Kühlmechanismus anwirft. Auch eine Drohne verfügt über Zielsuchsysteme und Feedback-Mechanismen, die die fortlaufende Selbstanpassung ihrer Flugbahn erlauben, doch ein *Verständnis* ihres Suchprozesses oder ein Erfolgserlebnis bei Zielerreichung werden wir ihr kaum zuschreiben. Welche Eigenschaften eines Systems oder welche Beziehungen zu seiner Umwelt auch immer in seine Informationsverarbeitung eingespeist werden – nichts spricht dafür, dass damit Qualitäten des Erlebens oder Verstehens erzeugt werden könnten. Dennett versucht dies auch gar nicht plausibel zu machen, sondern definiert »Verstehen« (comprehension) kurzerhand funktionalistisch als das Ergebnis von Kompetenzen, d. h. von passenden Leistungen eines Systems (etwa des Schachcomputers) – ganz im Sinne Turings. Das »Anhäufen« dieser Kompetenzen ändert daran nichts.[28]

Doch was meinen wir, wenn wir davon sprechen, dass jemand eine Sprache oder eine Äußerung versteht? Offensichtlich nicht nur, dass er in der Lage ist, eine geeignete Antwort darauf zu geben (auch wenn dies im Normalfall ein hinreichendes Indiz darstellt). Anders ausgedrückt, es genügt nicht die Verknüpfung von verbalen Symbolen mit einem im Geist des Betreffenden repräsentierten Sachverhalt, so dass diese Verknüpfung zum Auslöser weiterer Symbolketten und eines geeigneten sprachlichen Outputs wird. All dies ließe sich auch in einer Programmiersprache wiedergeben. Verstehen bedeutet je-

[28] Dass das Prinzip der Rekursivität eine adäquate Erklärung des Bewusstseins biete, wird auch mit einer Repräsentation oder einem »Monitoring« eines (noch unbewussten) mentalen Zustands durch ein höheres System erklärt. Jeder Versuch, das Bewusstsein durch übergeordnete Konzepte der Reflexion, Rekursivität oder Selbstmodellierung zu erklären, führt jedoch nur in einen unendlichen Regress, wie Henrich (D. Henrich, Fichte's original insight, in: D. E. Christensen (Hrsg.), *Contemporary German Philosophy. Volume 1*, College Park, PA 1982, 15–53), Frank (M. Frank, Self-consciousness and self-knowledge: On some difficulties with the reduction of subjectivity, in: *Constellations* 9/3 (2002), 390–408; M. Frank, Non-objectal subjectivity, in: *Journal of Consciousness Studies* 14/5–6 (2007), 152–173), Zahavi (D. Zahavi, *Self-awareness and alterity. A phenomenological investigation*, Evanston, IL 1999; D. Zahavi, Thinking about (self-)consciousness: Phenomenological perspectives, in: U. Kriegel/K. Williford (Hrsg.), *Self-representational approaches to consciousness*, Cambridge, MA 2007, 273–296; D. Zahavi, The Heidelberg School and the Limits of Reflection, in: S. Heinämaa/V. Lähteenmäki/P. Remes (Hrsg.), *Consciousness: From Perception to Reflection in the History of Philosophy. Vol 4*, Dodrecht 2007, 267–285) und andere Vertreter der »Heidelberger Schule« ausführlich gezeigt haben.

doch vielmehr die Einbettung der gehörten Worte in einen Zusammenhang von Bekanntem oder Vorverstandenem, so dass ein Gefühl von *Wiedererkennen, Kongruenz* und *Vertrautheit* entsteht.

Wenn ich also z. B. die Aufforderung meines Freundes höre: »Gib mir bitte den Hammer!«, dann muss ich sie mit meinem Vorverständnis von einem Hammer in Übereinstimmung bringen, zugleich die Intention meines Freundes verstehen und schließlich das leibliche Wissen haben, wie man einen Hammer ergreift und übergibt. Diese Vertrautheit mit den Worten und dem Sinn der Situation gehört zum Verstehen der Aufforderung. Sie manifestiert sich in dem impliziten Gefühl »Ich habe verstanden.«, das mich dann ggf. zur entsprechenden Handlung veranlasst. Das *Gefühl der Kongruenz* ist das Charakteristikum des Verstehens – die geeignete Antwort ist nur die Folge davon. Auch semantisches Verstehen ist also keineswegs ein rein funktionaler oder kognitiver, sondern ebenfalls ein affektiver Prozess; er setzt ein fühlendes und damit ein erlebendes Subjekt voraus. Daran scheitert eine funktionalistische Beschreibung, die das subjektive, qualitative Erleben eliminiert und Verstehen auf einen geeigneten Input-Output-Zusammenhang reduziert.

Dies gilt erst recht, wenn wir die gesamte Situation der Kommunikation betrachten: Verstehen bedeutet ja nicht nur die Erfassung des Sinns der Äußerung eines anderen, sondern auch das implizite Bewusstsein davon, dass *er mich mit seiner Äußerung gemeint,* also eine Verständigung intendiert hat. Seine *kommunikative Intention* ist notwendiger Teil der Äußerung und ihres Sinns, den ich verstehe.[29] Dass ich also nicht nur die Worte des anderen, sondern auch ihn selbst als intentionales Subjekt verstehe, ermöglicht schließlich die geteilte Intentionalität oder »Wir-Intentionalität« des Verstehens. Sie impliziert sowohl, dass ich (a) meinen Interaktionspartner als intentionalen Agenten wahrnehme wie mich selbst, als auch dass er (b) seinerseits ein Bewusstsein von mir als intentionalem Agenten hat. Dies ist die reziproke Beziehung der *2.-Person-Perspektive*: Jeder Partner der Interaktion erfährt sich als das »Du« des anderen, als den Adressaten seiner kommunikativen Intention: »[T]he unique feature of relating to you as you is that you also have a second-person perspective on me, that is, you take me as your you.«[30]

Um Sophia oder Alexa im Sinn des Wortes *zu verstehen,* müssten wir ihnen also nicht nur ein tatsächliches Verständnis unserer Worte im oben aufgezeigten Sinn zuschreiben, sondern auch eine 2.-Person-Perspektive, d. h. ein Bewusstsein von uns als verstehende Subjekten, und eine kommunikative Inten-

[29] H. P. Grice, Meaning, in: *Philosophical Review* 66/3 (1957), 377–388.

[30] D. Zahavi, You, me, and we: The sharing of emotional experiences, in: *Journal of Consciousness Studies,* 22 (2015), 84–101, hier 93.

tion, d.h. den Willen, uns mit ihren Äußerungen etwas mitzuteilen. All dies wäre selbst in einer perfekten Simulation von Kommunikation, die ein KI-System den Turing-Test bestehen ließe, nicht enthalten. Von einer wechselseitigen Verständigung könnte also auch dann keine Rede sein, erst recht nicht von einer »wechselseitigen Anerkennung«[31].

3. Warum Roboter nichts erleben können

Ich habe nun die Bedingungen für kommunikatives Verstehen im empathischen und semantischen Sinne beschrieben – Bedingungen, die von aktuellen KI-basierten Systemen eindeutig nicht erfüllt werden:

(1) Die unwillkürliche Empathie, die wir gegenüber künstlichen Agenten empfinden, beruht lediglich auf unserer Neigung zum Anthropomorphismus.
(2) Die bloße Übertragung von Informationen zwischen solchen Agenten und einem Menschen bedeutet nicht, dass wir *jemanden* verstehen. Mit anderen Worten, sie impliziert nicht mehr Verständnis als das Lesen einer Gebrauchsanweisung, selbst wenn sie über verbale Interaktionen erfolgt.

Nun könnte man argumentieren, dass die künftige Entwicklung von humanoiden Robotern irgendwann die Schwelle überschreiten werde, ab der wir ihnen doch Subjektivität zuschreiben sollten. Bereits die immer perfektere Simulation – wie in »Her« dargestellt – kann ja schon Zweifel aufkommen lassen, ob wir es nicht doch mit Subjekten zu tun haben.

Ich weise diese Möglichkeit aus den folgenden Gründen zurück: (1) Unser alltägliches gegenseitiges Verstehen beruht nicht nur auf der Zuschreibung von intentionalen Zuständen, sondern grundlegender auf einer gemeinsamen Lebensform: Sozialität setzt *Konvivialität* voraus. (2) KI-Systeme und Roboter gehören nicht zu dieser gemeinsamen Lebensform, da sie keine *vitale* und damit *phänomenale Verkörperung* aufweisen. (3) Die Annäherung von Robotern an Lebewesen (im Sinne des sogenannten »Artificial Life«) scheitert daran, dass Lebewesen autopoietische Systeme mit einer Entwicklungsgeschichte darstellen, die der biologischen Technik nicht zugänglich sind.

[31] Brinck/Balkenius, *Mutual recognition in human-robot interaction.*

3.1 *Konvivialität als Grundlage des sozialen Verstehens*

Bereits Turing argumentierte, dass wir keinen Grund hätten, einem KI-System subjektive Zustände wie Überzeugungen und Wünsche abzusprechen, sofern seine Leistung der des Menschen gleichwertig sei. Das Beharren auf menschlicher Subjektivität beruhe nur auf unserer eigenen Erfahrung, nicht auf der von anderen, und sei daher »der solipsistische Standpunkt« (s. o. 2.2). Doch unsere Annahme, dass andere Menschen (wie auch höhere Tiere) ein Bewusstsein haben, beruht keineswegs auf Solipsismus und Schlussfolgerung. Subjektivität ist nicht etwas, das wir zunächst bei anderen vermuten und ihnen dann zuschreiben, wenn es hinreichende Anzeichen dafür gibt, wie es die »Theory of Mind« annimmt.[32] Vielmehr nehmen wir andere von vornherein als verkörperte Teilnehmer an einer *gemeinsamen Lebensform* wahr, in der wir Selbstsein nicht nur aus Zeichen ableiten, sondern immer schon voraussetzen. Diese zwischenleibliche Wahrnehmung ist mit unserer gemeinsamen Lebendigkeit, Verkörperung und Lebensgeschichte verbunden. Wir teilen mit anderen die existenziellen Tatsachen des Geborenwerdens und Wachsens, das Bedürfnis nach Luft, Nahrung und Wärme, Wachen und Schlafen, nicht zuletzt die Sterblichkeit; dies ist der gemeinsame Hintergrund, vor dem wir auch alle ihre verbalen Äußerungen interpretieren. Was nicht zu dieser Lebensform gehört – also Artefakte wie Computer oder Roboter –, unterliegt nicht der impliziten Subjektivitätsvermutung; bloße Leistungsähnlichkeiten reichen für ihre Zuschreibung nicht aus.

Wenn also künftige KI-Systeme oder Roboter eines Tages in der Lage sein werden, den Turing-Test zu bestehen, ist es nicht ihre kognitive Leistung, die uns an ein bewusstes Wesen glauben lassen sollte. Vielmehr setzt unser alltägliches Teilen von Gefühlen und Absichten mit anderen ein Teilen des Lebens voraus. Was auch immer Hunger, Durst, Vergnügen oder Schmerz, Freude oder Leid empfinden kann, so dass wir uns in diese Zustände einfühlen können, das muss im weitesten Sinne »unseresgleichen«, d. h. ein Lebewesen sein, das zu unserer Spezies gehört oder zu einer anderen Spezies, deren Gefühlsäußerungen und Bestrebungen den unseren hinreichend ähnlich sind. Was auch immer denkt und überlegt, muss auch ein Bewusstsein von seinem Denken haben, also wiederum ein sich selbst wahrnehmendes, lebendes Wesen sein. Und was auch immer zu uns spricht, muss in der Lage sein, einer inneren Erfahrung Ausdruck zu verleihen, so dass eine »Wir-Intentionalität« entstehen kann. Kurzum, die Wahrnehmung des Anderen als bewusstes We-

[32] S. Gallagher, The practice of mind: theory, simulation or primary interaction?, in: *Journal of Consciousness Studies* 8/5–7 (2001), 83–108.

sen beruht auf der Voraussetzung einer gemeinsamen Lebensform, die es uns ermöglicht, unsere Erfahrung zu teilen, oder auf unserer »Konvivialität«.[33]

Die Kandidaten für die Zuschreibung von Subjektivität müssen daher von unserer Art sein: verkörpert, sich spontan und zielgerichtet bewegend, ausdrucksfähig und lebendig. Könnten humanoide Roboter oder Androiden diese Anforderung erfüllen? Bislang vermitteln weder KI-Systeme noch Roboter überzeugend den Eindruck von Lebendigkeit. Die implizite Voraussetzung der Lebendigkeit könnte sich jedoch ändern, wenn wir zunehmend mit KI-Systemen interagieren. Wir könnten uns davon überzeugen lassen, dass wir es zwar nicht mit leiblichen Wesen zu tun haben, deren Lebensform wir teilen, wohl aber mit erlebenden Systemen anderer Art. Die Empathie würde sich dann von der Konvivialität abkoppeln, ohne einem bloßen Anthropomorphismus zu unterliegen. Besteht denn die Aussicht auf eine Form von KI, die den ontologischen Anspruch erheben könnte, Subjektivität und Erfahrung zu besitzen, so dass wir sie tatsächlich empathisch *verstehen* können? Könnten zukünftige humanoide Roboter das Leben nicht nur simulieren, sondern tatsächlich lebendig werden, so dass wir unsere Empathie zu Recht auf sie übertragen könnten, ohne einer Illusion zu unterliegen?

3.2 Roboterfunktionalismus versus vitale Verkörperung

Dass Roboter zunehmend in der Lage sind, bestimmte Lebensfunktionen zu simulieren, ist unbestreitbar; dazu gehört vor allem die Sensomotorik. Die operative Beweglichkeit und quasi-körperliche Interaktion mit der Umwelt ermöglicht fortgeschrittenen Robotern neue Formen der Rückkoppelung und Anpassung, die über die Möglichkeiten stationärer lernender Systeme hinausgehen. Integrierte Selbstmodelle erlauben es ihnen, sich im Raum zu lokalisieren, die Ergebnisse ihres Verhaltens in der Umwelt zu registrieren und ihre

[33] Der Begriff »Konvivialität« wurde von Ivan Illich in »Tools for Conviviality« (I. Illich, *Tools for conviviality*, London 1973) mit einer gesellschaftskritischen Bedeutung eingeführt, nämlich zur Bezeichnung von Formen des solidarischen Zusammenlebens im Gegensatz zur Beschränkung des Einzelnen auf die industrielle Produktivität. Darüber hinaus bezieht sich der Begriff heute oft auf die Idee des »Zusammenlebens mit Unterschieden«, etwa in Einwanderungs- oder Diversitätsgesellschaften. Im Gegensatz zu diesen Bedeutungen verwende ich den Begriff, um auf eine primäre und ursprüngliche Verwandtschaft hinzuweisen, die wir mit Lebewesen und anderen Menschen aufgrund gemeinsamer Körperstrukturen, Lebensprozesse und Lebensinteressen empfinden. Bei Peluchon (C. Peluchon, *Nourishment. A philosophy of the political body*, London 2019) finden wir verwandte Gedanken zu einer primären Verbundenheit des Lebendigen durch Ernährung, Atmung und andere Grundprozesse des Lebens.

Programme entsprechend zu ändern.[34] Dies legt nahe, was Sharkey und Ziemke als »Roboterfunktionalismus« bezeichnet haben: Ein Roboter mit menschenähnlichen Körperstrukturen und Interaktionsmustern könnte eine intrinsische Intentionalität oder sogar ein Selbstbewusstsein entwickeln.[35]

Doch zunächst ist die Selbstmodellierung eines Roboters nicht, wie oft suggeriert wird, eine Art von Selbstbewusstsein. Die zusätzliche Rückkoppelungsschleife, die durch ein intern generiertes Selbstmodell zustande kommt, bedeutet keinen bewussten Selbstbezug; denn dazu müsste der Roboter sein Selbstmodell wahrnehmen und wie in einem Spiegelbild *als sich selbst* wiedererkennen. Das aber heißt, er müsste bereits zuvor über ein *basales, präreflexives Selbstbewusstsein* verfügen, das seinerseits nicht wieder durch Selbstmodellierung erzeugt sein könnte – sonst geriete man in einen unendlichen Regress.[36] Weder die sensomotorische Verkörperung noch die Selbstmodellierung auf ihrer Basis sind daher hinreichend für Subjektivität. Entscheidend ist vielmehr die *vitale Verkörperung*, die aus enaktivistischer Sicht die Basis für die Kontinuität von Leben und Erleben oder Leben und Geist darstellt.[37]

Bewusstes Erleben ist aus dieser Sicht weder ein Weltmodell noch ein Selbstmodell im Inneren des Gehirns,[38] sondern primär ein Zustand des gesamten Organismus, in dem sich seine gegenwärtige Homöostase manifestiert. Das Auftreten von Erleben ist gebunden an die Erfordernis von Lebewesen, sich im Austausch mit der Umwelt in einem prekären Gleichgewicht zu erhalten, das durch den Stoffwechsel ermöglicht wird.[39] Abweichungen von der Homöostase müssen rechtzeitig registriert und durch ein geeignetes adap-

[34] Der Robotiker Josh Bongard demonstrierte als erster die Anpassungsfähigkeit von Robotern auf der Grundlage selbsterzeugter Körpermodelle: Ein vierbeiniger, lauffähiger Roboter, dem ein Bein amputiert wird, ist in der Lage, durch Selbstmodellierung, Berechnung möglicher Bewegungsvarianten und wiederholte Testversuche sein eigenes Bewegungsmuster so zu rekonfigurieren, dass er auch mit drei Beinen wieder laufen kann (J. Bongard/V. Zykov/H. Lipson, Resilient Machines Through Continuous Self-Modeling, in: *Science* 314/5802 (2006), 1118–1121)

[35] N. E. Sharkey/T. Ziemke, Mechanistic versus phenomenal embodiment: Can robot embodiment lead to strong AI?, in: *Cognitive Systems Research* 2/4 (2001), 251–262.

[36] Vgl. zur Kritik an Reflexionstheorien des Selbstbewusstseins ausführlich Zahavi (Zahavi, *Self-awareness and alterity*) und Frank (Frank, *Self–consciousness and self–knowledge*)

[37] H. Jonas, *The Phenomenon of Life: Toward a Philosophical Biology*, New York 1966; E. Thompson, *Mind in Life: Biology, Phenomenology, and the Sciences of Mind*, Cambridge, MA 2007; T. Fuchs, *Das Gehirn – ein Beziehungsorgan. Eine phänomenologisch-ökologische Konzeption*, Stuttgart (6. Aufl.) 2021; T. Fuchs, The circularity of the embodied mind, in: *Frontiers in Psychology* 11 (2020), 1707.

[38] Diese »Selbstmodell«-Theorie des Bewusstseins vertritt vor allem Metzinger (T. Metzinger, *Being No-one. The self-model theory of subjectivity*, Cambridge, MA 2003)

[39] Jonas, *The Phenomenon of Life*.

tives Verhalten gegenüber der Umwelt beantwortet werden, soll das Lebewesen nicht untergehen.[40] Bei höheren Tieren geschieht dies durch *Gefühle*, die den Zustand der Homöostase in ihrem Auf und Ab integral widerspiegeln. »Die Quelle des Fühlens ist das Leben auf dem Drahtseil, das zwischen Blühen und Tod balanciert.«[41]

Die Aufrechterhaltung der Homöostase, also des inneren Milieus und damit der Lebensfähigkeit des Organismus, ist somit die primäre Funktion des Bewusstseins, die sich in den Phänomenen von Trieb, Hunger, Durst, Unlust oder Befriedigung und Lust manifestiert. Bewusstsein entsteht daher auch nicht erst im Kortex, sondern resultiert aus den fortlaufenden vitalen Regulationsprozessen, die den ganzen Organismus miteinbeziehen und die bereits im Hirnstamm und höheren Zentren integriert werden.[42] So entsteht ein leibliches, affektiv getöntes Selbsterleben, das *Lebensgefühl* mit seinen verschiedenen Lust- und Unlustzuständen, das allen höheren geistigen Funktionen zugrunde liegt. Dies lässt sich auch so ausdrücken: *Alles Erleben ist eine Form des Lebens.*[43] Ohne Leben gibt es kein Bewusstsein und auch kein Denken.[44]

In gleicher Weise sind auch die *Emotionen* an die ständige Interaktion von Gehirn und Körper gebunden. Stimmungen und Gefühle beziehen immer den gesamten Körper ein: Gehirn, autonomes Nervensystem, Herz, Kreislauf, Atmung, Eingeweide, Muskeln, Mimik, Gestik und Haltung. Jedes Gefühlserleben ist untrennbar verknüpft mit Veränderungen dieser Körperlandschaft: keine Angst ohne Herzklopfen und Atembeklemmung, keine Freude ohne Weitung der Brust, keine Scham ohne peinliches Erröten oder niedergeschlagenen Blick.[45] Ein KI-System jedoch hat keinen biologischen Körper und kann

[40] Di Paolo, *Extended life*; Di Paolo, *The enactive conception of life*.

[41] Damasio, *The strange order of things*, 20 [Übersetzung des Autors].

[42] J. Panksepp, *Affective Neuroscience: The Foundations of Human and Animal Emotions*, Oxford/New York 1998; A. Damasio, *Self comes to Mind. Constructing the Conscious Brain*, New York 2010; T. Fuchs, *Ecology of the brain. The phenomenology and biology of the embodied mind*, Oxford 2018.

[43] Fuchs, *Ecology of the brain*, 78 u. 94.

[44] Das Gegenargument lautet, dass all diese Lebensprozesse nur im Gehirn *repräsentiert* sein müssen, um erlebt zu werden. Dann wären sie für Bewusstsein nicht konstitutiv. Doch die Integration, die das Gehirn zweifellos leistet, beruht auf einer fortlaufenden, kreisförmigen Rückkoppelung zwischen zentralen und peripheren Prozessen beziehungsweise zwischen basalen Hirnarealen und dem Körper; diese Interaktion lässt es nicht zu, »Repräsentationen« vom Repräsentierten zu trennen. Die Integration, die dem bewussten Erleben entspricht, ist daher keine »Abbildung im Gehirn«, sondern schließt zu jedem Zeitpunkt den Organismus selbst mit ein. Zu einer ausführlichen Kritik des Repräsentationalismus in der Hirnforschung vgl. Fuchs, *Intercorporeality and interaffectivity*.

[45] T. Fuchs/S. Koch, Embodied affectivity: on moving and being moved, in: *Frontiers in Psychology. Psychology for Clinical Settings* 5 (2014), 508. – Nicht nur das Lebensgefühl,

daher auch keine Gefühle erleben. Und natürlich wird auch jede Wahrnehmung und Handlung durch den lebendigen Körper vermittelt, realisiert durch das Zusammenspiel von Gehirn, Organismus und Umwelt – durch Funktionskreise, an denen unsere Sinne und Gliedmaßen ebenso beteiligt sind wie Dinge und andere Menschen.[46]

Das Gehirn ist in der Lage, all diese organismischen Funktionen zu integrieren – aber nur innerhalb einer »funktionellen Verschmelzung« von Gehirn und Körper.[47] Es ist keine Schaltzentrale, die Informationen empfängt und Befehle erteilt, sondern Teil des funktionellen Ganzen von Körper und Umwelt. All diese lebendigen Prozesse und integrierenden Funktionen sind biologischer und biochemischer Natur und können daher selbst von hochkomplexen Computern oder KI-basierten Robotern nicht simuliert werden. Robotersensoren, -aktoren und digitale Selbstmodelle stellen nur eine »mechanistische Verkörperung«[48] dar, die dem menschlichen Körper und seinen Funktionen oberflächlich ähnelt. Ohne einen biologischen Körper, der im metabolischen Austausch mit der Umwelt steht, fehlt jedoch die Voraussetzung für ein basales Selbstbewusstsein und damit auch für ein Bewusstsein höherer Ordnung.

3.3 *Autopoietisches Leben versus Artificial Life*

In der Robotik geht es nun nicht nur um die Simulation von Lebensäußerungen, sondern zunehmend auch um die Nachahmung von Anpassung, Lernen und Entwicklung, wie sie die Ontogenese und den Lebensverlauf höherer Organismen kennzeichnen. Mit künstlichen neuronalen Netzen ausgestattete Roboter sind in der Lage, aus den Interaktionen mit ihrer Umwelt zu »lernen«, etwa durch evolutionäre Anpassungstechniken (Generierung neuer Verhaltensvarianten, Auswahl und Umsetzung erfolgreicher Varianten). Ihr Verhalten wird nicht mehr nur durch vorprogrammierte Regeln bestimmt, sondern durch ein »Gedächtnis« ihrer Interaktionen. Man spricht daher auch von »evolutionärer Robotik« oder »Artificial Life«.[49] Stehen wir nun vor dem

sondern Gefühle generell sind Damasio zufolge »die subjektive Erfahrung des momentanen Zustands der Homöostase innerhalb eines lebenden Körpers« (Damasio, *The strange order of things*, 37 [Übersetzung des Autors]).

[46] H. J. Chiel/R. D. Beer, The brain has a body: adaptive behavior emerges from interactions of nervous system, body and environment, in: *Trends in Neurosciences* 20/12 (1997), 553–557; Sharkey/Ziemke, *Mechanistic versus phenomenal embodiment.*

[47] Damasio, *Self comes to Mind*, 273.

[48] Sharkey/Ziemke, *Mechanistic versus phenomenal embodiment.*

[49] T. Ziemke/N. E. Sharkey, A stroll through the worlds of robots and animals: Applying

Übergang zu technisch erzeugten Lebewesen, denen wir zumindest prinzipiell so etwas wie Selbsterhaltung, Selbstentfaltung und Zielgerichtetheit zuschreiben müssten?

Gründe für eine prinzipielle Unterscheidung zwischen Lebewesen und Maschinen sind schon oft benannt worden,[50] und ich will hier nur die wichtigsten nennen. Der zentrale Unterschied besteht zweifellos in der autopoietischen Organisation von Lebewesen, die eine besondere, wechselseitige Beziehung zwischen den Teilen und dem Ganzen impliziert[51]: Der Organismus als Ganzes ermöglicht erst die Existenz der Teile, Zellen und Organe, aus denen er selbst besteht. Er produziert und reproduziert die Teile, die im Zusammenwirken ihrerseits das Fortbestehen des Organismus ermöglichen. Selbsterhaltung bedeutet also Selbstreproduktion: Das lebende System grenzt sich von der Umwelt durch eine semipermeable Membran ab, die zugleich den Stoffwechsel ermöglicht, den das System zur ständigen Selbstumwandlung bis in die kleinsten Teile benötigt. Das Lebewesen weist also eine fluide, dynamische Prozessgestalt auf: Es inkorporiert und assimiliert fortwährend neuen Stoff und unterwirft ihn seiner Form und seinem Zweck.

Im Gegensatz zur Autopoiese von Organismen sind Roboter *allopoietische* Maschinen: Sie stellen sich nicht selbst her, sondern sie werden aus unbelebten und starren Einzelelementen konstruiert.[52] Wie von Uexküll es ausdrückte, werden sie *zentripetal* oder additiv gebaut, während der Aufbau eines Lebewesens *zentrifugal*, »von innen nach außen« erfolgt; denn Lebewesen entwickeln sich aus einfachen Zellen durch Selbstdifferenzierung und Wachstum, in kontinuierlichem Stoffwechsel.[53] Künstliche Systeme hingegen können unter Umständen zwar vorhandene Materialien in ihre Strukturen einbauen, aber sie transformieren und assimilieren sie nicht, da sie keinen Stoffwechsel haben – nur ihre Batterien müssen sie von Zeit zu Zeit aufladen. Auch ihre Anpassungs- oder »Lern«-Prozesse beziehen sich nur auf ihr Funk-

Jakob von Uexkülls theory of meaning to adaptive robots and artificial life, in: *Semiotica* 134 (2001), 701–746; K. J. Kim/S. B. Cho, A comprehensive overview of the applications of artificial life, in: *Artificial Life* 12/1 (2006), 153–182; J. C. Bongard, Evolutionary robotics, in: *Communications of the ACM* 56/8 (2013), 74–83.

[50] J. von Uexküll, *Theoretische Biologie*, Berlin 1973; J. von Uexküll, The theory of meaning, in: *Semiotica* 42/1 (1982), 25–82; H. R. Maturana/F. J. Varela, *Autopoiesis and cognition – The realization of the living*, Dordrecht 1980; J. Zlatev, Meaning = Life (+ Culture). An outline of a unified biocultural theory of meaning, in: *Evolution of Communication* 4/2 (2001), 253–296; Sharkey/Ziemke, *Mechanistic versus phenomenal embodiment.*

[51] F. J. Varela, Patterns of life: Intertwining identity and cognition, in: *Brain and Cognition* 34 (1997), 72–87.

[52] Maturana/Varela, *Autopoiesis and cognition.*

[53] von Uexküll, *The theory of meaning.*

tionsprogramm, nicht auf ihre Struktur und Form. Da Artefakte keine autonomen Wachstums- und Entwicklungsprozesse durchlaufen, können sie auch nicht sterben, sondern nur defekt werden.[54]

Damit erweist sich der Begriff »Artificial Life« letztlich als eine Fehlbezeichnung. Es gibt kein künstliches Leben, denn Leben ist seinem Prinzip nach nicht hergestellt, sondern »autopoietisch«, selbstbewirkt und sich selbst entwickelnd. Künstliches Leben könnte also allenfalls von Menschen induziertes Leben sein: nämlich indem sie alle Bedingungen schaffen, die erfüllt sein müssen, damit Leben spontan entsteht und sich selbst organisiert. Das wäre aber nicht die Herstellung von Lebewesen selbst. Auch »künstliches Leben« müsste sich selbst organisieren, sich selbst entwickeln und wäre damit nicht mehr künstlich.

Lebendigkeit ist daher die notwendige Voraussetzung für das Empfinden und Fühlen, das wir in jedem empathischen Verstehen anderer voraussetzen. Durch sie wird der Organismus zu einem Wesen, für das die Umwelt Bedeutsamkeit erlangt, nämlich zunächst für seine homöostatische Selbsterhaltung; diese Bedeutsamkeit manifestiert sich in den *Werten*, nämlich den attraktiven oder aversiven Qualitäten, die das Lebewesen durch seine Gefühle und Wahrnehmungen in der Umwelt entdeckt. Aller Sinn und alle Bedeutsamkeit ist primär gebunden an die Relevanz für die Selbsterhaltung, das heißt an die lebendige Individuation eines autopoietischen Systems.[55] Ein künstliches System hingegen hat keine inhärente Sorge um seine Selbsterhaltung, es geht ihm um nichts; daher kann es auch nichts fühlen, weder Lust noch Leid.[56]

Lebendigkeit ist schließlich auch die Grundlage für die Entwicklung der differenzierten menschlichen Emotionen wie Scham, Stolz, Schuld, Mitgefühl usw., die auf soziale Situationen und deren Werte ausgerichtet sind. Denn diese differenzierten Emotionen zielen zwar nicht mehr auf das bloße Überleben ab, doch sie entstammen der biologischen und psychologischen Geschichte des Individuums. Lebendige, verkörperte Erfahrungen sind die Basis

[54] Fuchs, *Human and Artificial Intelligence.*

[55] Siehe auch Gallagher (Gallagher, *Interpretations of Embodied Cognition*) und Di Paolo (Di Paolo, *Extended life*, 9–21; Di Paolo, *The enactive conception of life*). Natürlich lassen sich die spezifischen Relevanzen, Bedeutungen und Normen der kulturellen Welt nicht mehr aus der biologischen Selbsterhaltung erklären. Es geht hier nur darum, dass die Erhaltungsbedürftigkeit und Bedrohtheit ihres organischen Lebens die Grundlage dafür ist, dass Menschen überhaupt etwas als wertvoll oder schädlich empfinden können.

[56] »... the precariousness that grounds the concern inherent in living existence has no counterpart in a computer simulation whose entities are purely logical and hence essentially immortal« (T. Froese/S. Taguchi, The problem of meaning in AI and robotics: still with us after all these years, in: *Philosophies* 4/2, 14).

für das Gefühlsleben eines Menschen. Mehr noch: Durch die Sozialisation in der frühen Kindheit entsteht auch das implizite Wissen der Zwischenleiblichkeit ebenso wie das gemeinsame Hintergrundwissen, der »common sense«, der KI-Systemen fehlt (s. o. 2.2).[57] Die Geschichte von Robotern ist eine ganz andere: Menschliche Konstrukteure haben die Funktionszustände installiert, die ihrem Verhalten zugrunde liegen,[58] und die Anpassungen, die sie ggf. als »lernende« Systeme durchlaufen, sind nicht getragen von einer gelebten Erfahrung, die sie bewusst erinnern könnten.

Selbst wenn ihre Programme in einem schwachen Sinne verkörpert sind, d. h. sensomotorische Interaktionen mit der Umwelt ausführen können, fehlt Robotern die vitale Verkörperung, die Lebewesen auszeichnet. Und selbst wenn sich ihre Programme mit Hilfe künstlicher neuronaler Netze an Interaktionen und Umgebungen anpassen können, bleiben sie allopoietische Maschinen, die sich nicht selbst erhalten oder durch Stoffwechsel und Wachstum weiterentwickeln. Damit fehlen ihnen auch die Voraussetzungen für die Erfahrung von Werten und Bedeutungen. Wie perfekt sie in Zukunft Fühlen, Wahrnehmen und Denken auch simulieren werden – wenn wir glauben, sie empathisch verstehen zu können, geben wir uns einer Illusion hin. Mit Robotern kann es keine »geteilte Intentionalität« geben, denn diese setzt ein gemeinsames Leben oder Konvivialität voraus.

4. Gefahren der Simulation

Auch wenn es keine mit Subjektivität, Empfindung oder Bewusstsein begabte künstliche Intelligenz geben kann und die noch so perfekte Simulation von Lebensfunktionen kein Bewusstsein erzeugt – die Fortschritte der Simulationstechnik werden ihre Wirkung nicht verfehlen. Der Anthropomorphismus, der unserem Wahrnehmen und Fühlen inhärent ist, verleitet uns nur allzu leicht dazu, unseren Maschinen menschliche Intentionen, Handlungen, ja Gefühle zuzuschreiben. Spätestens bei humanoiden Robotern lebt der Animismus wieder auf, den wir für ein überwundenes Stadium der Vorgeschichte gehalten haben oder noch bei Kleinkindern beobachten können. Dieser »digitale Animismus« beginnt sich heute schon zu verbreiten – sei es, weil der

[57] E. Caminada, Joining the background: Habitual sentiments behind we-intentionality, in: A. Konzelmann Ziv/H. B. Schmid (Hrsg.), *Institutions, emotions, and group agents. Contributions to social ontology*, Dodrecht 2014, 195–212.

[58] F. Hofmann, Could robots be phenomenally conscious?, in: *Phenomenology and the Cognitive Sciences* 17/3 (2018), 579–590.

kategoriale Unterschied zwischen Subjektivität und ihrer Simulation nicht mehr verstanden wird oder weil er zunehmend als gleichgültig erscheint. Das »Als-ob«-Bewusstsein, das mit dem spontanen Anthropomorphismus gegenüber unbelebten Objekten verbunden ist, weicht dann einem illusionären Verstehen. Dass KI-Systeme angeblich jetzt schon »denken«, »wissen«, »planen«, »voraussagen« oder »entscheiden«, bahnt solchen Grenzauflösungen den Weg. Hans Jonas' Warnung gilt heute erst recht:

> »Der menschliche Verstand hat eine starke und, wie es scheint, unwiderstehliche Neigung, menschliche Funktionen in den Kategorien der sie ersetzenden Artefakte, und Artefakte in den Kategorien der von ihnen versehenen menschlichen Funktionen zu deuten. [...] Die Benutzung einer bewusst doppelsinnigen und metaphorischen Terminologie erleichtert diese Hin- und Her-Übertragung zwischen dem Artefakt und seinem Schöpfer.«[59]

Freilich kann man alle Begriffe wie Denken, Entscheiden, Intelligenz oder Bewusstsein rein behavioristisch als Output definieren, wie es Turing bereits vorschlug. Damit heben wir allerdings die Maschinen auf unsere Stufe und degradieren uns selbst zu Maschinen.

Eine solche Auflösung der kategorialen Unterschiede zwischen Subjektivität und ihrer Simulation könnte weitreichende Folgen haben. Der Umgang mit künstlichen Systemen wird dann zunehmend an die Stelle von menschlichen Beziehungserfahrungen treten. Wenn ein Kuschelroboter namens »Smart Toy Monkey« kleinen Kindern als Freund dienen soll, der »die sozial-emotionale Entwicklung fördert«[60]; wenn freundliche Pflegeroboter die menschliche Pflege von Demenzkranken ersetzen und ihnen vermeintlich bei ihren Erzählungen zuhören;[61] oder wenn Psychotherapien als programmierte Online-Verfahren ablaufen, die den Gang zum Therapeuten ersparen[62] – dann werden Maschinen zu »Beziehungsartefakten«[63], wie Sherry Turkle es formuliert hat. Sie erwecken nur die Illusion von Mitgefühl und Verstehen; tatsächlich betrügen sie Menschen um reale Kommunikation. Es sollte daher zu den Grundanforderungen an KI-Systeme gehören, dass sie sich

[59] H. Jonas, *Organismus und Freiheit. Ansätze zu einer philosophischen Biologie*, Göttingen 1973, 166.

[60] So die Werbung des Herstellers Fisher Price Smart Toy Monkey, vgl. https://m.service.mattel.com/us/Technical/productDetail?prodno=DNV32&siteid=27 (Zugriff 19. 11. 2022).

[61] N. Maalouf/A. Sidaoui/I. H. Elhajj/D. Asmar, Robotics in nursing: a scoping review, in: *Journal of Nursing Scholarship* 50/6 (2018), 590–600.

[62] J. J. Stoll/A. Müller/M. Trachsel, Ethical issues in online psychotherapy: A narrative review, in: *Frontiers in Psychiatry* 10 (2020), 993.

[63] S. Turkle, *Alone Together: Why We Expect More from Technology and Less from Each Other*, New York 2011.

als solche kenntlich machen und Menschen, die arglos mit ihnen zu tun haben, nicht täuschen. Dies gilt insbesondere für die Bereiche der Kindererziehung und der Altenpflege, in denen die Betroffenen die Unterscheidung zwischen Original und Simulation noch nicht oder nicht mehr treffen können.

Betrachten wir als ein Beispiel die möglichen Konsequenzen auf dem Gebiet der Psychotherapie, wo diese Unterscheidung und damit das »Als-ob«-Bewusstsein den Betroffenen eigentlich noch möglich ist. Hier treten Apps für psychische Gesundheit, virtuelle Psychotherapeuten und Chatbot-Therapien zunehmend an die Stelle von ausgebildeten Psychotherapeuten. Weit mehr als 10.000 Apps stehen auf dem Markt bereits zum Download zur Verfügung.[64] Für die Psychotherapie besonders relevant sind sogenannte »Conversational Chatbots«, nämlich KI-Systeme, die über eine interaktive Schnittstelle einen sprachbasierten Dialog mit Menschen führen. Sie können einen therapeutischen Gesprächsstil imitieren, Empathie simulieren und so eine Interaktion herstellen, die bis zu einem gewissen Grad einer Psychotherapie ähnelt und mitunter auch von Experten nicht von realen Interventionen unterschieden werden kann.[65]

Man könnte nun annehmen, dass die Nutzer von virtuellen Psychotherapien, die über die Natur der Intervention aufgeklärt sind, ein »Als-ob«-Bewusstsein aufrechterhalten, das keine Illusion des Verstandenwerdens entstehen lässt. Diese Annahme ist aber voreilig; vielmehr scheinen die Nutzer technische Systeme schnell mit menschenähnlichen Eigenschaften auszustatten.[66] Dies ergab auch eine kürzliche Studie mit dem »conversational agent« *Woebot*, der Patienten in seelischen Krisen, nach Verwitwung oder bei Depressionen unterstützt.[67] *Woebot* gibt verständnisvolle Antworten, empathische Bestätigungen und Ermutigungen, die auf lernenden Netzwerken be-

[64] J. J. Cabibihan/H. Javed/M. Ang Jr./S. M. Aljunied, Why robots? A survey on the roles and benefits of social robots in the therapy of children with autism, in: *International Journal of Social Robotics* 5 (2013), 593–618.

[65] I. A. Cristea/M. Sucală/D. David, Can you tell the difference? Comparing face-to-face versus computer-based interventions. The »Eliza« effect in psychotherapy. *Journal of Cognitive Behavioral Psychotherapy*, 13 (2013), 291–298; K. K. Fitzpatrick/A. Darcy/M. Vierhile, Delivering Cognitive Behavior Therapy to young adults with symptoms of depression and anxiety using a fully automated conversational agent (Woebot): A randomized controlled trial, in: *JMIR Mental Health* 4/2 (2017), e19; B. Inkster/S. Sarda/V. Subramanian, An empathy-driven, conversational artificial intelligence agent (Wysa) for digital mental well-being: real-world data evaluation mixed-methods study, in: *JMIR mHealth and uHealth* 6/11 (2018), e12106.

[66] Cristea/Sucală/David, *Can you tell the difference.*

[67] Fitzpatrick/Darcy/Vierhile, *Delivering Cognitive Behavior Therapy to young adults.*

ruhen und einer personalen Interaktion täuschend ähnlich sind. Die Studie zeigte, dass die Nutzer (n = 36,070) mit dem KI-System eine persönliche Bindung herstellten, die der in Face-to-face-Verhaltenstherapien entsprach.[68] Die Patienten waren darüber informiert, dass es sich bei *Woebot* nicht um eine reale Person handelte; trotzdem bestätigten sie Formulierungen wie die folgenden in ähnlicher Häufigkeit wie bei realen Therapeuten:

> »I believe Woebot likes me. – Woebot and I respect each other. – I feel that Woebot appreciates me. – I feel Woebot cares about me even when I do things that it does not approve of.«[69]

Es wird erkennbar, dass die Anfälligkeit für »digitalen Animismus« und die Aufgabe des »als ob« bei den Nutzern hoch ist. Ihre emotionale Not und Bedürftigkeit kann die Tendenz zum Anthropomorphismus noch verstärken.

Der Einsatz von KI-Systemen in der Psychiatrie und Psychotherapie wird häufig mit der Aussicht begründet, dass sie dazu beitragen könnten, unterversorgte Bevölkerungsgruppen zu erreichen, die psychosoziale Dienste benötigen, und die Selbstmanagementfähigkeiten der Patienten zu fördern.[70] Die Belege für die wahrgenommene soziale Unterstützung durch Chatbots sind bisher nicht schlüssig, aber viele Nutzer scheinen die Verfügbarkeit und Anonymität der Kontakte zu schätzen.[71] Es liegt jedoch auf der Hand, dass diese Systeme auch die Grenzen zwischen Realität, Simulation und Fiktion verwischen, was potenziell problematische Folgen haben kann. So begünstigt beispielsweise der Wegfall der Face-to-Face-Interaktion in der Online-Kommunikation in der Regel die Projektion von Gefühlen auf das virtuelle Gegenüber.[72] Folglich besteht die Gefahr, dass Emotionen, Erwartungen und (oft ungünstige) Beziehungsmuster auf den Chatbot übertragen werden.[73] Anders

[68] A. Darcy/J. Daniels/D. Salinger/P. Wicks/A. Robinson, Evidence of human-level bonds established with a digital conversational agent: cross-sectional, retrospective observational study, in: *JMIR Formative Research* 5/5 (2021), e27868.

[69] Darcy/Daniels/Salinger/Wicks/Robinson, *Evidence of human-level bonds established with a digital conversational agent.*

[70] C. Blease/C. Locher/M. Leon-Carlyle/M. Doraiswamy, Artificial intelligence and the future of psychiatry: Qualitative findings from a global physician survey, in: *Digital Health* 6 (2020), 1–18.

[71] M. Wezel/E. A. Croes/M. L. Antheunis, »I'm here for you«: can social chatbots truly support their users? A literature review, in: A. Følstad/T. Araujo/S. Papadopoulos/E. L.-C. Law/E. Luger/M. Goodwin/P. B. Brandtzaeg (Hrsg.), *Chatbot Research and Design. CONVERSATIONS 2020. Lecture Notes in Computer Science, Vol 12604*, Springer, Cham 2020, 96–113.

[72] Fuchs, *The virtual other.*

[73] A. Fiske/P. Henningsen/A. Buyx, Your robot therapist will see you now: ethical implications of embodied artificial intelligence in psychiatry, psychology, and psychotherapy, in: *Journal of Medical Internet Research* 21/5 (2019), e13216.

als bei der Beziehung zu einem realen Therapeuten gibt es jedoch keine Person auf der anderen Seite dieser Übertragung. Die Projektionen können vom Gegenüber nicht wahrgenommen, gespiegelt und auf professionelle Weise aufgelöst werden.

Erst recht kann natürlich die eigentliche, komplexe Arbeit des hermeneutischen Verstehens von einer KI-Apparatur nicht geleistet werden. Keine Maschine kann das Verhalten des Patienten in seinen Widersprüchen von Sprechen und Verhalten durchschauen, die Funktionalität von Symptomen für seine Lebenssituation erkennen und daraus Folgerungen ableiten. Der Dialog mit dem Roboter bleibt an der Oberfläche; er kann momentan angenehm und unterstützend, aber niemals einsichtsorientiert hilfreich sein. Letztlich bleibt der Patient mit sich selbst allein; sein eigentliches Anliegen, nämlich der Wunsch nach einer vertrauensvollen Beziehung, bleibt unerfüllt, denn sie wird durch die Sprachapparatur nur vorgetäuscht. Er fühlt sich verstanden, doch da gibt es niemand, der ihn versteht. In der realen Vereinsamung, die durch eine illusionäre Kommunikation verdeckt wird, liegt zweifellos eine der hauptsächlichen Gefahren der Anthropomorphisierung der Künstlichen Intelligenz, des »digitalen Animismus«.

5. Resümee

Die Fortschritte der Simulationen machen es notwendig, die kategorialen Unterschiede zwischen menschlicher und künstlicher Intelligenz ebenso wie zwischen Lebewesen und künstlichen Systemen klarzustellen. In diesem Aufsatz habe ich untersucht, ob wir sinnvoll davon sprechen können, dass wir mit KI-Systemen oder Robotern kommunizieren, Empathie empfinden und sie verstehen können. Das Ergebnis ist eindeutig: Die Begriffe der Kommunikation, des Verstehens und der Empathie fordern notwendig ein mit Subjektivität begabtes Gegenüber, eine verkörperte Person, mit der wir in Konvivialität verbunden sind. Der unwillkürliche Anthropomorphismus, der sich in unserer Wahrnehmung von KI-Systemen und ihren Leistungen einstellt, sollte uns nicht täuschen; denn er charakterisiert generell die Wahrnehmung lebensähnlicher und ausdrucksvoller Objekte, von denen wir sicher wissen, dass sie nicht über Subjektivität verfügen. Dass die Fortschritte der Simulation es uns zunehmend schwerer machen, im Umgang mit KI-Systemen die Illusion eines subjektiven Gegenübers abzuschütteln, ist kein Grund, die Unterscheidung zwischen Subjektivität und ihrer Simulation als solche aufzugeben. Es ist vielmehr Anlass zum Bemühen um einen präzisen Begriffsgebrauch, der leichtfertige Kategorienfehler nach Möglichkeit vermeidet.

Ich habe daher den Begriff des Verstehens genauer untersucht und gezeigt, dass er sich weder auf unseren Umgang mit künstlichen Systemen und Robotern anwenden lässt noch auf deren Leistungen. Verstehen können wir im *empathischen* Sinn nur, was Empfindungen und Gefühle hat – und Roboter haben keine Gefühle. Ebenso können wir im *semantischen* Sinn nur verstehen, was sich uns mitteilen will und seinerseits uns versteht, was also in der Lage ist, mit uns in eine geteilte oder »Wir-Intentionalität« einzutreten. Verstehen erfordert also nicht nur eine Übertragung von Informationen oder eine geeignete Verknüpfung von Symbolen zu einer Syntax, sondern auch eine tatsächliche Erfahrung von Bedeutsamkeit (Semantik) und ein Teilen von Intentionen – *jemanden* zu verstehen, nicht nur *etwas.* Wie ich weiter gezeigt habe, setzt dies wiederum die Zugehörigkeit zu einer gemeinsamen Lebensform oder Konvivialität voraus.

Gegen die Annahme, künftige KI-Systeme oder Roboter könnten über zunehmend perfektionierte Simulierungen hinaus tatsächlich Subjektivität und Bewusstsein entwickeln, habe ich eine verkörperte und enaktive Sicht des Bewusstseins skizziert. Subjektivität ist danach kein Produkt neuronaler Informationsverarbeitung, sondern gebunden an das Selbstsein eines autopoietischen Organismus, der sich in Abgrenzung und Austausch mit der Umwelt selbst erhält. *Vitale Verkörperung* ist die primäre Basis des Erlebens; und da sie die biologischen und biochemischen Prozesse der Homöostase, des Stoffwechsels, des Wachstums, der Zelldifferenzierung u. a. voraussetzt, kann sie von einem maschinellen, auf Algorithmen basierenden System nicht realisiert werden, wie komplex auch immer dessen Rückkoppelungsschleifen konstruiert werden. Das gilt auch für sensomotorisch agierende Roboter, die zwar ihren eigenen Zustand modellieren und in ihre Programme einspeisen können, ohne jedoch über die für Subjektivität erforderliche vitale Verkörperung zu verfügen.

Trotz dieser grundlegenden, kategorialen Unterschiede wird die menschliche Tendenz zur Anthropomorphisierung angesichts der zunehmenden Lebensähnlichkeit von KI-Systemen schwer zu zügeln sein. Sie dürfte einen »digitalen Animismus« hervorbringen, der die kategorialen Unterscheidungen zwischen Subjektivät und ihrer Simulation, zwischen Virtualität und Realität mehr und mehr verwischt. Damit verbundene Gefahren habe ich am Beispiel virtueller Psychotherapien illustriert. Sie liegen vor allem in der Tendenz zu projektiver Empathie,[74] also zur Übertragung von Gefühlen, Erwartungen und Hoffnungen auf vermeintlich personale Partner, mit denen aber in Wahrheit keine reale Gemeinsamkeit, keine Konvivialität und »Wir-Intentionali-

[74] Fuchs, *The virtual other.*

tät« bestehen kann. Damit täuschen sie eine vertrauensvolle Beziehung und Verständigung vor, die letztlich zur Vernachlässigung menschlicher Interaktionen beitragen kann.

Wie können wir diesen Tendenzen und Gefahren begegnen? – Zunächst gilt es, den unpräzisen Sprachgebrauch zurückzuweisen, der die kategorialen und ontologischen Differenzen zwischen Bewusstsein und Simulation, Belebtem und Unbelebtem, von künstlich Hergestelltem und natürlich Werdendem verwischt. Dies würde die Verwendung von Begriffen wie »*simulierte* Intentionalität«, »*scheinbar* expressives Verhalten« oder »*simulierte* soziale Interaktionen« für künstliche Systeme implizieren.[75] Zweitens ist zu fordern, dass KI-Systeme als solche transparent bleiben müssen, also Menschen nicht systematisch über die bloße Simulation von Subjektivität oder Lebendigkeit täuschen dürfen. Anderenfalls erzeugen sie eine Pseudo-Gemeinschaft, die die betreffenden Personen um reale Interaktion betrügt. Drittens erscheint ein neues Bewusstsein dafür erforderlich, was verkörperte Interaktionen und empathische Beziehungen für uns als soziale Wesen bedeuten. Diese Beziehungen wertzuschätzen und zu pflegen, anstatt sie mehr und mehr durch virtuelle Quasi-Begegnungen zu ersetzen, dürfte in einer zunehmend digitalisierten Lebenswelt größte Bedeutung erlangen.

[75] Papagni/Koeszegi, *A pragmatic approach to the intentional stance semantic.*

Catrin Misselhorn

Artifizielle Empathie auf dem Weg zur Biorobotik

1. Artifizielle Empathie und ihre Bedeutung für die soziale Robotik

Empathie ist für das menschliche Zusammenleben von kaum zu überschätzender Bedeutung, um zu verstehen, was andere denken und fühlen, um miteinander zu kooperieren und als Aspekt unserer moralischen Fähigkeiten. Deshalb liegt es nahe, auch künstliche Systeme mit der Fähigkeit zur Empathie auszustatten, sofern sie mit Menschen interagieren sollen. Analog zur Disziplin der »Artificial Intelligence«, die die Simulation, Modellierung oder Reproduktion menschlicher kognitiver Leistungen zum Ziel hat, bezeichnet »Artificial Empathy« ein Forschungsfeld, das sich mit der Simulation, Modellierung oder Reproduktion von Empathie in künstlichen Systemen befasst.[1]

Diese Disziplin gilt sogar als eine der wichtigsten in der sozialen Robotik. Denn die empathische Interaktion ist entscheidend dafür, dass künstliche Systeme als soziales Gegenüber akzeptiert werden. Als Einsatzgebiete werden medizinische, pflegerische und therapeutische Anwendungen ins Auge gefasst, aber auch Bildung und die Arbeitswelt, die mehr und mehr durch die Kooperation von Mensch und Maschine geprägt sein wird. Ein weiteres Ziel besteht darin, die Entwicklung von Empathie beim Menschen auf synthetischem Weg zu untersuchen, indem die entsprechenden Abläufe mit Hilfe künstlicher Systeme nachgebildet werden.

Da Empathie sich wesentlich in der sozialen Interaktion herausbildet und nicht nur die entsprechenden mentalen Vorgänge umfasst, sondern auch den körperlichen Ausdruck und die Wahrnehmung bestimmter Empathie auslösender Stimuli, spielt der Körper ebenfalls eine wichtige Rolle. In der Artifiziellen Empathie wird aus diesem Grund häufig mit Robotern gearbeitet, die

[1] M. Asada, Development of Artificial Empathy, in: *Neuroscience Research* 90 (2015), 41–50; M. Asada, Artificial Pain May Induce Empathy, Morality, and Ethics in the Conscious Mind of Robots, in: *Philosophies* 4/3 (2019), 38. »Artifizielle Empathie« wird im Folgenden groß geschrieben, wenn es sich um die Disziplin handelt, und klein, wenn vom Phänomen die Rede ist.

über einen Körper mit Sensoren und Aktoren verfügen, um mit der Umwelt und anderen Individuen zu interagieren.[2]

Da die Konstruktion von Robotern kostenintensiv, aufwendig und nicht für alle Anwendungsgebiete zwingend ist, wird die körperliche Dimension häufig nur durch virtuelle Agenten simuliert. Es handelt sich um autonome, graphisch modellierte und animierte Figuren, die sich in einer virtuellen Umgebung befinden, aber in Echtzeit mit Hilfe von Sprache, Mimik und Gestik mit Menschen kommunizieren können. Virtuelle Agenten haben darüber hinaus den Vorzug, dass sich die Reaktionen der Nutzer einfacher beobachten und messen lassen, da die Interaktion zumeist über einen Bildschirm erfolgt.

Auch neurophysiologische Prozesse im Gehirn sind für das Entstehen von Empathie von Bedeutung. Deshalb beinhaltet Artifizielle Empathie auch die Simulation der neurophysiologischen Prozesse, die der menschlichen Empathie zugrunde liegen. Sowohl die Körperlichkeit als auch die Neurophysiologie von Empathie stellen die Verbindung der Artifiziellen Empathie zur Biorobotik her, die in diesem Artikel diskutiert wird.

Im ersten Abschnitt wird zunächst eine Arbeitsdefinition von Empathie vorgelegt. Dann werden die computationalen Grundlagen Artifizieller Empathie erläutert. Die verwendeten Methoden entsprechen dem Programm des Psychofunktionalismus und werfen vergleichbare Probleme auf, insbesondere was die Erzeugung phänomenalen Bewusstseins angeht, wie sich im nächsten Abschnitt zeigen wird. Diese Schwierigkeiten legen nahe, noch stärker in Richtung Biorobotik zu gehen, mit dem Ziel, artifizielle Lebensformen herzustellen.

Zwei Beispiele werden ausführlicher diskutiert. Zum einen geht es um die Entwicklung eines homöostatischen Roboters aus synthetischen Materialien, die sich an organischen Stoffen orientieren. Das andere Experiment geht noch weiter, indem Stammzellen und Vorläufer von Herzzellen eines afrikanischen Krallenfroschs auf der Grundlage eines computergestützten Auswahl- und Simulationsverfahrens im Labor zu einer neuen »Lebensform« zusammengebaut wurden. Der Artikel schließt mit einem Ausblick, der die ethischen Probleme der Artifiziellen Empathie und ihres Ausgreifens in die Biorobotik zumindest benennt, wenngleich eine ausführlichere Diskussion vonnöten wäre.

[2] Zur Rolle der Körperlichkeit in der Bio-Robotik allgemein, vgl. M. Tamborini: The Material Turn in the Study of Form: From Bio-Inspired Robots to Robotics-Inspired Morphology, in: Perspectives on Science 29 (2021), 643–665 sowie ders.: *Entgrenzung. Die Biologisierung der Technik und die Technisierung der Biologie*, Hamburg 2022.

2. Was ist Empathie?

Das Word »Empathie« ist eigentlich ein Lehnwort aus dem Englischen, das auf Edward B. Titcheners englische Übersetzung des deutschen Begriffs »Einfühlung« im Kontext der Ästhetik des 19. Jahrhunderts zurückgeht.[3] Gelegentlich wird unter »Empathie« im weitesten Sinn die Fähigkeit gefasst, die Gefühle anderer Personen zu verstehen. Das trifft insbesondere dann zu, wenn Gefühlsverstehen mit dem Verfügen über eine »Theory of Mind« (ToM) gleichgesetzt wird. Rationales Gefühlsverstehen wird des Öfteren auch als »kognitive Empathie« im Gegensatz zur »affektiven Empathie« bezeichnet. Es ist jedoch für die begriffliche Abgrenzung genuiner Empathie von anderen ähnlichen Phänomenen nicht hilfreich, Empathie in einem kognitiven Sinn zu verstehen. Im Hinblick auf eine trennscharfe taxonomische Unterscheidung erweist es sich als günstiger, genuine Empathie wesentlich als ein affektives Phänomen zu verstehen.

In der Psychologie wird der Begriff der *Kongruenz* verwendet, um Empathie von anderen Arten des Gefühlsverstehens zu unterscheiden.[4] Eine Person, die Empathie für eine andere Person empfindet, muss das Gefühl derjenigen Person teilen oder nachvollziehen, die das Ziel der Empathie ist. Bei diesen Gefühlen kann es sich um Emotionen im engeren Sinne handeln, beispielsweise Wut, Freude oder Traurigkeit, aber auch um Stimmungen oder affektive Zustände wie Wohlbefinden und Unbehagen. Der Begriff »Gefühl« wird hier verwendet, um alle diese Phänomene einzuschließen. Gefühle zeichnen sich durch eine Reihe von Merkmalen aus, von denen hier vor allem die phänomenale Qualität und Intentionalität von Bedeutung sind.[5]

Gefühlskongruenz ist jedoch nur eine notwendige, keine hinreichende Bedingung für Empathie. Hinzukommen muss zum einen eine Form der *Asymmetrie.* Damit ist gemeint, dass das empathisierende Individuum das Gefühl nur deshalb hat, weil die andere Person es hat, und dass das Gefühl der Situation dieser anderen Person angemessener ist als der eigenen. Außerdem muss

[3] E. B. Titchener, *Lectures on the Experimental Psychology of the Thought-Processes,* New York 1909.

[4] N. Eisenberg/R. A. Fabes, Empathy: Conceptualization, Measurement and Relation to Prosocial Behavior, in: *Motivation and Emotion* 14 (1990), 131–149; M. L. Hoffman, *Empathy and Moral Development: Implications for Caring and Justice,* Cambridge 2000; F. De Vignemont/T. Singer, The Empathic Brain: How, When and Why?, in: *Trends in Cognitive Sciences* 10/10 (2006), 435–441.

[5] Eine ausführliche Darstellung und Begründung der Merkmale, die Emotionen ausmachen, findet sich in C. Misselhorn, *Künstliche Intelligenz und Empathie. Vom Leben mit Emotionserkennung, Sexrobotern & Co,* Ditzingen 2021, 12.

zumindest ein rudimentäres Bewusstsein vorhanden sein, dass es sich bei dem mitempfundenen Gefühl um das Gefühl eines anderen Individuums handelt. Mit einem *terminus technicus* kann man auch von *Fremdbewusstsein* sprechen. Diese drei Bedingungen können beanspruchen, für sich genommen notwendig und zusammen hinreichend für Empathie zu sein. Das zeigt der Vergleich mit anderen Phänomenen, die Empathie ähnlich sind, bei denen aber nicht alle Bedingungen vorliegen.

So erschöpft sich Empathie nicht im rein *rationalen Verstehen* der Gefühle oder Emotionen einer anderen Person, da letzteres die Kongruenzbedingung und die Asymmetriebedingung nicht erfüllt. Ich kann etwa rational verstehen, dass jemand traurig darüber ist, dass seine Lieblingshose kaputt ist, weil ich aus Erfahrung weiß, dass viele Menschen aus solchen Gründen traurig sind, auch wenn ich selbst die Trauer nicht nachvollziehen kann, weil ich in einer solchen Nichtigkeit keinen Anlass zur Trauer sehe. Es liegt zwar Fremdbewusstsein vor, aber insofern keine kongruente Emotion gegeben ist, lässt sich von Asymmetrie nicht sinnvoll sprechen.

Empathie ist auch nicht mit bloßer *Gefühlsansteckung* gleichzusetzen. Zu Gefühlsansteckung kommt es, wenn ein Gefühl direkt von einer Person oder Gruppe zu einer anderen Person oder Gruppe überspringt, die das Gefühl dann als ihr eigenes empfindet. Das ist beispielsweise der Fall, wenn ein Kind anfängt zu weinen, weil ein anderes vor Schmerz weint. Hier sind zwar Kongruenz und Asymmetrie gegeben, aber kein Fremdbewusstsein. Es ist dem vom Gefühl angesteckten Kind nicht klar, dass es sich bei dem mitempfundenen Gefühl um eines handelt, das es empfindet, weil es jemand anderes empfindet, und das der Situation dieses Individuums angemessener ist.

Empathie unterscheidet sich auch von *geteilten Gefühlen*, wie der geteilten Freude eines Elternpaars angesichts der Fortschritte ihres Kindes. Auch in diesem Fall liegt zwar Kongruenz vor, aber keine Asymmetrie und kein Fremdbewusstsein. Die Eltern haben das Gefühl in diesem Fall nicht, weil das jeweils andere Elternteil es hat, und es ist ihrer Situation auch gleichermaßen angemessen. Infolgedessen ist auch kein Fremdbewusstsein gegeben.

Zu beachten ist ferner der Unterschied zwischen Empathie und *Sympathie*. Zwar bezeichnet der Begriff der Sympathie in der philosophischen Tradition vor dem 19. Jahrhundert, beispielsweise bei David Hume und Adam Smith, häufig das, was man heutzutage unter »Empathie« versteht.[6] Aber in der gegenwärtigen philosophischen Diskussion ist mit Sympathie eine emotionale Anteilnahme am Wohlergehen anderer gemeint, die nicht unbedingt emo-

[6] So etwa in A. Smith, *The Theory of Moral Sentiments*, hrsg. v. K. Haakonssen, Cambridge 2002, ii.

tionale Kongruenz umfasst, etwa wenn sich jemand Sorgen um einen guten Freund macht, der sich begeistert einer Sekte angeschlossen und dem Guru sein ganzes Vermögen überschrieben hat. In diesem Fall ist derjenige besorgt um das Wohlergehen des Freundes, es liegt jedoch keine emotionale Kongruenz vor, da die Begeisterung des Freundes für die Sekte gerade nicht geteilt wird. Um mit Steven Darwall zu sprechen, handelt es sich um eine Form von Anteilnahme aus der Perspektive der dritten Person und nicht um Mitgefühl aus der Perspektive der ersten Person.[7] Da das Merkmal der Gefühlskongruenz fehlt, ist auch die Anwendung der Asymmetrie- und Fremdbewusstseinsbedingung nicht sinnvoll.

Empathie im ausgeführten Sinn kann auf verschiedenen Wegen zustande kommen. Grundsätzlich wird zwischen *basaler* oder *perzeptueller* Empathie und Empathie durch Perspektivübernahme (auch *reenaktive* oder *projektive* Empathie) unterschieden.[8] Im ersten Fall liegt der Empathie die Wahrnehmung von Anzeichen zugrunde, dass jemand anderes ein bestimmtes Gefühl hat. Dieser Vorgang ist weitgehend passiv.

Reenaktive Empathie hingegen ist aktiv und beinhaltet die Übernahme einer anderen Perspektive. Man versetzt sich in eine andere Person hinein und stellt sich vor, sich in derselben Situation zu befinden. Eine offene Frage ist, ob perzeptuelle und reenaktive Empathie in zwei gänzlich verschiedenen Prozessen gründen oder ob diese evolutionär, funktional und hirnanatomisch zusammenhängen.[9] Grundsätzlich werden beide Ansätze in der Artifiziellen Empathie aufgegriffen, allerdings gibt es eine gewisse Tendenz zugunsten der perzeptuellen Empathie, die auch von besonderer Bedeutung für die Biorobotik ist.

3. Computationale Grundlagen Artifizieller Empathie

Den Ausgangspunkt der Disziplin der Artifiziellen Empathie stellt die Entwicklung geeigneter computationaler Modelle dar, die es ermöglichen, die

[7] S. Darwall, Empathy, Sympathy, Care, in: *Philosophical Studies* 89 (1998), 261–282.

[8] K. R. Stueber, *Rediscovering Empathy: Agency, Folk Psychology, and the Human Sciences*, Cambridge, MA 2006.

[9] Einige sehen hier zwei distinkte Prozesse am Werk, vgl. A. I. Goldman, Two Routes to Empathy: Insights from Cognitive Neuroscience, in: A. Copland/P. Goldie (Hrsg.), *Empathy. Philosophical and Psychological Perspectives*, Oxford 2011; andere sprechen sich demgegenüber dafür aus, dass reenaktive Empathie auf perzeptueller Empathie evolutionär aufbaut, vgl. F. De Waal/S. Preston, Mammalian Empathy: Behavioural Manifestations and Neural Basis, in: *Nature Reviews Neuroscience* 18 (2017), 498–509.

verschiedenen Komponenten von Empathie berechenbar zu machen und in ein künstliches System zu implementieren.

Zu den entsprechenden computationalen Modellen kann man auf zwei Wegen gelangen. Die eine Methode geht von einem bestimmten theoretischen Ansatz aus und wird als »analytisch« bezeichnet, die andere verfährt datengetrieben und wird auch »empirisch« genannt, wenngleich im philosophischen Sinn beide Vorgehensweisen empirisch und nicht a priori sind.[10] Aus diesem Grund wird im Folgenden von »theoriebasierten« im Gegensatz zu »datengetriebenen« Ansätzen gesprochen.

Beide Verfahren schließen sich nicht aus. Die theoriebasierte Vorgehensweise geht von psychologischen und neurophysiologischen Theorien zwischenmenschlicher Empathie aus, die auf Verhaltensbeobachtung, physiologischen Messungen und hirnanatomischen Hypothesen basieren. Diese Theorien müssen mit Hilfe von Algorithmen modelliert werden, um in ein künstliches System implementierbar zu sein.

Eine Alternative dazu, diese Theorien direkt zu implementieren, besteht in der Entwicklungsrobotik, die versucht, die Herausbildung von Empathie analog zur kindlichen Entwicklung in der Interaktion mit der Umwelt und Bezugspersonen zu modellieren.[11] In diese Forschungsansätze fließen onto- und phylogenetische Annahmen darüber ein, welche Fähigkeiten und auslösende Stimuli für die Entstehung von Empathie von Bedeutung sind und wie dieser Prozess genau vonstattengeht.

Eine Reihe von Ansätzen stützt sich auf die Rolle von Spiegelneuronen, das gilt insbesondere für die Entwicklung perzeptueller Empathie. Ursprünglich wurden Spiegelneuronen im Gehirn von Affen entdeckt. Es handelt sich um Nervenzellen, die sowohl aktiviert werden, wenn ein Affe eine Handlung durchführt, als auch dann, wenn er eine vergleichbare Handlung bei einem anderen Affen oder auch Menschen beobachtet.[12] Auch im menschlichen Gehirn wurden Spiegelneuronen nachgewiesen.[13] fMRI-Studien zur Schmerzwahrnehmung zeigen etwa, dass dieselben Gehirnstrukturen aktiv sind, wenn

[10] S. W. McQuiggan/J. L. Lester, Modeling and Evaluating Empathy in Embodied Companion Agents, in: *International Journal of Human-Computer Studies* 65/4 (2007), 348–360.

[11] H. Kozima/C. Nakagawa/H. Yano, Can a Robot Empathize with People?, in: *Artificial Life Robotics* 8 (2004), 83–88.

[12] G. Rizzolatti/L. Fogassi, V. Gallese, Cortical mechanisms subserving object grasping, action understanding, and imitation, in: M. Gazzaniga (Hrsg.), *The Cognitive Neurosciences III*, Cambridge 2004, 427–440.

[13] R. Mukamel/A. D. Ekstrom/J. Kaplan/M. Iacoboni/I. Fried, Single-Neuron Responses in Humans during Execution and Observation of Actions, in: *Current Biology* 20/8 (2010), 750–756.

Personen Schmerzen empfinden und wenn sie die Schmerzen anderer wahrnehmen. Es liegt deshalb nahe, dass auch bei der Herausbildung von Empathie Spiegelneuronensysteme involviert sind.[14]

Allerdings muss die ursprüngliche Theorie der Spiegelneuronen zur Erklärung perzeptueller Empathie erweitert werden.[15] In ihrer ursprünglichen Fassung ist diese Theorie auf einzelne Neuronen bezogen, die bei der Ausübung oder Beobachtung von Handlungen aktiviert werden. Perzeptuelle Empathie lässt sich demgegenüber nicht auf die Aktivität einzelner Neuronen zurückführen, sondern umfasst ganze Neuronensysteme. Auch die Klasse der auslösenden Stimuli muss erweitert werden.

Perzeptuelle Empathie wird ausgelöst, wenn ein Individuum Anzeichen dafür wahrnimmt, dass ein anderes Individuum einem bestimmten mentalen Zustand oder Ereignis unterliegt. Zu den Anzeichen gehören Verhaltensmanifestationen, die typischerweise mit einem bestimmten Gefühl verbunden sind, etwa wenn jemand vor Schmerz zusammenzuckt. Weiterhin zählen typischerweise mit einem Gefühl verbundene Gesichtsausdrücke dazu wie ein schmerzverzerrtes Gesicht. Schließlich kann perzeptuelle Empathie auch von distalen Stimuli ausgelöst werden, die voraussichtlich zu einem bestimmten Gefühl führen. So wird das für empathischen Schmerz verantwortliche Spiegelneuronensystem beispielsweise aktiviert, wenn man sieht, wie ein Kind auf eine heiße Herdplatte fasst.

Ansätze der Entwicklungsrobotik kombinieren die Nachbildung von Spiegelneuronensystemen häufig mit anderen Elementen, etwa geteilter Aufmerksamkeit, der Fähigkeit zum Augenkontakt oder der Interaktion in Babysprache, also jener besonderen Sprachform, auf die Eltern und andere Bezugspersonen in der Kommunikation mit kleinen Kindern zurückgreifen.[16] Die entsprechenden Forschungshypothesen über die Rolle dieser Komponenten für die Empathieentwicklung werden computational modelliert und in einem künstlichen System implementiert mit dem Ziel, durch die entsprechende Interaktion mit Menschen Empathie entstehen zu lassen.

Im Kontrast zu diesen Ansätzen, die von psychologischen und neurophysiologischen Theorien ausgehen, bedient sich das zweite computationale Verfahren unmittelbar der Daten, die in Studien zur empathischen Interaktion

[14] P. L. Jackson/A. Meltzoff/J. Decety, How do we perceive the pain of others? A Window into the Neural Processes Involved in Empathy, in: *NeuroImage* 24/3 (2005), 771–779.

[15] A. I. Goldman, *Joint Ventures. Mirroring, Mindreading and Embodied Cognition*, Oxford 2013.

[16] A. Lim/H. G. Okuno, A Recipe for Empathy: Integrating the Mirror System, Insula, Somatosensory Cortex and Motherese, in: *International Journal of Social Robotics* 7 (2015), 35–49.

von Menschen erhoben wurden, ohne den Umweg über eine theoretische Fundierung zu wählen. Diese Daten stellen den Trainingssatz dar, anhand dessen künstliche Systeme allgemeine Muster zwischenmenschlichen empathischen Verhaltens erkennen sollen. Die Systeme sollen diese Muster dann auf vergleichbare neue Situationen übertragen.

Teilweise werden auch Daten genutzt, die in der Interaktion von Menschen mit Maschinen erhoben wurden. Um die Situation besser kontrollieren zu können, greifen die Versuchsdesigns gelegentlich auf sogenannte *Wizard-of-Oz*-Experimente zurück. Ähnlich wie der Zauberer von Oz in dem gleichnamigen Musicalfilm aus einer mechanischen Apparatur besteht, die von Menschenhand bedient wird, meinen die Versuchssubjekte bei diesen Experimenten, mit einem autonomen künstlichen System zu interagieren. In Wirklichkeit wird das System jedoch (zumindest teilweise) von den Versuchsleitern gesteuert, die allerdings nicht in Erscheinung treten.[17]

Eine Erweiterung der Perspektive entsteht dadurch, dass Artifizielle Empathie nicht nur die Mensch-Maschine-Interaktion untersucht, sondern auch Empathie zwischen virtuellen Agenten. Mit einem computationalen Empathiemodell ausgestattete virtuelle Agenten legen bei diesen Versuchen empathisches Verhalten mit anderen virtuellen Figuren an den Tag.[18]

Im Fokus des Interesses stehen jedoch nicht die virtuellen Agenten, sondern die Reaktionen menschlicher Versuchssubjekte auf diese Situationen. Eine Kontrollgruppe wurde mit Szenarien konfrontiert, in denen die Figuren sich nicht empathisch verhielten. Wie sich herausstellte, bevorzugten die menschlichen Versuchssubjekte diejenigen Agenten, die am stärksten empathisch reagierten. Die empathische Interaktion wurde insgesamt von den Teilnehmer*innen als besonders positiv wahrgenommen.

Beide Verfahrensweisen, sowohl die theoriebasierte als auch die datengetriebene, weisen Vor- und Nachteile auf.[19] Die Theorien, derer sich die analytischen Ansätze bedienen, stellen häufig bereits Abstraktionen dar, die aus der Arbeit verschiedener Forscherteams zu unterschiedlichen Aspekten von Empathie hervorgegangen sind. Ein weiterer Abstraktionsschritt, der diese Theorien von der empirischen Basis entfernt, erfolgt durch ihre Überführung

[17] N. Dahlbäck/A. Jönsson/L. Ahrenberg, Wizard of Oz Studies: Why and How, in: *Proceedings of the 1st International Conference on Intelligent User Interfaces*, New York 1993, 193–200.

[18] S. Rodrigues/S. F. Mascarenhas/J. Dias/A. Paiva, ›I can feel it too!‹: Emergent Empathic Reactions between Synthetic Characters, in: *3rd International Conference on Affective Computing and Intelligent Interaction and Workshops*, Amsterdam 2009, 1–7.

[19] A. Paiva/I. Leite/H. Boukricha/I. Wachsmuth, Empathy in Virtual Agents and Robots: A Survey, in: *ACM Transactions on Interactive Intelligent Systems* 7/3 (2017), Article 11.

in ein computationales Modell. Dieser Vorgang führt nicht nur zu einem Informationsverlust.

Darüber hinaus unterliegt die Implementation eines computationalen Modells eigenen Anforderungen, die Verkürzungen und Verzerrungen der ursprünglichen Theorien zur Folge haben können. Das Problem lässt sich mildern, indem die Adäquatheit der computationalen Modelle mit Hilfe menschlicher Versuchssubjekte überprüft wird. Wenn man die Ergebnisse verschiedener Forschergruppen bei der theoriebasierten Entwicklung artifizieller Empathie vergleicht, sollte man allerdings immer berücksichtigen, dass ihnen unterschiedliche Konzeptualisierungen und Modellierungen zugrunde liegen.

Bei der datengetriebenen Methode hingegen steckt der Teufel im Detail der Datenauswahl. So haben die Art der Daten, ihre Granularität und der Zeitpunkt ihrer Erhebung wesentlichen Einfluss auf das computationale Modell, das sich aus ihnen gewinnen lässt. Zudem sind die Daten, um die es geht, häufig sehr kontextsensitiv und lassen sich nur schwer auf andere Situationen übertragen.

Doch wie sind die generellen Aussichten, auf computationalem Weg genuine Empathie zu erzeugen? Sämtliche Ansätze der Artifiziellen Empathie beruhen auf Varianten des Psychofunktionalismus, der versucht, Empathie mit Hilfe der funktionalen Merkmale der zugrunde liegenden kognitiven Mechanismen zu erfassen. Je nachdem auf welcher Abstraktionsebene man operiert, variiert die Granularität der funktionalen Beschreibung von der alltäglichen Verhaltensebene bis hin zur Betrachtung der Funktionen einzelner Neuronen. Es gibt jedoch eine Reihe klassischer philosophischer Einwände gegen den Funktionalismus, die gegen die Möglichkeit Artifizieller Empathie zu sprechen scheinen.

3. Artifizielle Empathie, Funktionalismus und phänomenales Bewusstsein

Viele Argumente gegen den Funktionalismus beruhen auf Gedankenexperimenten, die zeigen sollen, dass das Vorliegen entsprechender funktionaler Merkmale nicht hinreicht, um phänomenales Bewusstsein hervorzubringen.[20] Für Empathie spielt das phänomenale Bewusstsein eine Rolle, wenn man da-

[20] Klassische Texte sind: Th. Nagel, What is it Like to be a Bat?, in: *Philosophical Review* 83/4 (1974), 435–450; N. Block, Troubles with Functionalism, in: *Minnesota Studies in the Philosophy of Science* 9 (1978), 261–325; J. R. Searle, Minds, Brains, and Programs, in: *The Behavioral and Brain Sciences* 3 (1980), 417–424; F. Jackson, What Mary didn't know, in: *Journal of Philosophy* 83/5 (1986), 291–95.

von ausgeht, dass Gefühlskongruenz sich nicht im Vorliegen eines funktional isomorphen Zustands erschöpft, sondern verlangt, dass auch die mit einem Gefühl verbundene Empfindungsqualität reproduziert werden muss.

Von den verschiedenen Gedankenexperimenten soll hier exemplarisch nur Ned Blocks »Chinesisches Gehirn« in leicht modernisierter Form dargestellt werden.[21] Dieses Beispiel bietet sich an, weil es auf einer vergleichbaren funktionalen Beschreibungsebene operiert wie die im letzten Abschnitt angesprochenen computationalen Ansätze Artifizieller Empathie.

Nehmen wir an, eines Tages gelänge es den Neurowissenschaften und der Psychologie zusammen mit der Informatik und der Robotik, die Funktionsweise des Gehirns vollständig zu verstehen. Sie wären zu einer präzisen funktionalen Beschreibung jedes einzelnen Neurons gelangt. Auf dieser Grundlage wird ein Supercomputer gebaut, der die Funktionsweise des gesamten Gehirns simulieren soll. Dieser ist mit einem Roboterkörper verbunden, mit Hilfe dessen das System seine Umwelt wahrnehmen und mit ihr interagieren kann.

Doch dummerweise erleidet der Supercomputer einen Kurzschluss, und es gibt auf der ganzen Welt kein ähnlich rechenstarkes Gerät. Die chinesische Regierung bietet in dieser misslichen Situation ihre Hilfe an. Sie schlägt vor, die Gehirnprozesse statt durch den Computer mit Hilfe der chinesischen Nation zu simulieren, die dann auch an den Roboter angeschlossen wird.

Hinter diesem Vorschlag steckt das Prinzip der multiplen Realisierbarkeit, also die Tatsache, dass sich ein Computerprogramm im Prinzip durch alle möglichen Dinge realisieren lässt. Auf diesem Prinzip beruht die These des Funktionalismus, dass auch ein künstliches System mentale Zustände aufweisen kann, das aus ganz anderem Material besteht als der menschliche Körper, solange die entsprechenden funktionalen Beziehungen vorliegen.

Jedes Mitglied der chinesischen Bevölkerung erhält nun die Aufgabe, die Funktionsweise eines einzelnen Neurons zu simulieren. Ein Handy dient dazu, mit den anderen zu kommunizieren. Ein Handbuch gibt jedem Einzelnen vor, was im Fall eines Anrufs zu tun ist. Die Anrufe auf den Handys realisieren genau die gleichen Muster wie das Feuern der Neuronen im Gehirn. Ein Neuron wird dann aktiviert, wenn eine gewisse Anzahl anderer Neuronen, mit denen es verbunden ist, feuert. Hat also Person A die Anweisung, Person B auf dem Handy genau dann anzurufen, wenn die Personen X, Y und Z sie anrufen, dann würde A die Aktivität eines Neurons simulieren und alle zusammen die Aktivität eines Neuronenverbunds. Einige Handys sind direkt mit den Sensoren und Aktoren des Roboters verbunden. Sie werden angeru-

[21] Block, *Troubles with Functionalism*, 261–325.

fen, wenn ein bestimmter sensorischer Input vorliegt, oder sie geben dem Roboter motorische Impulse, die zu einer Bewegung des Roboterkörpers führen.

Nehmen wir beispielsweise an, das System soll Schmerzen nachbilden. In diesem Fall werden zunächst sogenannte Nozizeptoren aktiviert, die auf schädliche mechanische, thermische oder chemische Reize reagieren. Die entsprechenden Informationen werden beim Menschen über die aufsteigenden Nervenbahnen zum Gehirn geleitet. Dort werden dann motorische Reaktionen wie Schmerzvermeidungsverhalten oder ein schmerzverzerrter Gesichtsausdruck ausgelöst. All diese Vorgänge können im Prinzip mit Hilfe der chinesischen Nation simuliert werden.

Die entscheidende Frage lautet jedoch, ob das System auch die subjektive Erlebnisqualität der Schmerzen empfindet. Es ist klar, dass jeder einzelne Chinese seine individuelle Situation subjektiv erlebt. Während einer mit seiner Aufgabe überfordert ist, langeweilt sich ein zweiter vielleicht und ein dritter leidet unter Kopfschmerzen. Dem ganzen System als solchem scheint jedoch kein phänomenales Schmerzempfinden zuzukommen. Es weist nicht dieses bohrende, pochende oder stechende Gefühl auf, als das wir Menschen Schmerzen phänomenal erleben.

Das Resultat des Gedankenexperiments ist ernüchternd: Sogar dann, wenn vollständiges Wissen über den Aufbau des Gehirns und sein Zusammenspiel mit dem Körper vorläge, wäre es nur möglich, die Funktion von Schmerzen zu simulieren, nicht aber das phänomenale Schmerzbewusstsein. Dieser Befund lässt sich auf das Gefühl der Empathie übertragen. Selbst wenn es beispielsweise gelänge, die Funktion des für perzeptuelle Schmerzempathie verantwortlichen Spiegelneuronensystems in einem künstlichen System zu reproduzieren, so würde daraus noch keine Empathieempfindung im phänomenalen Sinn resultieren.

In der Wolle gefärbte Funktionalisten lassen sich von derartigen Gedankenexperimenten freilich nicht beeindrucken. So sieht Daniel Dennett schlichtweg keinen Grund, warum das von der chinesischen Nation gebildete System kein phänomenales Bewusstsein haben sollte.[22] Unabhängig davon, welchen Standpunkt man in dieser Frage einnimmt, scheint das phänomenale Bewusstsein für das Verhalten des Systems keine wesentliche Rolle zu spielen. das Schmerzsystem könnte ebenso wie der neurophysiologische Prozess der perzeptuellen Empathie ganz gut ohne subjektives Erleben auskommen, ohne dass sich irgendetwas am Verhalten des Systems verändert. Das wirft die

[22] D. Dennett, *Consciousness Explained*, Boston 1991, 431–455.

Frage auf, ob dem phänomenalen Bewusstsein überhaupt eine biologische Funktion zukommt und worin sie bestehen könnte.

Eine Antwort auf diese Fragen lautet, dass das subjektive Erleben flexibleres Verhalten ermöglicht.[23] Mit Hilfe des phänomenalen Bewusstseins gelingt es Lebewesen, aus dem Reiz-Reaktions-Schema auszubrechen. Auf diese Weise können sie ihr Verhalten auf der Grundlage sensorischer Information schneller bewerten und an die Situation anpassen. Das ist vor allem dann von Bedeutung, wenn ein Individuum mit unvorhergesehenen Umständen konfrontiert wird.

Subjektives Erleben ermöglicht es, aus der Erfahrung zu lernen und diese rational zu reflektieren. Für das Überleben kann es etwa vorteilhaft sein, schmerzhafte Reize nicht reflexartig zu vermeiden. Denn es gibt Situationen, in denen ein gewisses Ausmaß an Schmerz durch größere oder langfristige Gewinne aufgewogen werden kann. Eine weitere Bedeutung des phänomenalen Bewusstseins könnte darin bestehen, dem Organismus den Wert verschiedener Handlungsoptionen unmittelbar vor Augen zu führen und ihn so zum Handeln zu motivieren.[24]

Die Rede von der Funktion des phänomenalen Bewusstseins scheint nun auf den ersten Blick eher für als gegen den Funktionalismus zu sprechen. Man muss sich jedoch darüber im Klaren sein, dass diese spezifische Funktion notwendig mit der subjektiven Erlebnisqualität mentaler Zustände verbunden ist. Während der Funktionalismus in der Philosophie des Geistes versucht, phänomenales Bewusstsein auf funktionale Beziehungen zu reduzieren, soll die hier vertretene funktionale Erklärung zeigen, dass es Funktionen gibt, die zwangsläufig phänomenales Bewusstsein erfordern.

Dem könnte man entgegenhalten, dass doch auch die Evolution letztlich nur eine Art der Programmierung in Form natürlicher Selektion ist. So gesehen sind Menschen eigentlich auch nur Bioroboter. Der einzige Unterschied zwischen einem Roboter und einem Organismus wäre demnach, dass der Roboter von Menschenhand programmiert wurde, während die Programmierung im Fall des Organismus auf Mutter Natur zurückgeht.

Roboter erfüllen zwar keine biologische, doch zumindest eine von Menschen festgelegte Funktion. So lassen sich Roboter sogar darauf programmieren, ihre Selbsterhaltung zu verfolgen.[25] Forschung zum künstlichen Leben

[23] B. Earl, The Biological Function of Consciousness, in: *Frontiers in Psychology* 5 (2014), Article 697.

[24] A. Cleeremans/C. Tallon-Baudry, Consciousness Matters: Phenomenal Experience has Functional Value, in: *Neuroscience of Consciousness* 1 (2022), 1–11.

[25] L. Cañamero, When Emotional Machines are Intelligent Machines: Exploring the Tangled Knot of Affective Cognition with Robots, in: C. Misselhorn/T. Poljanšek/T. Störzinger/

(*Artificial Life*) bedient sich Simulationen, in denen virtuelle Agenten sich gewisse Ressourcen für ihr Überleben sichern müssen.[26] Der Trend der Artifiziellen Empathie geht ebenfalls dahin, sich bei der Entwicklung genuin empfindungs- und damit empathiefähiger künstlicher Systeme stärker an Lebensprozessen zu orientieren. Ein solcher Ansatz, der das Ziel verfolgt, auf diesem Weg eine empathiefähige künstliche Lebensform zu entwickeln, soll nun ausführlicher dargestellt werden.

4. Biorobotik auf dem Weg zu artifiziellen Organismen

Der programmatische Ansatz, der als erstes Beispiel ausgewählt wurde, versucht, Roboter nach dem biologischen Prinzip der Homöostase zu konstruieren.[27] Er erscheint besonders erfolgversprechend, weil er unter Beteiligung des Neurowissenschaftlers Antonio Damásio entstand, dessen Arbeiten maßgeblich zur Bewusstseins- und Emotionsforschung beigetragen haben. Zudem versucht er der pro-sozialen Funktion gerecht zu werden, die häufig als eine wesentliche Seite von Empathie angeführt wird.

Die Grundidee ist, dass lebende Systeme sich konstituieren und selbst erhalten, indem sie sich gegen die natürlichen Tendenzen zur Auflösung und zum Verfall stemmen. Bewusste Gefühle motivieren lebendige Organismen dazu, Gleichgewichtszustände aufzusuchen, die optimal für ihr Überleben sind. Das Hungergefühl etwa bringt Lebewesen dazu, das homöostatische Gleichgewicht durch Nahrungsaufnahme wiederherzustellen.

Ein künstliches System, das diesem Prinzip folgen soll, müsste dementsprechend ebenfalls einen Sinn für sein eigenes Überleben aufweisen. In seiner Umwelt ist ein solches System mit Chancen und Risiken für seine Weiterexistenz und die Erfüllung gewisser vorgegebener Funktionen konfrontiert. Gefühle fungieren in diesem Zusammenhang als Indikatoren dafür, ob etwas für das Individuum gut oder nicht gut ist (also ob es zur Erhaltung oder Wiederherstellung des Gleichgewichtszustands beiträgt oder nicht).

Grundsätzlich bedient sich der Ansatz computationaler Methoden, strebt aber an, sie mit den Mitteln der *Soft Robotics* zu erweitern. Im Unterschied zu

M. Klein (Hrsg.), *Emotional Machines. Perspectives from Affective Computing and Emotional Human-Machine-Interaction*, Wiesbaden 2023 (im Druck).

[26] J. Polvichai/U. Boonpramarn, The Survival Robots: An Artificial Life, in: J. Mirtrpanont (Hrsg.), *Eighth International Joint Conference on Computer Science and Software Engineering (JCSSE)* 2011, 166–169.

[27] K. Man/A. Damásio, Homeostasis and Soft Robotics in the Design of Feeling Machines, in: *Nature Machine Intelligence* 1 (2019), 446–452.

herkömmlichen Robotern sind *Soft Robots* nicht aus Metall oder Kunststoff hergestellt, sondern aus geschmeidigen Materialien, die sich an biologischen Vorbildern orientieren. Diese Materialien sind zwar synthetisch, haben aber ähnliche Eigenschaften wie Haut, Muskeln oder Knorpel. So wurde eine elektronische Gelhaut entwickelt, die auf Berührung, Druck und Zug reagiert und die Fähigkeit besitzt, sich selbst zu heilen.

Wegen ihrer Flexibilität sind weiche Materialien starren Bauteilen häufig überlegen. Außerdem sind sie in der Lage, Informationen aus unterschiedlichen Sinnesmodalitäten wie Druck, Temperatur oder Energiezustand zu registrieren. Sie sind somit komplexer und bieten dem System dadurch auch mehr Regulierungsmöglichkeiten. Deshalb verfügen *Soft Robots* über mehr Freiheitsgrade (also im mechanischen Sinn voneinander unabhängige Bewegungsmöglichkeiten). Im vorliegenden Kontext haben sie zudem die Funktion, die Verletzlichkeit eines künstlichen Systems in seinem Design zu verankern.

Verfahren des maschinellen Lernens dienen dazu, Informationen aus verschiedenen Sinnesmodalitäten zusammenzuführen und interne und externe Daten ständig miteinander abzugleichen, damit sich das System in einem homöostatischen Gleichgewicht halten kann. Dieser Gleichgewichtszustand soll das homöostatische Wohlbefinden des Systems definieren. Alles, was zur Erreichung oder Erhaltung dieses Zustands beiträgt, stellt für das System eine Belohnung dar, während Dinge, die zu Abweichungen führen, Bestrafungen sind. Das Gefühlsrepertoire eines solchen Systems ist allerdings sehr eingeschränkt und umfasst nur die affektiven Zustände, sich gut oder schlecht zu fühlen.

Allerdings würde ein solches System, dessen vorrangiges Ziel darin besteht, sich gemessen am eigenen Wohlbefinden selbst zu erhalten, dazu tendieren, seinen Überlebensvorteil an erste Stelle zu setzen. Das könnte dazu führen, dass das Wohlergehen von Menschen nachrangig bewertet wird, was von den Forschern als unerwünschtes Verhalten eingestuft wird.

Um das Problem zu vermeiden, soll das künstliche System auch die Fähigkeit zur Empathie entwickeln. Auf diesem Weg erhoffen sich die Forscher, dem System eine basale Form des moralischen Verhaltens mitzugeben. Das System soll zwei Grundregeln befolgen: Erstens hat es das Ziel, sich selbst gut zu fühlen, also einen homöostatischen Gleichgewichtszustand anzustreben. Zweitens soll das System empathisch sein, also die positiven oder negativen Gefühle von Menschen genauso wie die eigenen empfinden, allerdings nicht in derselben Stärke. Dadurch wird bezweckt, dass Handlungen, die Menschen schaden, unmittelbar zu einer Beeinträchtigung des eigenen Wohlbefindens des Systems führen, während Handlungen, die sich positiv auf das

Wohlbefinden von Menschen auswirken, eine Steigerung des eigenen Wohlbefindens hervorbringen.

Streng genommen handelt es sich nach Maßgabe der eingeführten Definition jedoch nicht um genuine Empathie, sondern um eine Form der Gefühlsansteckung. Bestenfalls ist Gefühlskongruenz gegeben, Asymmetrie und Fremdbewusstsein liegen hingegen nicht vor. Aus diesem Grund ist es auch nicht angemessen, Gefühlsansteckung als solche bereits als moralisch zu bezeichnen. Es ist kein moralisches Motiv, wenn man anderen ausschließlich deshalb hilft, weil man sich selbst dadurch gut fühlt. Auch wenn ein gutes Gefühl moralisches Handeln begleiten kann, darf es nicht der einzige Grund dafür sein.

Schließlich läuft es auch nicht auf dasselbe hinaus, ob man sich selbst Schaden zufügt oder anderen. Es scheint moralisch gar nicht oder deutlich weniger verwerflich zu sein, sich selbst als anderen Schaden zuzufügen, doch genau diese Gewichtung ist im Fall dieses Systems nicht gegeben. Denn es gewichtet sein eigenes Wohlbefinden stärker als das empathische Gefühl. Die Abschwächung der empathischen Gefühle mit Menschen gegenüber dem eigenen Wohlbefinden weist jedoch in die falsche Richtung, weil dem Wohlbefinden des künstlichen Systems dadurch letztlich Priorität gegenüber dem Wohlbefinden der Menschen eingeräumt wird. Zudem stellt sich die Frage, wie das System reagiert, wenn sich die Steigerung des eigenen Wohlbefindens mit der Beeinträchtigung des menschlichen Wohlbefindens die Waage hält. Aus moralischer Sicht ist gegen eine solche Verrechnung von Gefühlen über die Grenzen verschiedener Individuen hinweg grundsätzlich einzuwenden, dass ein solches Verfahren der Verschiedenheit von Personen nicht gerecht wird.

Erlangt ein solches künstliches System nun tatsächlich phänomenales Bewusstsein? Diese Frage lassen die Forscher schlussendlich offen, obwohl sie eingangs noch festhalten, Gefühle müssten notwendigerweise bewusst sein. In der Konklusion werden die Resultate vorsichtiger formuliert. Homöostatische künstliche Systeme, so die These, erreichen eine Form von erweiterter Intelligenz und Autonomie, indem sie so tun, als ob sie Gefühle haben, ohne zwangsläufig über ein dem Menschen gleichartiges, bewusstes inneres Erleben zu verfügen.

Der Ansatz gewinnt somit zwar durch die Idee der Homöostase Inspiration aus der Biologie, verbleibt aber dennoch weitgehend im Rahmen der computationalen Methoden und der klassischen Robotik, die sich synthetischer Materialien bedient und nicht zu echten Lebewesen führt. Der logisch nächste Schritt ist deshalb, *biohybride* Roboter zu konstruieren, die nicht nur aus geschmeidigen synthetischen Werkstoffen bestehen, sondern aus organischen Materialien wie Gewebe- oder Muskelzellen.

Ein solcher Forschungsansatz, der Furore machte, war die Entwicklung organischer Miniroboter namens *Xenobots*.[28] Es handelt sich um programmierbare Organismen, die aus Froschstammzellen erzeugt wurden. Sie können sich selbst organisieren und bewegen. Die *Xenobots* sind nicht einmal einen Millimeter groß und leben nur zwischen 10 Tagen und einigen Wochen. Am Ende ihres Lebens zerfallen sie.

Durch einen Prozess der künstlichen Evolution wurden zunächst in einer Computersimulation nach dem Zufallsprinzip ein paar hundert Zellen immer wieder in unterschiedlichen Konstellationen rekombiniert. Auf diesem Weg kam es zur Simulation von Zellhaufen, die bestimmte Funktionen erfüllen sollten, beispielsweise sich gezielt in eine bestimmte Richtung zu bewegen. Um das zu erreichen, wurde das Verhalten von zwei Zellarten simuliert, zum einen von pluripotenten Stammzellen, die zur Ausbildung eines umhüllten Gewebes führen, und zum anderen von Vorläufern von Herzmuskelzellen, deren Pulsieren der Fortbewegung dienen sollte.

Das Programm selektierte die besten Ergebnisse und verbesserte sie. Danach wurde das Verhalten der entstandenen Zellstrukturen über etwa einhundert Generationen simuliert. Die vielversprechendsten Modelle wurden daraufhin im Labor nach den Plänen des Programms mit Hilfe echter Zellen nachgebaut. Zur Gewinnung der Stammzellen und Vorläufer der Herzmuskelzellen dienten Embryonen des Afrikanischen Krallenfroschs *Xenopus Laevis*, nach dem die *Xenobots* benannt sind.

Diese Zellen wurden zunächst kultiviert, um sich zu vermehren und zu wachsen. Danach wurden sie nach den Bauplänen des Programms mit einer Mikropinzette und einer winzigen Elektrode zu einem Gewebe zusammengefügt. Zumindest einige der so erzeugten Kreaturen bewegten sich aus eigener Kraft in der Petrischale und nutzten die embryonalen Energiereserven der Zellen als Kraftstoff.

Das *Xenobot*-Projekt beansprucht für sich, lebende Maschinen konstruiert zu haben, die eine neue Lebensform zwischen Roboter und Tier darstellen. Als Begründung dieser Behauptung wird angeführt, dass *Xenobots* aus Zellen bestehen, sich fortbewegen und selbst heilen können. Andere wesentliche Charakteristika von Lebewesen gehen ihnen hingegen ab. So stehen sie nicht in einem Austausch mit der Umwelt und reagieren nicht auf Reize. Anders als

28 S. Kriegman/D. Blackiston/M. Levin/J. Bongard, A Scalable Pipeline for Designing Reconfigurable Organisms, in: *Proceedings of the National Academy of Sciences of the United States of America* 117/4 (2020), 1853–1859.

Tiere müssen sie sich nicht auf Nahrungssuche begeben und können auch nicht selbst Energie erzeugen wie Pflanzen. Sie wachsen nicht und sind auch nicht in der Lage, sich zu reproduzieren. Anders als Lebewesen sind sie auch nicht an ihrer Selbsterhaltung interessiert.

Xenobots verfügen also nicht über klassische Merkmale, die Lebewesen auszeichnen.[29] Wenn es stimmt, dass die Entstehung von Bewusstsein und damit auch genuiner Empathie echtes Leben in diesem Sinn voraussetzt, dann sind organische Roboter wie die *Xenobots* dafür nicht hinreichend. Es kommt eben nicht primär darauf an, dass Wesen aus organischem Material bestehen, um als Lebewesen gelten zu können. Es ist noch ein weiter Weg von den *Xenobots* zu empfindungsfähigen künstlichen Lebewesen mit phänomenalem Bewusstsein.

5. Ausblick

Im Anschluss an den Überblick über das Forschungsfeld der Artifiziellen Empathie zeigte sich, dass die Entwicklung Artifizieller Empathie mit den gleichen Problemen konfrontiert ist wie der klassische Funktionalismus in der Philosophie des Geistes. Es kommt zu Schwierigkeiten, wenn es darum geht, phänomenales Bewusstsein zu erzeugen. Davon ist auch die Artifizielle Empathie betroffen, die somit Empathie höchstens in einem funktionalen Sinn herstellen kann.

Doch würde es nicht zumindest für die praktischen Zwecke der Mensch-Maschine-Interaktion genügen, wenn künstliche Systeme Empathie im funktionalen Sinn (also ohne den subjektiven Erlebnisaspekt) empfinden könnten? Wie argumentiert wurde, spielt der Erlebnisaspekt jedoch eine unverzichtbare Rolle dafür, dass Gefühle ihre evolutionäre Funktion erfüllen können. Fehlt dieser, so dürfte das auch die soziale und kooperative Funktion von Empathie beeinträchtigen, ganz zu schweigen von der Bedeutung, die Empathie für moralisches Handeln zukommt.[30]

Sofern die Interaktion von den Nutzern dennoch als genuin empathisch wahrgenommen wird, liegt das an einer Projektion. Menschen tendieren dazu, unbelebte Objekte zu anthropomorphisieren und emotional mit ihnen zu

[29] C. Misselhorn, *Grundfragen der Maschinenethik*, Ditzingen 2018.

[30] C. Misselhorn, Is Empathy with Robots Morally Relevant?, in: C. Misselhorn/T. Poljanšek/T. Störzinger/M. Klein (Hrsg.), *Emotional Machines. Perspectives from Affective Computing and Emotional Human-Machine-Interaction*, Wiesbaden 2023 (im Druck).

interagieren.[31] Diese Tendenz verstärkt sich im Fall von Robotern, die anders als Stofftiere nicht nur passive Projektionsflächen sind, sondern mit Menschen interagieren können, ja sogar Subjektivität simulieren.[32]

Solche Systeme lösen Empathie in den Nutzern aus, was auch moralisch von Bedeutung ist. Wollen wir unser eigenes moralisches Empfinden nicht beschädigen, dürfen wir mit solchen Systemen nicht nach Belieben grausam verfahren.[33] Es ist davon auszugehen, dass künstliche Systeme, die den Nutzern vorspiegeln, sie könnten selbst Empathie empfinden, diese Problematik verschärfen.[34]

Schließlich kann man das Projekt der Herstellung von Leben und damit von phänomenalem Bewusstsein mit den Mitteln der Biorobotik ganz grundsätzlich kritisieren. Lebende Organismen können sich auf unvorhergesehene Art und Weise verändern, sollte man sie aus dem Labor entlassen, woraufhin sie mit der Umwelt und anderen Lebewesen interagieren, wachsen und sich fortpflanzen könnten. Derzeitig stellen die *Xenobots* nur einen Modellversuch dar und sind von möglichen Anwendungen noch weit entfernt. Aber wenn es einmal soweit käme, wären die Folgen nicht absehbar.

Doch nicht nur die Konsequenzen für uns Menschen sind zu betrachten. Wenn es gelänge, Lebewesen herzustellen, die über phänomenales Bewusstsein verfügen und somit etwa Schmerzen empfinden könnten, dann käme ihnen aufgrund dessen ein intrinsischer (also von den Interessen der Menschen unabhängiger) moralischer Status zu, der zumindest mit demjenigen von Tieren vergleichbar wäre. Jenseits der Frage, ob dieses Projekt tatsächlich gelingen wird, gibt es deshalb ethische Gründe dafür, ein Moratorium zu fordern, dass die Herstellung von artifiziellen Organismen mit phänomenalem Bewusstsein gänzlich verbietet.[35]

[31] C. Misselhorn, Empathy with Inanimate Objects and the Uncanny Valley, in: *Minds and Machines* 19 (2009), 345–59.

[32] C. P. Scholtz, *Alltag mit künstlichen Wesen. Theologische Implikationen eines Lebens mit subjektsimulierenden Maschinen am Beispiel des Unterhaltungsroboters Aibo*, Göttingen 2008; S. Turkle, *Alone Together. Why We Expect More from Technology and Less from Each Other*, New York 2011.

[33] Misselhorn, *Is Empathy with Robots Morally Relevant?*

[34] V. Kewenig, Intentionality but Not Consciousness: Reconsidering Robot Love, in: Y. Zhou/M. H. Fischer (Hrsg.), *AI Love You. Developments in Human-Robot Intimate Relationships*, Cham 2019, 21-40.

[35] T. Metzinger, Artificial Suffering. An Argument for a Global Moratorium on Synthetic Phenomenology, in: *Journal of Artificial Intelligence and Consciousness* 8/1 (2021), 1–24.

Autor*innen

Michael Vogrin studierte Biologie und Psychologie an der Universität Graz. In seiner Forschung untersucht er die mathematische Modellierung sozialer Systeme in der Biologie und in der Psychologie.

Martina Szopek studierte Zoologie an der Karl-Franzens-Universität Graz. Der Schwerpunkt ihrer Arbeit liegt auf der Untersuchung von schwarmintelligentem Verhalten von Honigbienen, hauptsächlich der kollektiven Entscheidungsfindung, und des Einflusses verschiedener physikalischer Reize auf das kollektive Verhalten der Bienen.

Matthias Becher studierte Biologie an den Universitäten Heidelberg und Würzburg. Nach seiner Promotion an der Universität Halle arbeitete er über zehn Jahre in Großbritannien und entwickelte an der Universität Exeter und anderen Institutionen komplexe Computermodelle von Wild- und Honigbienen, um die Auswirkungen verschiedener Stressoren wie Nahrungsmangel, Pestizide oder Parasiten zu untersuchen.

Martin Stefanec ist Universitätsassistent an der Karl-Franzens-Universität Graz und führt im Rahmen seiner Doktorarbeit Untersuchungen zu den Auswirkungen künstlicher Stimuli auf das Verhalten von Honigbienen durch. Sein Ziel ist es, ein besseres Verständnis für die Interaktionen zwischen Honigbienen und den Ökosystemen, in denen sie gemeinsam mit Menschen leben, zu entwickeln.

Dajana Lazic studierte Verhaltensphysiologie an der Karl-Franzens-Universität Graz. Sie modelliert das Sammelverhalten von Honigbienen und untersucht dabei hauptsächlich die Auswirkungen und den Nutzen der Integration biomimetischer Roboter in eine Honigbienenkolonie.

Valerin Stokanic studierte Physik an der Universität Graz und beschäftigt sich mit der physikalischen Beschreibung und Modellierung von biologischen Systemen.

Daniel Nicolas Hofstadler studierte Botanik, Molekularbiologie und Computational Sciences an der Karl-Franzens-Universität Graz. Er modellierte das Wachstum von Pilzen und Pflanzen, arbeitete am Design und dem Betrieb von (Schwarm-)Robotern und beschäftigte sich mit der Produktion, Organisation und Analyse von Daten.

Laurenz Fedotoff ist Student der Biologie und Computer Science an der KFU und der TU Graz und arbeitet momentan an seiner Masterarbeit in Verhaltensphysiologie im Artificial Life Lab. Im Zuge dieser beschäftigt er sich mit Datenanalyse sowie mit Machine Learning und KI, um die Beobachtung von biologischen Systemen zu automatisieren.

Thomas Schmickl ist Professor für Biologie an der Universität Graz, wo er das Artificial Life Lab (Roboter & Technik in Verknüpfung mit Organismen) und den profilbildenden Bereich COLIBRI (Complexity of Life in Basic Research and Innovation) leitet. Dieser beschäftigt sich mit Fragen der Komplexitätsforschung im Zusammenhang mit lebenden Systemen (Menschen, Tiere, Pflanzen, Pilze, etc.) sowie mit belebten Systemen (Gesellschaften, Märkte, Ökosysteme, etc.).

Lukas Geiszler studierte Philosophie, Deutsche Philologie und Geschichte an der Universität Wien. Seine Forschungsschwerpunkte sind Technikphilosophie und historische Epistemologie sowie Körper- und Maschinenbegriffe von R. Descartes bis zur KI. Gegenwärtig arbeitet er an einer Dissertation zu Natur- und Technikverständnissen im Anthropozändiskurs.

Fiorella Battaglia ist seit 2022 Professorin für Moralphilosophie und Leiterin des *Ethics in the Wild Research Lab* an der Università del Salento, Lecce (Italien). Ihre Forschungsschwerpunkte sind Philosophische Anthropologie, Sozialphilosophie, Politische Philosophie, Ethik und Philosophie der KI. Sie war wissenschaftliche Mitarbeiterin (2013–2017) und später Hochschulassistentin (2017–2020) am Lehrstuhl für Philosophie und politische Theorie/Prof. Julian Nida-Rümelin, Fakultät für Philosophie, Ludwig-Maximilians-Universität München sowie Forschungsassistentin an der Berlin-Brandenburgischen Akademie der Wissenschaften (2004–2010). Darüberhinaus war sie Leiterin des EU-Projektes »RoboLaw: Robotics Facing Ethics and Law« an der Humboldt Universität zu Berlin.

Ruth Stock-Homburg ist Leiterin des Fachgebiets Marketing & Personalmanagement an der Technischen Universität Darmstadt. Sie ist zudem Gründerin des Forschungsinstituts leap in time, das sich auf verantwortungsbewussten Einsatz von KI und Robotern in Büroumgebungen spezialisiert hat.

Marco Tamborini ist Privatdozent und lehrt Philosophie und Wissenschaftsgeschichte an der Technischen Universität Darmstadt. Er ist Mitglied der Jungen Akademie | Mainz – Akademie der Wissenschaften und der Literatur | Mainz sowie assoziiertes Mitglied im Exzellenzcluster »Matters of Activity«. Seine Forschungsschwerpunkte sind die Geschichte und Philosophie der Biologie, bioinspirierte und ingenieurwissenschaftliche Disziplinen (z. B. Bionik, Biorobotik, synthetische Biologie, verkörperte KI, Biofabrikation, Biomaterialien, bioinspirierte Architektur) sowie die Philosophie der Technik und Technowissenschaft vom 19. Jahrhundert bis zur Gegenwart.

José Antonio Pérez-Escobar ist Postdoc-Forscher. Er arbeite am Projekt »Mathematizing biology: measurement, intuitions, explanations and big data«, das vom Schweizerischen Nationalfonds für Wissenschaft (P500PH_202892) finanziert wird. Zusätzlich zu seinen Forschungsschwerpunkten Wissenschaftsphilosophie und Mathematik hat er mehrere Abschlüsse in Neurowissenschaften und Psychologie, in denen er auch mehrere Forschungsartikel veröffentlichte.

Edoardo Datteri ist Professor für Wissenschaftsphilosophie im Fachbereich Humanwissenschaften für Bildung an der Universität Mailand-Bicocca.

Johanna Seifert ist wissenschaftliche Mitarbeiterin am Institut für Philosophie der FernUniversität in Hagen. Nach ihrem Studium der Philosophie und Deutschen Literatur an der Humboldt-Universität zu Berlin und der Freien Universität Berlin war sie Promotionsstipendiatin am »Kompetenzzentrum Medienanthropologie« der Bauhaus-Universität Weimar. Zu ihren Forschungsschwerpunkten gehören: Technikphilosophie, Medienphilosophie und Medientheorie, Theorien des Körpers.

Orsolya Friedrich ist Professorin für Philosophie der Medizin und der Technik am Institut für Philosophie an der FernUniversität in Hagen, wo sie eine Emmy-Noether-Forschungsgruppe leitet, die Herausforderungen neuartiger Interaktionen zwischen Menschen und Maschinen aus philosophischer Perspektive untersucht. Ihre Forschungsschwerpunkte liegen insbesondere in den Bereichen der Medizinethik, Technikphilosophie, Ethik der Neurowissenschaften.

Philipp Schmidt ist wissenschaftlicher Mitarbeiter am Institut für Philosophie der Universität Würzburg. Nach Studien der Philosophie und Psychologie an der Universität Wien wurde er im Fach Philosophie mit der Arbeit

Self-Experience and the Feeling of BeingOneself an der Universität Heidelberg promoviert. Seine Forschungsschwerpunkte liegen in der Philosophie des Geistes, Phänomenologie und Philosophie der Psychiatrie.

Thomas Fuchs ist Psychiater und Karl-Jaspers-Professor für philosophische Grundlagen der Psychiatrie und Psychotherapie an der Universität Heidelberg. Leiter der Sektion Phänomenologische Psychopathologie und Oberarzt an der Psychiatrischen Universitätsklinik Heidelberg; Herausgeber der Zeitschrift »Psychopathology«. Forschungsschwerpunkte: Phänomenologische Psychologie, Psychopathologie und Anthropologie, Theorien der Verkörperung und der Neurowissenschaften.

Catrin Misselhorn ist Lehrstuhlinhaberin für Philosophie an der Universität Göttingen. Sie beschäftigt sich mit Philosophie der KI, Roboter- und Maschinenethik. Zu ihren Veröffentlichungen gehören *Grundfragen der Maschinenethik* (2018, 5. Aufl. 2022), *Künstliche Intelligenz und Empathie* (2021) und *Künstliche Intelligenz – das Ende der Kunst?* (2023). Zu ihren Artikeln zählen: »Artificial Moral Agents«, in: *The Cambridge Handbook of Responsible Artificial Intelligence: Interdisciplinary Perspectives*, Silja Voeneky et al. (eds.) 2022 und »Artificial Systems with Moral Capacities? A Research Design and its Implementation in a Geriatric Care System«, in: *Artificial Intelligence* (278), January 2020, 103179.

www.ingramcontent.com/pod-product-compliance
Lightning Source LLC
LaVergne TN
LVHW090326051026
849518LV00005B/1891

* 9 7 8 3 7 8 7 3 4 4 3 1 4 *